高等学校"十二五"规划教材·土木工程系列

建筑工程识图与工程量清单计价

主 编 刘 镇

副主编 回风尚

U0223404

哈尔滨工业大学出版社

内 容 提 要

本书根据《建筑制图标准》(GB/T 50104—2010)、《总图制图标准》(GB/T 50103—2010)、《房屋建筑制图统一标准》(GB/T 50001—2010)、《建设工程工程量清单计价规范》(GB 50500—2008)等现行标准规范编写,主要阐述了建筑工程施工图识读与工程量清单计价的方法。主要内容包括建筑工程施工图识读、建筑工程造价基础知识、建筑工程工程量清单计价、建筑工程清单项目设置及工程量计算、建筑工程竞争性投标报价的编制,以及工程价款结算与竣工决算。

本书可供建筑工程造价编制与管理人员使用,也可作为高等院校相关专业师生的学习辅导用书。

图书在版编目(CIP)数据

建筑工程识图与工程量清单计价/刘镇主编. —哈尔滨:哈尔滨工业大学出版社,2013.3
ISBN 978 - 7 - 5603 - 3878 - 1

Ⅰ.① 建… Ⅱ.①刘… Ⅲ.①建筑制图-识别 ②建筑工程-工程造价 Ⅳ.①TU204②TU723.3

中国版本图书馆 CIP 数据核字(2012)第 298603 号

策划编辑	郝庆多　段余男	
责任编辑	王桂芝　段余男	
封面设计	刘长友	
出版发行	哈尔滨工业大学出版社	
社　　址	哈尔滨市南岗区复华四道街 10 号　邮编 150006	
传　　真	0451 - 86414749	
网　　址	http://hitpress. hit. edu. cn	
印　　刷	黑龙江省委党校印刷厂	
开　　本	787mm×1092mm　1/16　印张 19.75　字数 490 千字	
版　　次	2013 年 3 月第 1 版　2013 年 3 月第 1 次印刷	
书　　号	ISBN 978 - 7 - 5603 - 3878 - 1	
定　　价	39.00 元	

编 委 会

前　言

随着我国经济的飞速发展,国家对工程建设的投资正逐年加大,建设工程造价体制改革正不断深入地开展,工程造价已成为社会主义现代化建设事业中一项不可或缺的基础性工作,其编制水平的高低直接关系到我国工程造价管理体制改革的继续深入。为了规范建设市场秩序、提高投资效益,做好工程造价工作,住房与城乡建设部于 2008 年颁布实施《建设工程工程量清单计价规范》(GB 50500—2008),最近又颁布实施了《房屋建筑制图统一标准》(GB/T 50001—2010)等最新制图标准,这些都给广大工程造价人员提出了新的问题和挑战。

为帮助广大工程造价人员更好地履行岗位职责,培养广大工程造价人员的实践应用能力,提高其业务水平和综合素质,我们编写了本书。书中在介绍理论知识的同时,注重与实际的联系,真正做到了基础理论与工程实践的紧密结合。尤其在介绍建筑工程工程量计算规则时,每个项目规则后均附有应用实例,突出了工程量清单的编制和工程报价的应用,提高读者的学习兴趣和解决实际应用问题的能力。

由于编者水平有限,难免存在疏漏及不妥之处,敬请有关专家、学者和广大读者批评指正。

编　者

2012.06

前　言

目 录

第1章　建筑工程施工图识读

1.1　建筑工程施工图概述

1.1.1　建筑工程施工图的概念

施工图是建筑设计人员,按照国家的建筑方针政策、设计规范、设计标准,结合有关资料(例如,建设地点的水文、地质、气象、资源和交通运输条件等),以及建设项目委托人提出的具体要求,在经过批准的初步(或扩大初步)设计的基础上,运用制图学原理,采用国家统一规定的图例、符号和线型等来表示拟建建(构)筑物,以及建筑设备各部位之间空间关系及其实际形状尺寸的图样,并且用于拟建项目施工和编制工程量清单计价文件或施工图预算的一整套图纸。

1.1.2　建筑工程施工图的分类与特点

1.建筑工程施工图分类

建筑工程施工图按照内容和专业分工的不同,可以分为建筑施工图、结构施工图和设备施工图。其中建筑施工图是为了满足建设单位的使用功能而设计的施工图样;结构施工图是为了保障建筑的使用安全而设计的施工图样;设备施工图是为了满足建筑的给排水、电气、采暖通风的需要而设计的图样。在建筑工程设计中,建筑是主导专业,而结构和设备是配合专业,所以在施工图的设计中,结构施工图和设备施工图必须与建筑施工图协调一致。

(1)建筑施工图。建筑施工图简称"建施",是表达建筑的总体布局及单体建筑的形体、构造情况的图样,包括建筑设计说明书、建筑总平面图、各层平面图、各个立面图、必要的剖面图和建筑施工详图等。

(2)结构施工图。结构施工图简称"结施",是表达建筑物承重结构的构造情况的图样,包括结构设计说明书、基础平面图、结构基础平面图、基础详图、结构平面图、楼梯结构图和结构构件详图等。

(3)设备施工图。设备施工图简称"设施"。它包括设计说明书、给水排水、采暖通风、电气照明等设备的平面布置图、系统图和施工详图等。

这些施工图都是表达各个专业的管道(或线路)和设备的布置及安装构造情况的图样。

2.建筑工程施工图特点

建筑工程施工图的特点如下:

(1)施工图中的各种图样,除了水暖施工图中水暖管道系统图是用斜投影法绘制的之外,其余的图样都是用正投影法绘制的。

(2)房屋的形体庞大而图纸幅面有限,所以施工图一般是用缩小比例绘制的。

(3)房屋是用多种构、配件和材料建造的,所以施工图中,多用各种图例符号来表示这些构、配件和材料。

(4)房屋设计中有许多建筑物、配件已有标准定型设计,并有标准设计图集可供使用。为了节省大量的设计与制图工作,凡采用标准定型设计之外,只要标出标准图集的编号、页数、图号就可以了。

1.1.3　建筑工程施工图的编排顺序

　　一套简单的建筑工程施工图就有十几张图纸,一套大型复杂建筑物的工程施工图纸会有几十张、上百张甚至会有几百张。所以,为了便于看图、查找,应将这些图纸按顺序编排好。

　　建筑工程施工图一般编排顺序是:图纸目录→设计技术说明→总平面图→建筑施工图→结构施工图→水暖电施工图等。各工种图纸的编排一般是全局性图纸在前,表达局部的图纸在后;先施工的在前,后施工的在后。

　　图纸目录(首页图)主要说明该工程是由哪几个专业图纸所组成,各专业图纸的名称、张数和图号顺序。

　　设计技术说明主要是说明工程的概貌和总的要求,包括工程设计依据、设计标准和施工要求等。

1.2　建筑工程施工图基本规定

1.2.1　图纸幅面规格与图纸编排顺序

1. 图纸幅面

(1)图纸幅面及框图尺寸应符合表 1.1 的规定。

表 1.1　幅面及图框尺寸　　　　　　　　　　　　　mm

尺寸代号 ＼ 幅面代号	A0	A1	A2	A3	A4
$b \times l$	$841 \times 1\,189$	594×841	420×594	297×420	210×297
c	10			5	
a	25				

注:表中 b 为幅面短边尺寸,l 为幅面长边尺寸,c 为图框线与幅面线间宽度,a 为图框线与装订边间宽度。

　　(2)需要微缩复制的图纸,其一个边上应附有一段准确米制尺度,四个边上均附有对中标志,米制尺度的总长应为 100 mm,分格应为 10 mm。对中标志应画在图纸内框各边长的中点处,线宽 0.35 mm,并应伸入内框边,在框外为 5 mm。对中标志的线段,于 l_1 和 b_1 范围取中。

　　(3)图纸的短边尺寸不应加长,A0～A3 幅面长边尺寸可加长,但应符合表 1.2 的规定。

　　(4)图纸以短边作为垂直边应为横式,以短边作为水平边应为立式。A0～A3 图纸宜横式使用;必要时,也可立式使用。

　　(5)一个工程设计中,每个专业所使用的图纸,不宜多于两种幅面,不含目录及表格所采用的 A4 幅面。

表 1.2　图纸长边加长尺寸　　　　　　　　　　　　mm

幅面代号	长边尺寸	长边加长后的尺寸		
A0	1189	$1\,486(\text{A0}+1/4l)$	$1\,635(\text{A0}+3/8l)$	$1\,783(\text{A0}+1/2l)$
		$1\,932(\text{A0}+5/8l)$	$2\,080(\text{A0}+3/4l)$	$2\,230(\text{A0}+7/8l)$
		$2\,378(\text{A0}+l)$		

续表1.2

mm

幅面代号	长边尺寸	长边加长后的尺寸		
A1	841	1 051（A1 + 1/4l）	1 261（A1 + 1/2l）	1 471（A1 + 3/4l）
		1 682（A1 + l）	1 892（A1 + 5/4l）	2 102（A1 + 3/2l）
A2	594	743（A2 + 1/4l）	891（A2 + 1/2l）	1 041（A2 + 3/4l）
		1 189（A2 + l）	1 338（A2 + 5/4l）	1 486（A2 + 3/2l）
		1 635（A2 + 7/4l）	1 783（A2 + 2l）	1 932（A2 + 9/4l）
		2 080（A2 + 5/2l）		
A3	420	630（A3 + 1/2l）	841（A3 + l）	1 051（A3 + 3/2l）
		1 261（A3 + 2l）	1 471（A3 + 5/2l）	1682（A3 + 3l）
		1 892（A3 + 7/2l）		

注：有特殊需要的图纸，可采用 $b×l$ 为 841 mm×891 mm 与 1 189 mm×1 261 mm 的幅面。

2. 标题栏

（1）图纸中应有标题栏、图框线、幅面线、装订边线和对中标志。图纸的标题栏及装订边的位置，应符合下列规定：

1）横式使用的图纸，应按图 1.1（a）、（b）的形式进行布置。

2）立式使用的图纸，应按图 1.1（c）、（d）的形式进行布置。

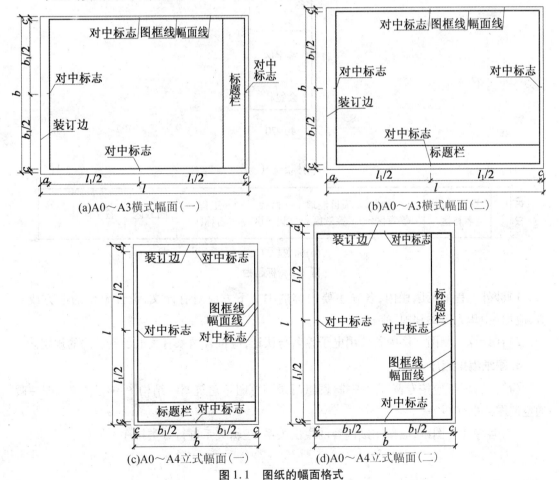

（a）A0～A3横式幅面（一）　　　　　（b）A0～A3横式幅面（二）

（c）A0～A4立式幅面（一）　　　　　（d）A0～A4立式幅面（二）

图 1.1　图纸的幅面格式

（2）标题栏应符合图1.2的规定，根据工程的需要选择确定尺寸、格式及分区。签字栏应包括实名列和签名列，并应符合下列规定：

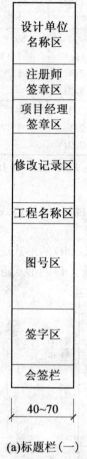

（a）标题栏（一）

设计单位名称区	注册师签章区	项目经理签章区	修改记录区	工程名称区	图号区	签字区	会签栏

（b）标题栏（二）

图1.2　标题栏

1）涉外工程的标题栏内，各项主要内容的中文下方应附有译文，设计单位的上方或左方，应加"中华人民共和国"字样。

2）在计算机制图文件中若使用电子签名与认证，应符合国家有关电子签名法的规定。

3. 图纸编排顺序

（1）工程图纸应按专业顺序编排：图纸目录→总图→建筑图→结构图→给水排水图→暖通空调图→电气图等。

（2）各专业的图纸，应按图纸内容的主次关系、逻辑关系进行分类排序。

1.2.2　图线

（1）图线的宽度 b（mm），宜从 1.4、1.0、0.7、0.5、0.35、0.25、0.18、0.13 线宽系列中选取。图线宽度不应小于 0.1 mm。每个图样，应根据复杂程度与比例大小，先选定基本线宽 b，再选用表 1.3 中相应的线宽组。

表 1.3　线宽组　　　　　　　　　　　　　　　　　mm

线宽比	线宽组			
b	1.4	1.0	0.7	0.5
$0.7b$	1.0	0.7	0.5	0.35
$0.5b$	0.7	0.5	0.35	0.25
$0.25b$	0.35	0.25	0.18	0.13

注:1. 需要缩微的图纸，不宜采用 0.18 mm 及更细的线宽。

2. 同一张图纸内，各不同线宽中的细线，可统一采用较细的线宽组的细线。

（2）工程建设制图应选用表 1.4 所示的图线。

表 1.4　图线

名　称		线　型	线　宽	用　途
实线	粗		b	主要可见轮廓线
	中粗		$0.7b$	可见轮廓线
	中		$0.5b$	可见轮廓线、尺寸线、变更云线
	细		$0.25b$	图例填充线、家具线
虚线	粗		b	见各有关专业制图标准
	中粗		$0.7b$	不可见轮廓线
	中		$0.5b$	不可见轮廓线、图例线
	细		$0.25b$	图例填充线、家具线
单点长画线	粗		b	见各有关专业制图标准
	中		$0.5b$	见各有关专业制图标准
	细		$0.25b$	中心线、对称线、轴线等
双点长画线	粗		b	见各有关专业制图标准
	中		$0.5b$	见各有关专业制图标准
	细		$0.25b$	假想轮廓线、成型前原始轮廓线
折断线	细		$0.25b$	断开界线
波浪线	细		$0.25b$	断开界线

（3）同一张图纸内，相同比例的各图样，应选用相同的线宽组。

（4）图纸的图框和标题栏线可采用表 1.5 的线宽。

表 1.5　图框线、标题栏的线宽　　　　　　　　　　　mm

幅面代号	图框线	标题栏外框线	标题栏分格线
A0、A1	b	$0.5b$	$0.25b$
A2、A3、A4	b	$0.7b$	$0.35b$

（5）相互平行的图例线，其净间隙或线中间隙不宜小于 0.2 mm。

（6）虚线、单点长画线或双点长画线的线段长度和间隔，宜各自相等。

（7）单点长画线或双点长画线，当在较小图形中绘制有困难时，可用实线代替。

（8）单点长画线或双点长画线的两端，不应是点。点画线与点画线交接点或点画线与其他图线交接时，应是线段交接。

（9）虚线与虚线交接或虚线与其他图线交接时，应是线段交接。虚线为实线的延长线时，不得与实线相接。

（10）图线不得与文字、数字或符号重叠、混淆，不可避免时，应首先保证文字的清晰。

1.2.3　字体

（1）图纸上所需书写的文字、数字或符号等，均应笔画清晰、字体端正、排列整齐；标点符号应清楚正确。

（2）文字的字高应从表 1.6 中选用。字高大于 10 mm 的文字宜采用 True type 字体，若要书写更大的字，其高度应按倍数递增。

表 1.6　文字的字高　　　　　　　　　　　　　　　　mm

字体种类	中文矢量字体	True type 字体及非中文矢量字体
字高	3.5、5、7、10、14、20	3、4、6、8、10、14、20

（3）图样及说明中的汉字，宜采用长仿宋体或黑体，同一图纸字体种类不应超过两种。长仿宋体的高宽关系应符合表 1.7 的规定，黑体字的宽度与高度应相同。大标题、图册封面、地形图等的汉字，也可书写成其他字体，但是应易于辨认。

表 1.7　长仿宋字高宽关系　　　　　　　　　　　　　　mm

字高	20	14	10	7	5	3.5
字宽	14	10	7	5	3.5	2.5

（4）汉字的简化字书写应符合国家有关汉字简化方案的规定。

（5）图样及说明中的拉丁字母、阿拉伯数字与罗马数字，宜采用单线简体或 Roman 字体。拉丁字母、阿拉伯数字与罗马数字的书写规则，应符合表 1.8 的规定。

表 1.8　拉丁字母、阿拉伯数字与罗马数字的书写规则

书写格式	字体	窄字体
大写字母高度	h	h
小写字母高度（上下均无延伸）	$7/10h$	$10/14h$
小写字母伸出的头部或尾部	$3/10h$	$4/14h$
笔画宽度	$1/10h$	$1/14h$
字母间距	$2/10h$	$2/14h$
上下行基准线的最小间距	$15/10h$	$21/14h$
词间距	$6/10h$	$6/14h$

（6）拉丁字母、阿拉伯数字与罗马数字，当需写成斜体字时，其斜度应是从字的底线逆时针向上倾斜75°。斜体字的高度和宽度应与相应的直体字相等。

（7）拉丁字母、阿拉伯数字与罗马数字的字高，不应小于 2.5 mm。

（8）数量的数值注写，应采用正体阿拉伯数字。各种计量单位凡前面有量值的，均应采用国家颁布的单位符号注写。单位符号应采用正体字母。

（9）分数、百分数和比例数的注写，应采用阿拉伯数字和数学符号。

（10）当注写的数字小于 1 时，应写出各位的"0"，小数点应采用圆点，齐基准线书写。

（11）长仿宋汉字、拉丁字母、阿拉伯数字与罗马数字示例应符合现行国家标准《技术制图——字体》（GB/T 14691—1993）的有关规定。

1.2.4　比例

（1）图样的比例，应为图形与实物相对应的线性尺寸之比。

（2）比例的符号应为"："，比例应以阿拉伯数字表示。

（3）比例宜注写在图名的右侧，字的基准线应取平；比例的字高宜比图名的字高小一号或二号，如图 1.3 所示。

平面图　1∶100　　⑥ 1∶20

图 1.3　比例的注写

（4）绘图所用的比例应根据图样的用途与被绘对象的复杂程度，从表 1.9 中选用，并应优先采用表中的常用比例。

表 1.9　绘图所用的比例

常用比例	1∶1、1∶2、1∶5、1∶10、1∶20、1∶30、1∶50、1∶100、1∶150、1∶200、1∶500、1∶1 000、1∶2 000
可用比例	1∶3、1∶4、1∶6、1∶15、1∶25、1∶40、1∶60、1∶80、1∶250、1∶300、1∶400、1∶600、1∶5 000、1∶10 000、1∶20 000、1∶50 000、1∶100 000、1∶200 000

（5）一般情况下，一个图样应选用一种比例。根据专业制图需要，同一图样可选用两种比例。

（6）特殊情况下也可自选比例，这时除应注出绘图比例外，还应在适当位置绘制出相应的比例尺。

1.2.5　符号

1. 剖切符号

（1）剖视的剖切符号应由剖切位置线及剖视方向线组成，均应以粗实线绘制。剖视的剖切符号应符合下列规定：

1）剖切位置线的长度宜为 6 ~ 10 mm；剖视方向线应垂直于剖切位置线，长度应短于剖切位置线，宜为 4 ~ 6 mm，如图 1.4（a）所示，也可采用国际统一和常用的剖视方法，如图 1.4（b）所示。绘制时，剖视剖切符号不应与其他图线相接触。

2）剖视剖切符号的编号宜采用粗阿拉伯数字，按剖切顺序由左至右、由下向上连续编排，并应注写在剖视方向线的端部。

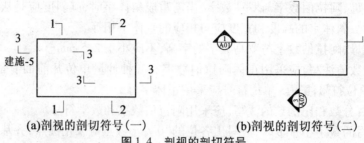

(a)剖视的剖切符号(一)　　　　　**(b)剖视的剖切符号(二)**

图 1.4　剖视的剖切符号

3)需要转折的剖切位置线,应在转角的外侧加注与该符号相同的编号。

4)建(构)筑物剖面图的剖切符号应注在 ±0.000 标高的平面图或首层平面图上。

5)局部剖面图(不含首层)的剖切符号应注在包含剖切部位的最下面一层的平面图上。

(2)断面的剖切符号应符合下列规定:

1)断面的剖切符号应只用剖切位置线表示,并应以粗实线绘制,长度宜为 6~10 mm;

2)断面剖切符号的编号宜采用阿拉伯数字,按顺序连续编排,并应注写在剖切位置线的一侧;编号所在的一侧应为该断面的剖视方向,如图 1.5 所示。

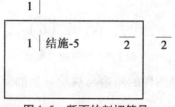

图 1.5　断面的剖切符号

(3)剖面图或断面图,当与被剖切图样不在同一张图内,应在剖切位置线的另一侧注明其所在图纸的编号,也可以在图上集中说明。

2. 索引符号与详图符号

(1)图样中的某一局部或构件,如需另见详图,应以索引符号索引,如图 1.6(a)所示。索引符号是由直径为 8~10 mm 的圆和水平直径组成,圆及水平直径应以细实线绘制。索引符号应按下列规定编写:

1)索引出的详图,如与被索引的详图同在一张图纸内,应在索引符号的上半圆中用阿拉伯数字注明该详图的编号,并在下半圆中间画一段水平细实线,如图 1.6(b)所示。

2)索引出的详图,如与被索引的详图不在同一张图纸内,应在索引符号的上半圆中用阿拉伯数字注明该详图的编号,在索引符号的下半圆用阿拉伯数字注明该详图所在图纸的编号,如图 1.6(c)所示。数字较多时,可加文字标注。

3)索引出的详图,若采用标准图,应在索引符号水平直径的延长线上加注该标准图集的编号,如图 1.6(d)所示。需要标注比例时,文字在索引符号右侧或延长线下方,与符号下对齐。

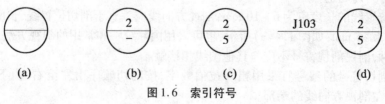

(a)　　　　　(b)　　　　　(c)　　　　　(d)

图 1.6　索引符号

（2）索引符号当用于索引剖视详图，应在被剖切的部位绘制剖切位置线，并以引出线引出索引符号，引出线所在的一侧应为剖视方向。索引符号的编写应符合上述第（1）条的规定，如图 1.7 所示。

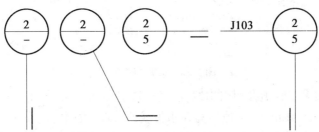

图 1.7　用于索引剖面详图的索引符号

（3）零件、钢筋、杆件、设备等的编号宜以直径为 5～6 mm 的细实线圆表示，同一图样应保持一致，其编号应用阿拉伯数字按顺序编写，如图 1.8 所示。消火栓、配电箱、管井等的索引符号，直径宜为 4～6 mm。

图 1.8　零件、钢筋等的编号

（4）详图的位置和编号应以详图符号表示。详图符号的圆应以直径为 14 mm 粗实线绘制。详图编号应符合下列规定：

1）详图与被索引的图样同在一张图纸内时，应在详图符号内用阿拉伯数字注明详图的编号，如图 1.9 所示。

图 1.9　与被索引图样同在一张图纸内的详图符号

2）详图与被索引的图样不在同一张图纸内时，应用细实线在详图符号内画一水平直径，在上半圆中注明详图编号，在下半圆中注明被索引的图纸的编号，如图 1.10 所示。

图 1.10　与被索引图样不在同一张图纸内的详图符号

3.引出线

（1）引出线应以细实线绘制，宜采用水平方向的直线，与水平方向成 30°、45°、60°、90°的直线，或经上述角度再折为水平线。文字说明宜注写在水平线的上方，如图 1.11（a）所示，也可注写在水平线的端部，如图 1.11（b）所示。索引详图的引出线，应与水平直径线相连接，如图 1.11（c）所示。

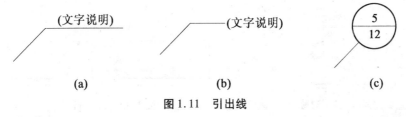

(a)　　　　　　　　　　(b)　　　　　　　　　　(c)

图 1.11　引出线

（2）同时引出的几个相同部分的引出线,宜互相平行,如图1.12(a)所示,也可画成集中于一点的放射线,如图1.12(b)所示。

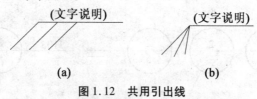

图1.12 共用引出线

（3）多层构造或多层管道共用引出线,应通过被引出的各层,并用圆点示意对应各层次。文字说明宜注写在水平线的上方,或注写在水平线的端部,说明的顺序应由上至下,并应与被说明的层次对应一致;若层次为横向排序,则由上至下的说明顺序应与由左至右的层次对应一致,如图1.13所示。

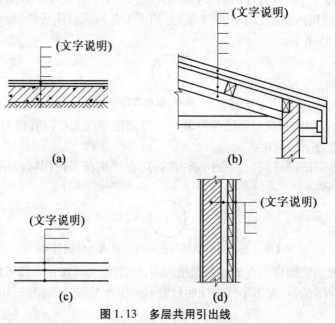

图1.13 多层共用引出线

4.其他符号

（1）对称符号由对称线和两端的两对平行线组成。对称线用细单点长画线绘制;平行线用细实线绘制,其长度宜为6~10 mm,每对的间距宜为2~3 mm;对称线垂直平分于两对平行线,两端超出平行线宜为2~3 mm,如图1.14所示。

（2）连接符号应以折断线表示需连接的部位。两部位相距过远时,折断线两端靠图样一侧应标注大写拉丁字母表示连接编号。两个被连接的图样应用相同的字母编号,如图1.15所示。

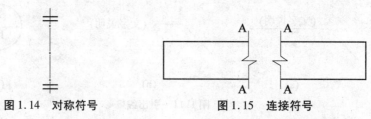

图1.14 对称符号　　　　　　　**图1.15 连接符号**

（3）指北针的形状符合图1.16的规定,其圆的直径宜为24 mm,用细实线绘制;指针尾部的宽度宜为3 mm,指针头部应注"北"或"N"字。需用较大直径绘制指北针时,指针尾部的宽度宜为直径的1/8。

（4）对图纸中局部变更部分宜采用云线,并宜注明修改版次,如图1.17所示。

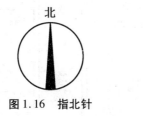

图1.16　指北针

图1.17　变更云线

注:1 为修改次数

1.2.6　定位轴线

（1）定位轴线应用细单点长画线绘制。

（2）定位轴线应编号,编号应注写在轴线端部的圆内。圆应用细实线绘制,直径为8 ~ 10 mm。定位轴线圆的圆心应在定位轴线的延长线上或延长线的折线上。

（3）定位轴线除较复杂需采用分区编号或圆形、折线形外,平面图上定位轴线的编号,宜标注在图样的下方或左侧。横向编号应用阿拉伯数字,从左至右顺序编写;竖向编号应用大写拉丁字母,从下至上顺序编写,如图1.18所示。

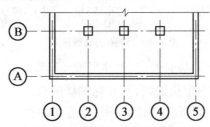

图1.18　定位轴线的编号顺序

（4）拉丁字母作为轴线号时,应全部采用大写字母,不应用同一个字母的大小写来区分轴线号。拉丁字母的I、O、Z不得用做轴线编号。当字母数量不够使用,可增用双字母或单字母加数字注脚。

（5）组合较复杂的平面图中定位轴线也可采用分区编号,如图1.19所示。编号的注写形式应为"分区号—该分区编号"。"分区号—该分区编号"采用阿拉伯数字或大写拉丁字母表示。

（6）附加定位轴线的编号,应以分数形式表示,并应符合下列规定:

1）两根轴线的附加轴线,应以分母表示前一轴线的编号,分子表示附加轴线的编号。编号宜用阿拉伯数字顺序编写。

2）1 号轴线或 A 号轴线之前的附加轴线的分母应以 01 或 0A 表示。

（7）一个详图适用于几根轴线时,应同时注明各有关轴线的编号,如图1.20所示。

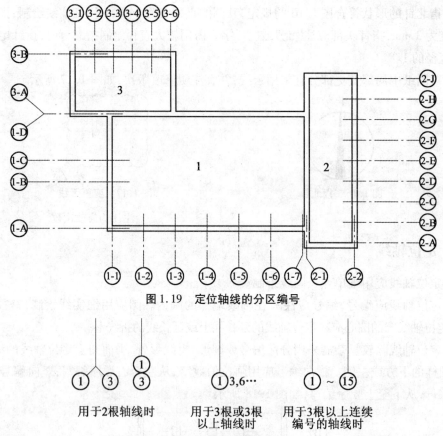

图 1.19　定位轴线的分区编号

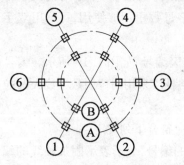

图 1.20　详图的轴线编号

（8）通用详图中的定位轴线，应只画圆，不注写轴线编号。

（9）圆形与弧形平面图中的定位轴线，其径向轴线应以角度进行定位，其编号宜用阿拉伯数字表示，从左下角或 −90°（若径向轴线很密，角度间隔很小）开始，按逆时针顺序编写；其环向轴线宜用大写阿拉伯字母表示，从外向内顺序编写，如图 1.21、1.22 所示。

（10）折线形平面图中定位轴线的编号可按图 1.23 的形式编写。

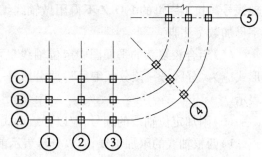

图 1.21　圆形平面定位轴线的编号　　　　　图 1.22　弧形平面定位轴线的编号

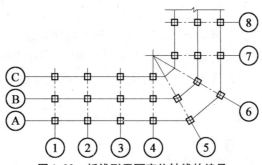

图 1.23　折线形平面定位轴线的编号

1.2.7　尺寸标注

1. 尺寸界线、尺寸线及尺寸起止符号

（1）图样上的尺寸，应包括尺寸界线、尺寸线、尺寸起止符号和尺寸数字，如图 1.24 所示。

图 1.24　尺寸的组成

（2）尺寸界线应用细实线绘制，应与被注长度垂直，其一端应离开图样轮廓线不应小于 2 mm，另一端宜超出尺寸线 2~3 mm。图样轮廓线可用做尺寸界线，如图 1.25 所示。

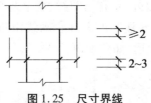

图 1.25　尺寸界线

（3）尺寸线应用细实线绘制，应与被注长度平行。图样本身的任何图线均不得用做尺寸线。

（4）尺寸起止符号用中粗斜短线绘制，其倾斜方向应与尺寸界线成顺时针 45°角，长度宜为 2~3 mm。半径、直径、角度与弧长的尺寸起止符号，宜用箭头表示，如图 1.26 所示。

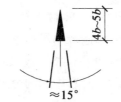

图 1.26　箭头尺寸起止符号

2.尺寸数字

(1)图样上的尺寸,应以尺寸数字为准,不得从图上直接量取。

(2)图样上的尺寸单位,除标高及总平面以米为单位外,其他必须以毫米为单位。

(3)尺寸数字的方向,应按图 1.27(a)的规定注写。若尺寸数字在 30°斜线区内,也可按图 1.27(b)的形式注写。

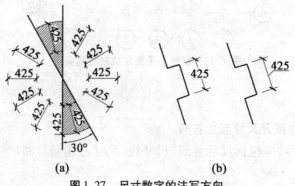

图 1.27　尺寸数字的注写方向

(4)尺寸数字应依据其方向注写在靠近尺寸线的上方中部。若没有足够的注写位置,最外边的尺寸数字可注写在尺寸界线的外侧,中间相邻的尺寸数字可上下错开注写,引出线端部用圆点表示标注尺寸的位置,如图 1.28 所示。

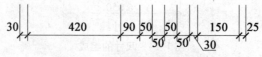

图 1.28　尺寸数字的注写位置

3.尺寸的排列与布置

(1)尺寸宜标注在图样轮廓以外,不宜与图线、文字及符号等相交,如图 1.29 所示。

(2)互相平行的尺寸线,应从被注写的图样轮廓线由近向远整齐排列,较小尺寸应离轮廓线较近,较大尺寸应离轮廓线较远,如图 1.30 所示。

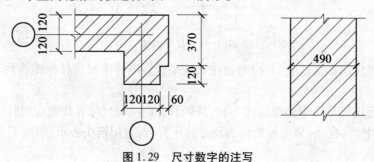

图 1.29　尺寸数字的注写

(3)图样轮廓线以外的尺寸界线,距图样最外轮廓之间的距离,不宜小于 10 mm。平行排列的尺寸线的间距,宜为 7～10 mm,并应保持一致,如图 1.30 所示。

(4)总尺寸的尺寸界线应靠近所指部位,中间的分尺寸的尺寸界线可稍短,但是其长度应相等,如图 1.30 所示。

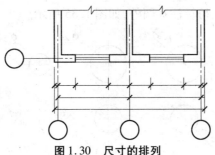

图 1.30　尺寸的排列

4. 半径、直径、球的尺寸标注

(1)半径的尺寸线应一端从圆心开始,另一端画箭头指向圆弧。半径数字前应加注半径符号"*R*",如图 1.31 所示。

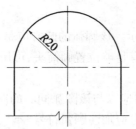

图 1.31　半径的标注方法

(2)较小圆弧的半径,可按图 1.32 形式标注。

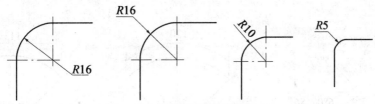

图 1.32　小圆弧半径的标注方法

(3)较大圆弧的半径,可按图 1.33 形式标注。

图 1.33　大圆弧半径的标注方法

(4)标注圆的直径尺寸时,直径数字前应加直径符号"ϕ"。在圆内标注的尺寸线应通过圆心,两端画箭头指至圆弧,如图 1.34 所示。

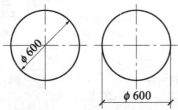

图 1.34　圆直径的标注方法

(5)较小圆的直径尺寸,可标注在圆外,如图1.35所示。

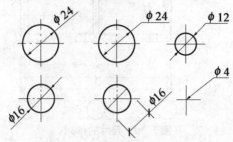

图1.35　小圆直径的标注方法

(6)标注球的半径尺寸时,应在尺寸前加注符号"SR"。标注球的直径尺寸时,应在尺寸数字前加注符号"Sφ"。注写方法与圆弧半径和圆直径的尺寸标注方法相同。

5. 角度、弧度、弧长的标注

(1)角度的尺寸线应以圆弧表示。该圆弧的圆心应是该角的顶点,角的两条边为尺寸界线。起止符号应以箭头表示,若没有足够位置画箭头,可用圆点代替,角度数字应沿尺寸线方向注写,如图1.36所示。

(2)标注圆弧的弧长时,尺寸线应以与该圆弧同心的圆弧线表示,尺寸界线应指向圆心,起止符号用箭头表示,弧长数字上方应加注圆弧符号"⌒",如图1.37所示。

(3)标注圆弧的弦长时,尺寸线应以平行于该弦的直线表示,尺寸界线应垂直于该弦,起止符号用中粗斜短线表示,如图1.38所示。

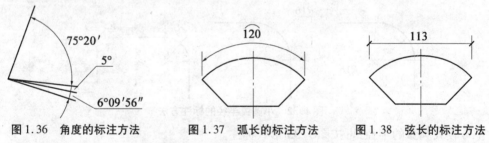

图1.36　角度的标注方法　　　图1.37　弧长的标注方法　　　图1.38　弦长的标注方法

6. 薄板厚度、正方形、坡度、非圆曲线等尺寸标注

(1)在薄板板面标注板厚尺寸时,应在厚度数字前加厚度符号"t",如图1.39所示。

(2)标注正方形的尺寸,可用"边长×边长"的形式,也可在边长数字前加正方形符号"□",如图1.40所示。

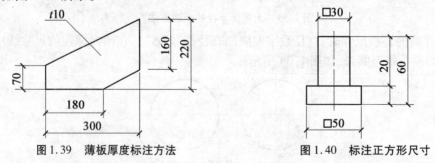

图1.39　薄板厚度标注方法　　　　　图1.40　标注正方形尺寸

(3)标注坡度时,应加注坡度符号"↙",如图1.41(a)、(b),该符号为单面箭头,箭头应指向下坡方向。坡度也可用直角三角形形式标注,如图1.41(c)所示。

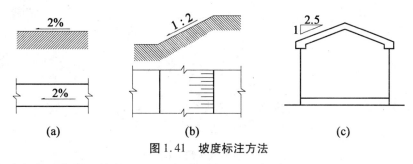

图 1.41　坡度标注方法

（4）外形为非圆曲线的构件，可用坐标形式标注尺寸，如图 1.42 所示。

（5）复杂的图形，可用网格形式标注尺寸，如图 1.43 所示。

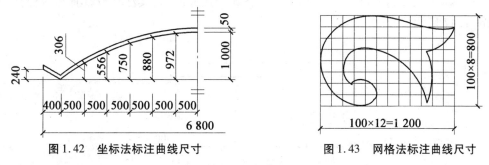

图 1.42　坐标法标注曲线尺寸　　　　　　　　图 1.43　网格法标注曲线尺寸

7. 尺寸的简化标注

（1）杆件或管线的长度，在单线图（桁架简图、钢筋简图、管线简图）上，可直接将尺寸数字沿杆件或管线的一侧注写，如图 1.44 所示。

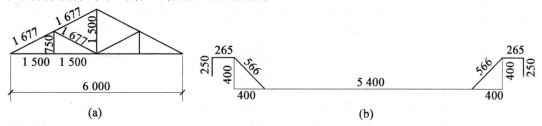

图 1.44　单线图尺寸标注方法

（2）连续排列的等长尺寸，可用"等长尺寸 × 个数 = 总长"或"等分 × 个数 = 总长"的形式标注，如图 1.45 所示。

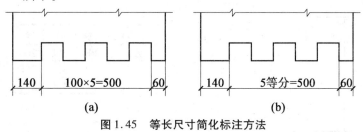

图 1.45　等长尺寸简化标注方法

（3）构配件内的构造因素（例如孔、槽等）如果相同，可仅标注其中一个要素的尺寸，如图 1.46 所示。

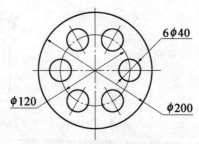

图 1.46　相同要素尺寸标注方法

（4）对称构配件采用对称省略画法时,该对称构配件的尺寸线应略超过对称符号,仅在尺寸线的一端画尺寸起止符号,尺寸数字应按整体全尺寸注写,其注写位置宜与对称符号对齐,如图 1.47 所示。

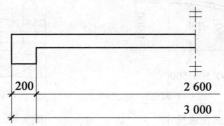

图 1.47　对称构件尺寸标注方法

（5）两个构配件,若个别尺寸数字不同,可在同一图样中将其中一个构配件的不同尺寸数字注写在括号内,该构配件的名称也应注写在相应的括号内,如图 1.48 所示。

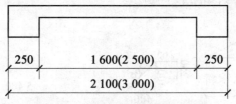

图 1.48　相似构件尺寸标注方法

（6）数个构配件,若仅某些尺寸不同,这些有变化的尺寸数字,可用拉丁字母注写在同一图样中,另列表格写明其具体尺寸,如图 1.49 所示。

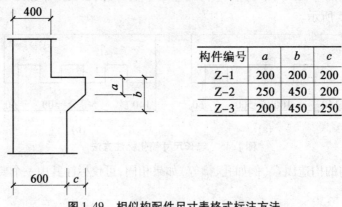

构件编号	a	b	c
Z-1	200	200	200
Z-2	250	450	200
Z-3	200	450	250

图 1.49　相似构配件尺寸表格式标注方法

8. 标高

（1）标高符号应以直角等腰三角形表示，按图 1.50（a）所示形式用细实线绘制，当标注位置不够，也可按图 1.50（b）所示形式绘制。标高符号的具体画法应符合图 1.50（c）、（d）的规定。

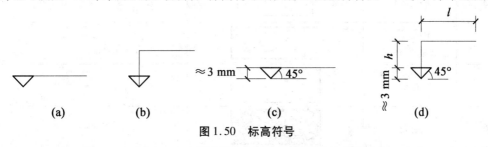

图 1.50　标高符号

l—取适当长度注写标高数字；*h*—根据需要取适当高度

（2）总平面图室外地坪标高符号，宜用涂黑的三角形表示，具体画法应符合图 1.51 的规定。

图 1.51　总平面图室外地坪标高符号

（3）标高符号的尖端应指至被注高度的位置。尖端宜向下，也可向上。标高数字应注写在标高符号的上侧或下侧，如图 1.52 所示。

（4）标高数字应以米为单位，注写到小数点以后第三位。在总平面图中，可注写到小数点以后第二位。

（5）零点标高应注写成 ±0.000，正数标高不注"+"，负数标高应注"−"，例如 3.000、−0.600。

（6）在图样的同一位置需表示几个不同标高时，标高数字可按图 1.53 的形式注写。

图 1.52　标高的指向　　　　　　　　　图 1.53　同一位置注写多个标高数字

1.3　建筑工程施工图常用图例

1.3.1　常用建筑材料图例

常用建筑材料图例见表 1.10。

表 1.10　常用建筑材料图例

序号	名称	图例	备注
1	自然土壤		包括各种自然土壤
2	夯实土壤		—

续表 1.10

序号	名称	图例	备注
3	砂、灰土	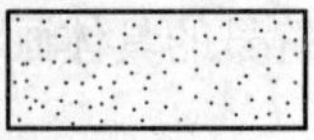	—
4	砂砾石、碎砖三合土	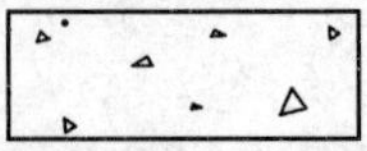	—
5	石材	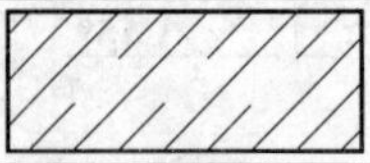	—
6	毛石	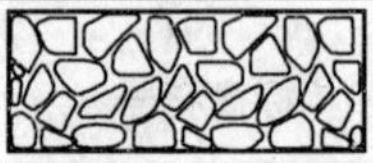	—
7	普通砖	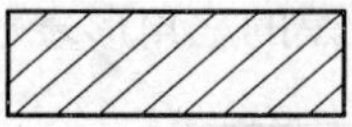	包括实心砖、多孔砖、砌块等砌体。断面较窄不易绘出图例线时,可涂红,并在图纸备注中加注说明,画出该材料图例
8	耐火砖		包括耐酸砖等砌体
9	空心砖		指非承重砖砌体
10	饰面砖	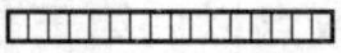	包括铺地砖、马赛克、陶瓷锦砖、人造大理石等
11	焦渣、矿渣	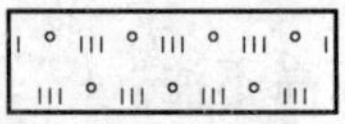	包括与水泥、石灰等混合而成的材料
12	混凝土	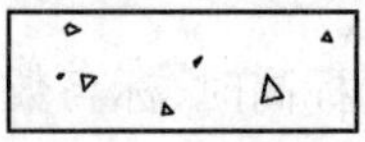	1. 本图例指能承重的混凝土及钢筋混凝土 2. 包括各种强度等级、骨料、添加剂的混凝土
13	钢筋混凝土	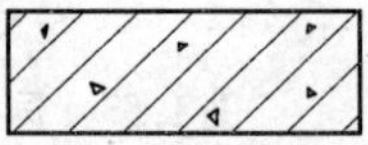	3. 在剖面图上画出钢筋时,不画图例线 4. 断面图形小,不易画出图例线时,可涂黑
14	多孔材料		包括水泥珍珠岩、沥青珍珠岩、泡沫混凝土、非承重加气混凝土、软木、蛭石制品等
15	纤维材料	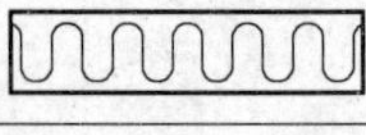	包括矿棉、岩棉、玻璃棉、麻丝、木丝板、纤维板等
16	泡沫塑料材料	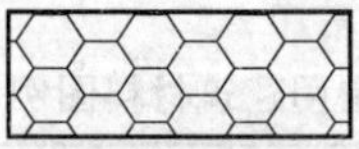	包括聚苯乙烯、聚乙烯、聚氨酯等多孔聚合物类材料
17	木材		1. 上图为横断面,左图为垫木、木砖或木龙骨 2. 下图为纵断面

续表 1.10

序号	名称	图例	备注
18	胶合板	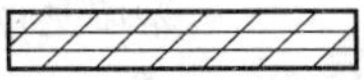	应注明为×层胶合板
19	石膏板	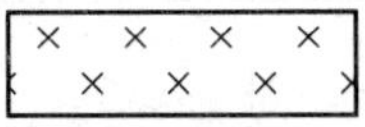	包括圆孔、方孔石膏板、防水石膏板、硅钙板、防火板等
20	金属	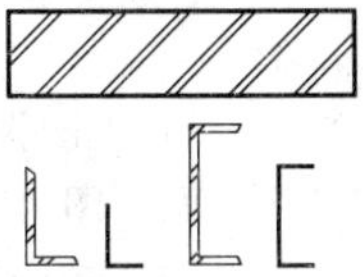	1.包括各种金属 2.图形小时,可涂黑
21	网状材料		1.包括金属、塑料网状材料 2.应注明具体材料名称
22	液体	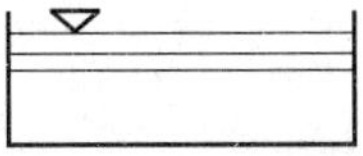	应注明液体名称
23	玻璃		包括平板玻璃、磨砂玻璃、夹丝玻璃、钢化玻璃、中空玻璃、夹层玻璃、镀膜玻璃等
24	橡胶		—
25	塑料		包括各种软、硬塑料及有机玻璃等
26	防水材料	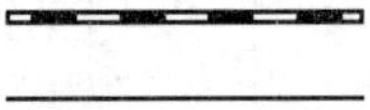	构造层次多或比例大时,采用上图图例
27	粉刷	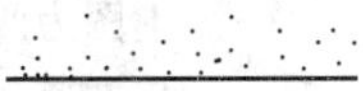	本图例采用较稀的点

注:1、2、5、7、8、13、14、16、17、18 图例中的斜线、短斜线、交叉斜线等均为45°。

1.3.2　常用建筑构造及配件图例

常用建筑构造及配件图例见表 1.11。

表 1.11　常用建筑构造及配件图例

序号	名称	图例	备注
1	墙体	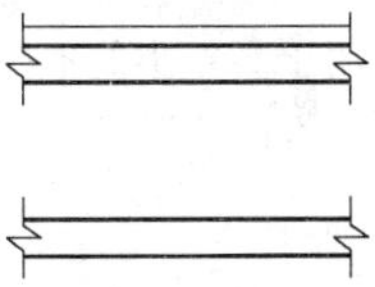	1.上图为外墙,下图为内墙 2.外墙细线表示有保温层或有幕墙 3.应加注文字或涂色或图案填充表示各种材料的墙体 4.在各层平面图中防火墙宜着重以特殊图案填充表示
2	隔断		1.加注文字或涂色或图案填充表示各种材料的轻质隔断 2.适用于到顶与不到顶隔断

续表 1.11

序号	名称	图例	备注
3	玻璃幕墙		幕墙龙骨是否表示由项目设计决定
4	栏杆		—
5	楼梯	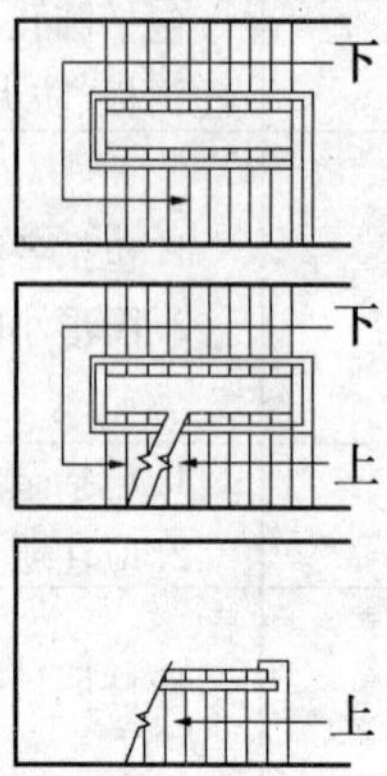	1. 上图为顶层楼梯平面,中图为中间层楼梯平面,下图为底层楼梯平面 2. 需设置靠墙扶手或中间扶手时,应在图中表示
6	坡道	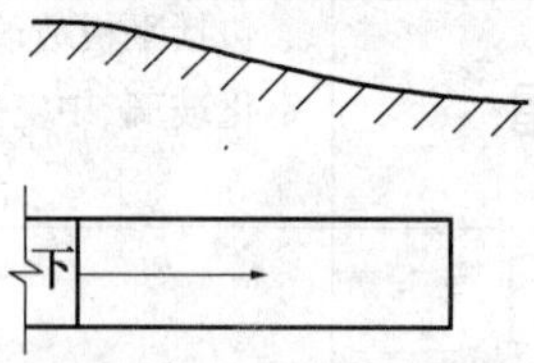	长坡道
		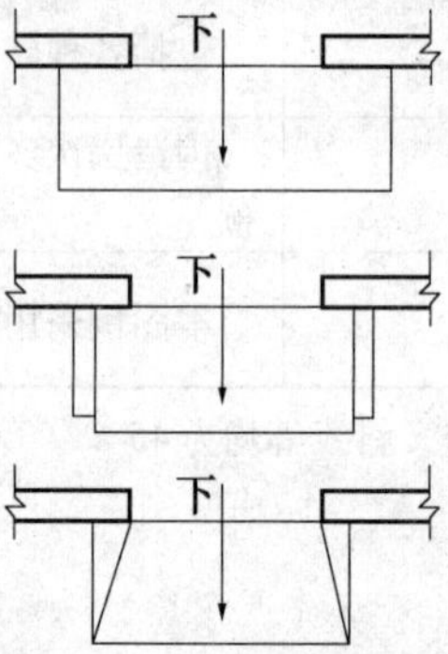	上图为两侧垂直的门口坡道,中图为有挡墙的门口坡道,下图为两侧找坡的门口坡道
7	台阶	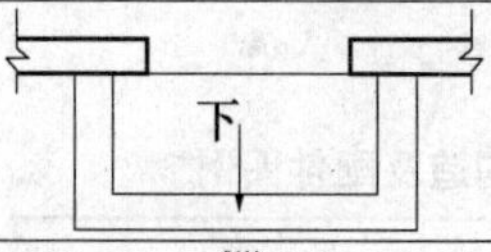	—
8	平面高差	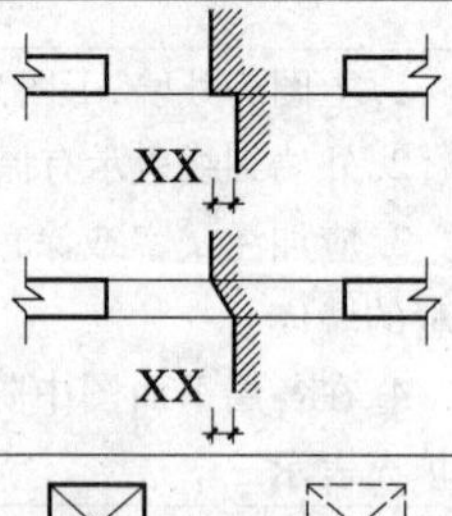	用于高差小的地面或楼面交接处,并应与门的开启方向协调
9	检查口	 	左图为可见检查口,右图为不可见检查口
10	孔洞	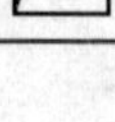 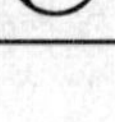	阴影部分亦可填充灰度或涂色代替

续表 1.11

序号	名称	图例	备注
11	坑槽		—
12	墙预留洞、槽	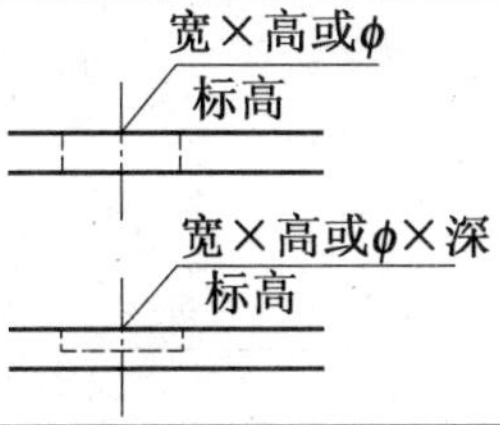 宽×高或φ 标高 宽×高或φ×深 标高	1.上图为预留洞,下图为预留槽 2.平面以洞(槽)中心定位 3.标高以洞(槽)底或中心定位 4.宜以涂色区别墙体和预留洞(槽)
13	地沟	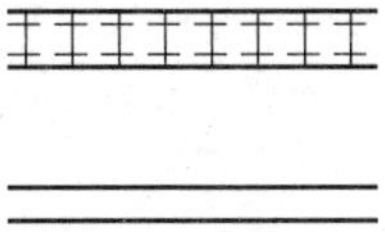	上图为有盖板地沟,下图为无盖板明沟
14	烟道	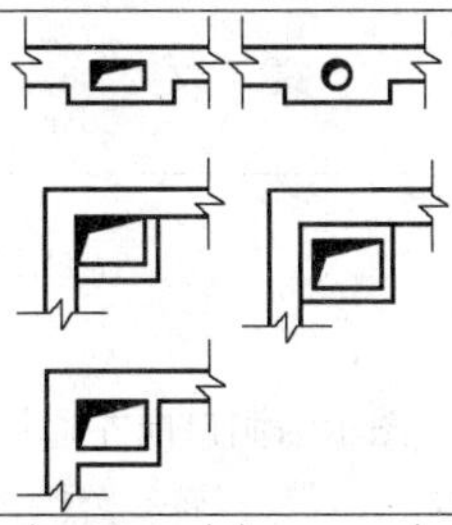	1.阴影部分亦可填充灰度或涂色代替 2.烟道、风道与墙体为相同材料,其相接处墙身线应连通 3.烟道、风道根据需要增加不同材料的内衬
15	风道	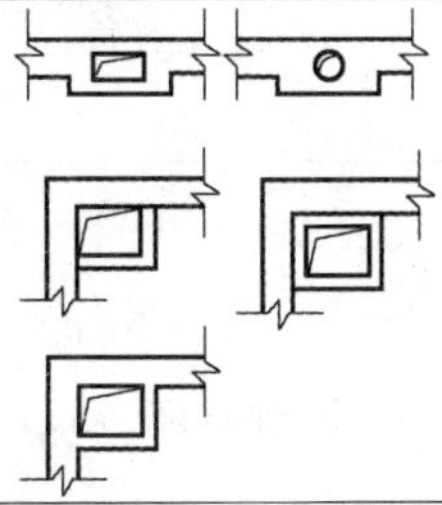	
16	新建的墙和窗	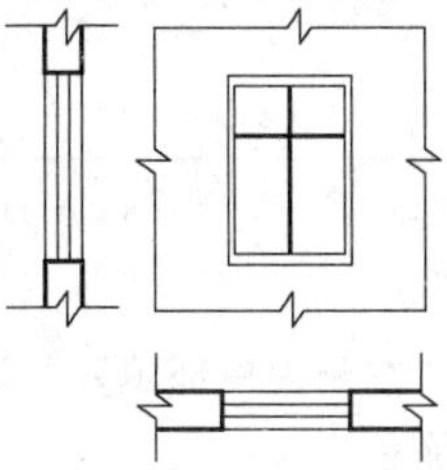	—
17	改建时保留的墙和窗	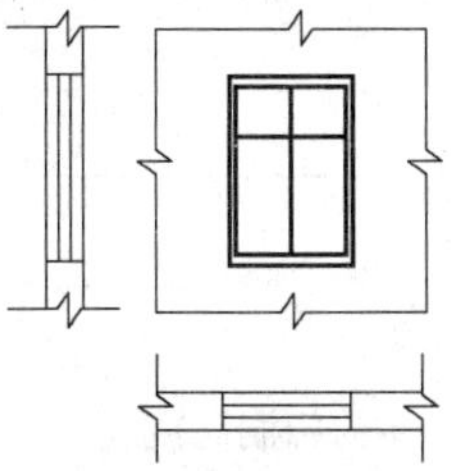	只更换窗,应加粗窗的轮廓线

续表 1.11

序号	名称	图例	备注
18	拆除的墙	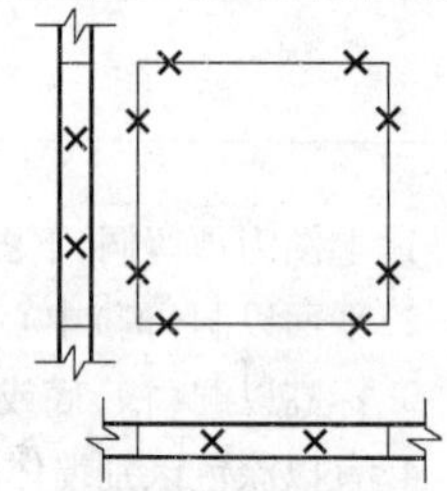	—
19	改建时在原有墙或楼板新开的洞	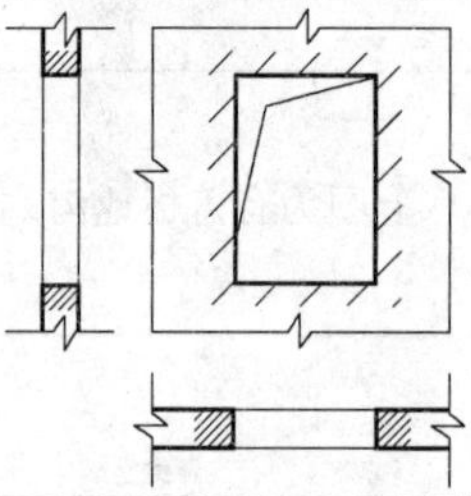	
20	在原有墙或楼板洞旁扩大的洞	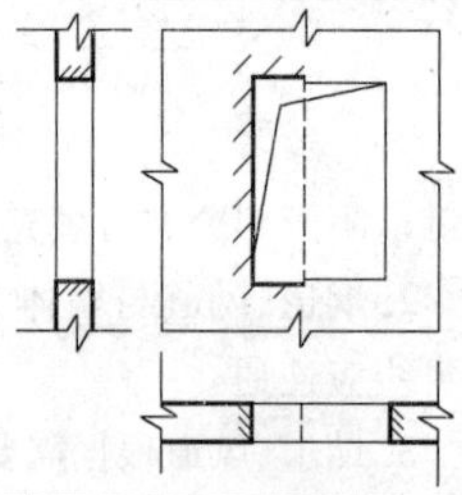	图示为洞口向左边扩大
21	在原有墙或楼板上全部填塞的洞	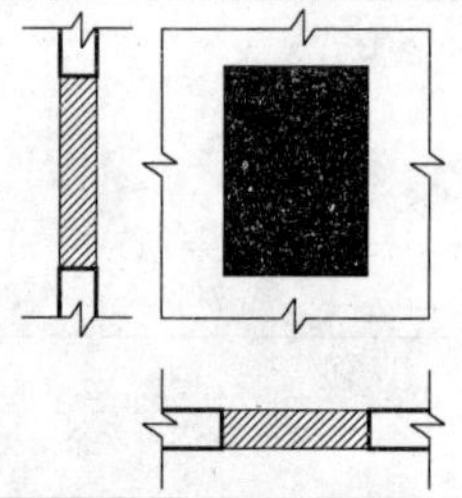	图中立面填充灰度或涂色
22	在原有墙或楼板上局部填塞的洞	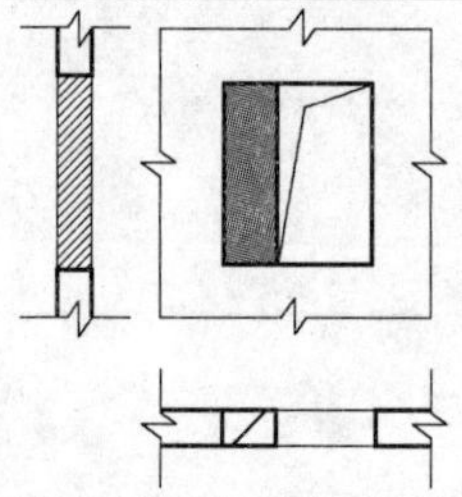	左侧为局部填塞的洞,图中立面填充灰度或涂色
23	空门洞	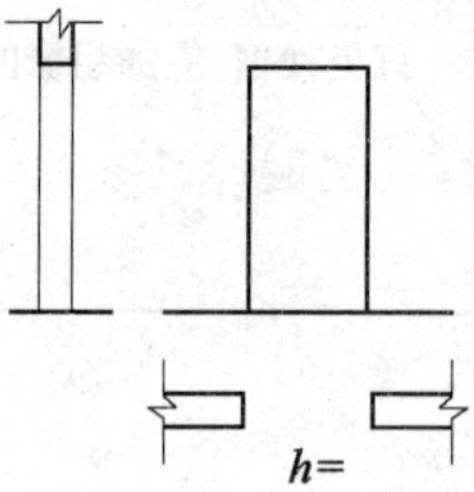 $h=$	h 为门洞高度

续表 1.11

序号	名称	图例	备注
24	单面开启单扇门（包括平开或单面弹簧）	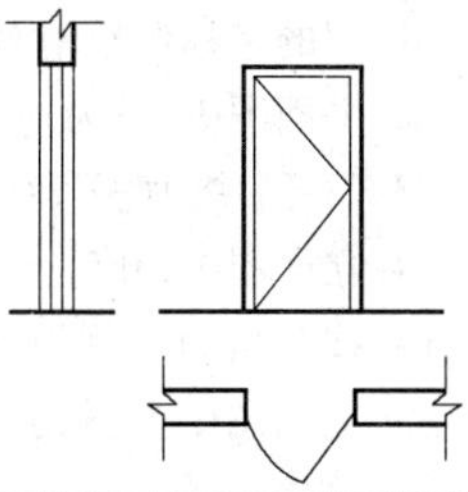	1.门的名称代号用 M 表示 2.平面图中,下为外,上为内 3.立面图中,开启线实线为外开,虚线为内开,开启线交角的一侧为安装合页一侧。开启线在建筑立面图中可不表示,在立面大样图中可根据需要绘出 4.剖面图中,左为外,右为内 5.附加纱扇应以文字说明,在平、立、剖面图中均不表示 6.立面形式应按实际情况绘制
	双面开启单扇门（包括双面平开或双面弹簧）	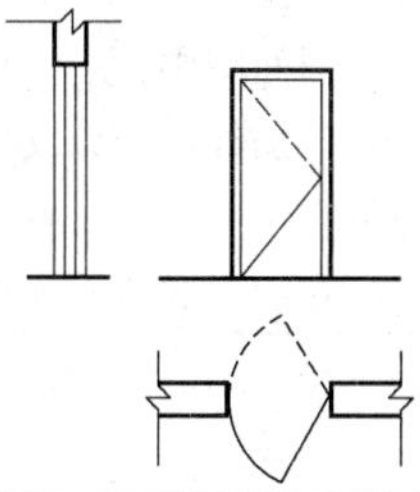	
	双层单扇平开门	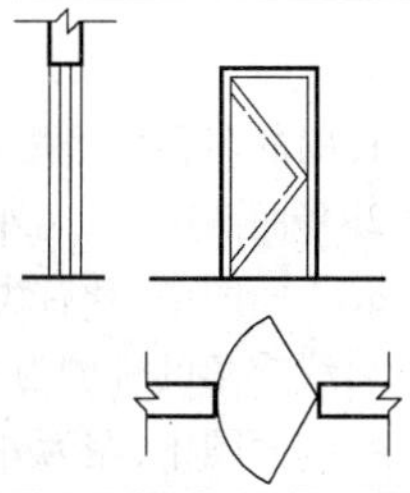	
25	单面开启双扇门（包括平开或单面弹簧）	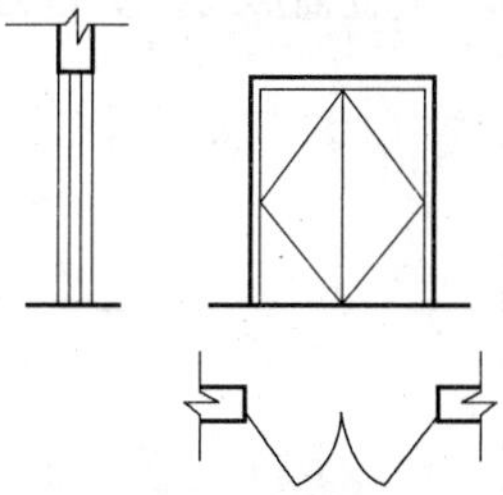	1.门的名称代号用 M 表示 2.平面图中,下为外,上为内 3.门开启线为90°、60°或45°,开启弧线宜绘出 4.立面图中,开启线实线为外开,虚线为内开,开启线交角的一侧为安装合页一侧。开启线在建筑立面图中可不表示,在立面大样图中可根据需要绘出 5.剖面图中,左为外,右为内 6.附加纱扇应以文字说明,在平、立、剖面图中均不表示 7.立面形式应按实际情况绘制
	双面开启双扇门（包括双面平开或双面弹簧）	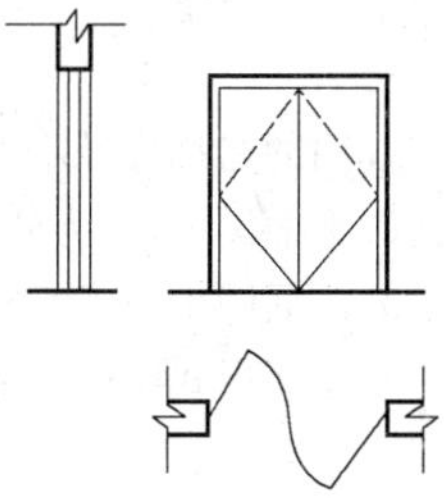	

续表 1.11

序号	名称	图例	备注
26	双层双扇平开门	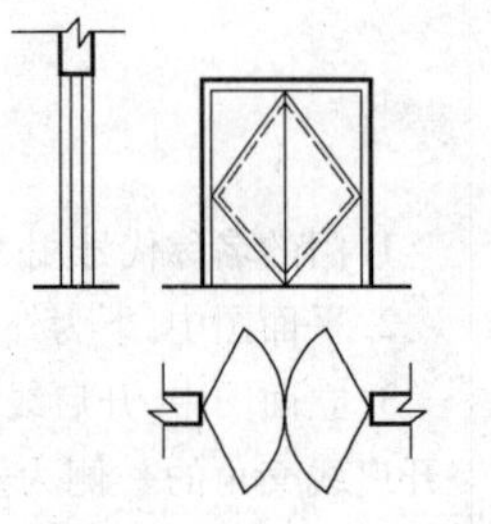	1.门的名称代号用 M 表示 2.平面图中,下为外,上为内 3.门开启线为90°、60°或45°,开启弧线宜绘出 4.立面图中,开启线实线为外开,虚线为内开,开启线交角的一侧为安装合页一侧。开启线在建筑立面图中可不表示,在立面大样图中可根据需要绘出 5.剖面图中,左为外,右为内 6.附加纱扇应以文字说明,在平、立、剖面图中均不表示 7.立面形式应按实际情况绘制
27	折叠门	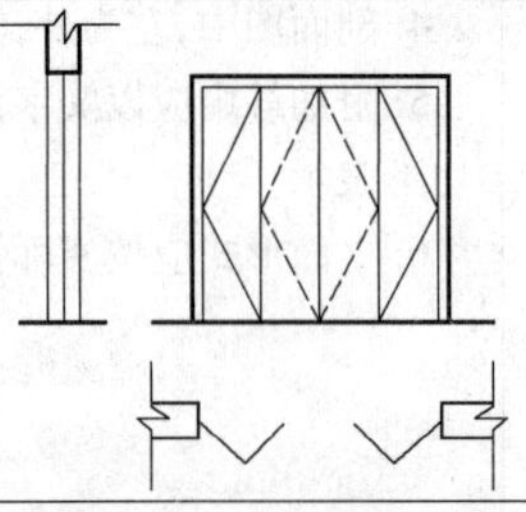	1.门的名称代号用 M 表示 2.平面图中,下为外,上为内 3.立面图中,开启线实线为外开,虚线为内开,开启线交角的一侧为安装合页一侧 4.剖面图中,左为外,右为内 5.立面形式应按实际情况绘制
	推拉折叠门	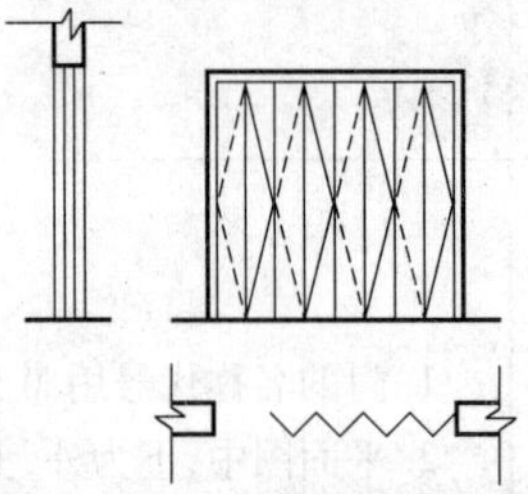	
28	墙洞外单扇推拉门	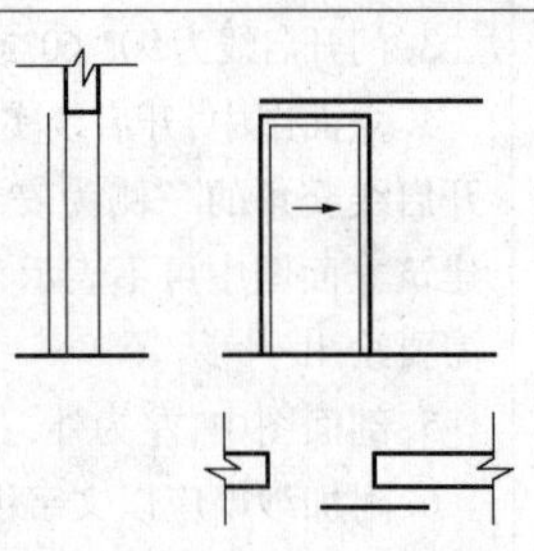	1.门的名称代号用 M 表示 2.平面图中,下为外,上为内 3.剖面图中,左为外,右为内 4.立面形式应按实际情况绘制
	墙洞外双扇推拉门	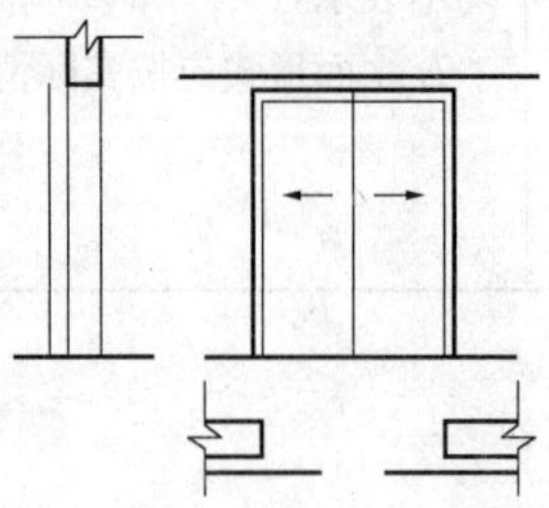	

续表 1.11

序号	名称	图例	备注
29	墙中单扇推拉门	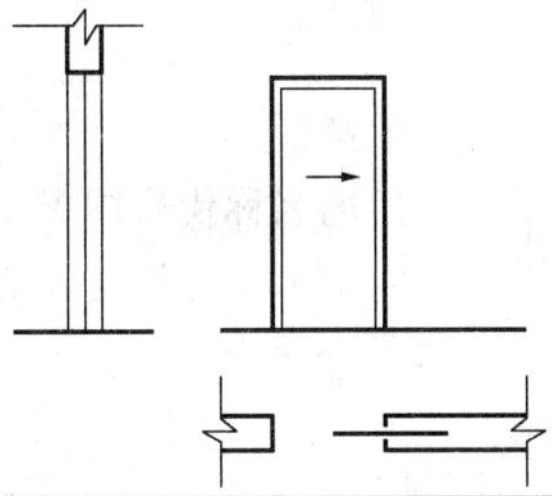	1. 门的名称代号用 M 表示 2. 立面形式应按实际情况绘制
	墙中双扇推拉门	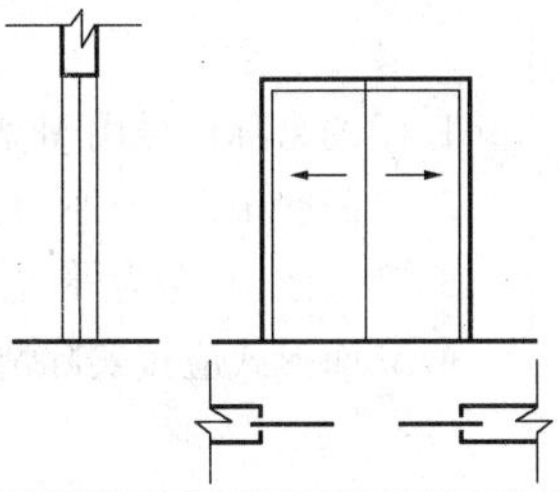	
30	推杠门	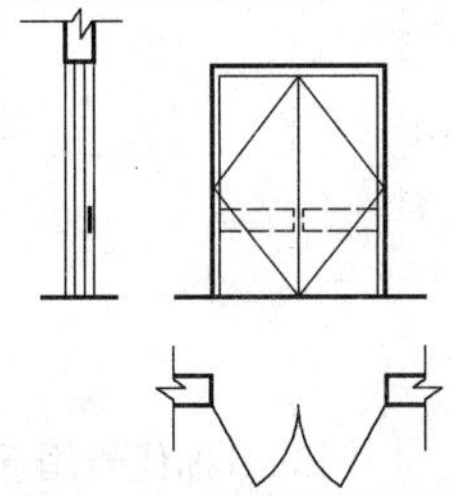	1. 门的名称代号用 M 表示 2. 平面图中,下为外,上为内 3. 门开启线为 90°、60°或 45° 4. 立面图中,开启线实线为外开,虚线为内开,开启线交角的一侧为安装合页一侧。开启线在建筑立面图中可不表示,在立面大样图中可根据需要绘出 5. 剖面图中,左为外,右为内 6. 立面形式应按实际情况绘制
31	门连窗	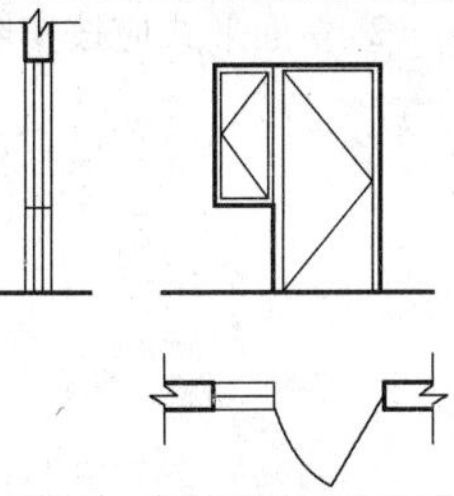	
32	旋转门	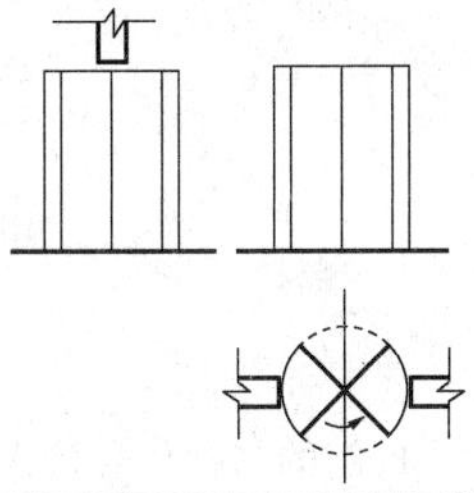	1. 门的名称代号用 M 表示 2. 立面形式应按实际情况绘制
	两翼智能旋转门	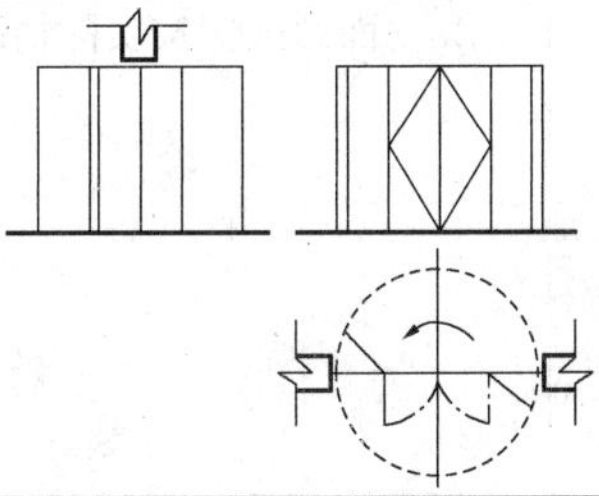	

续表 1.11

序号	名称	图例	备注
33	自动门	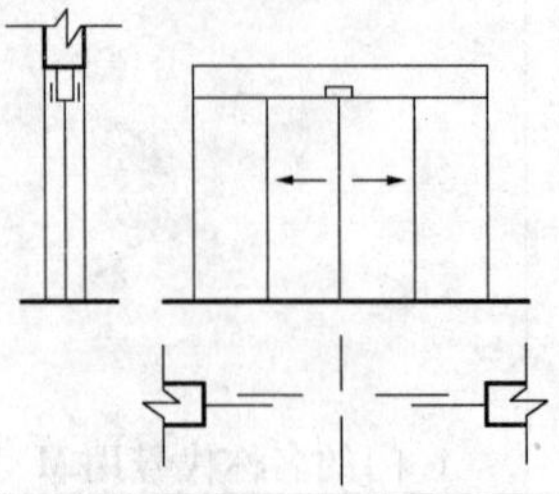	1.门的名称代号用 M 表示 2.立面形式应按实际情况绘制
34	折叠上翻门	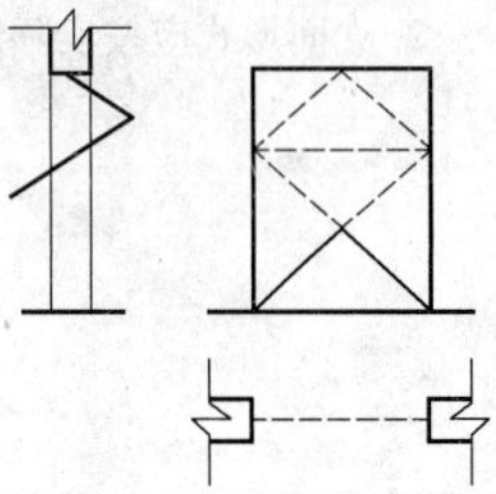	1.门的名称代号用 M 表示 2.平面图中,下为外,上为内 3.剖面图中,左为外,右为内 4.立面形式应按实际情况绘制
35	提升门	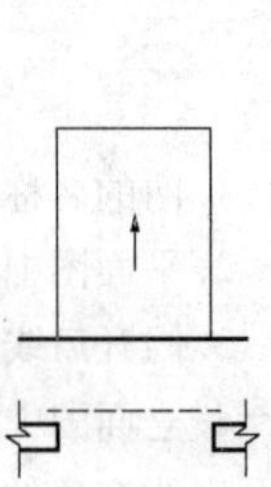	1.门的名称代号用 M 表示 2.立面形式应按实际情况绘制
36	分节提升门	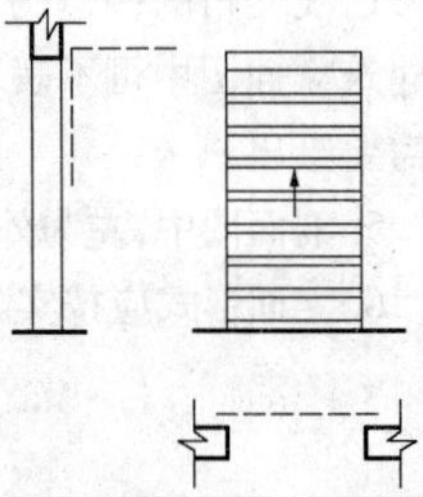	
37	人防单扇防护密闭门	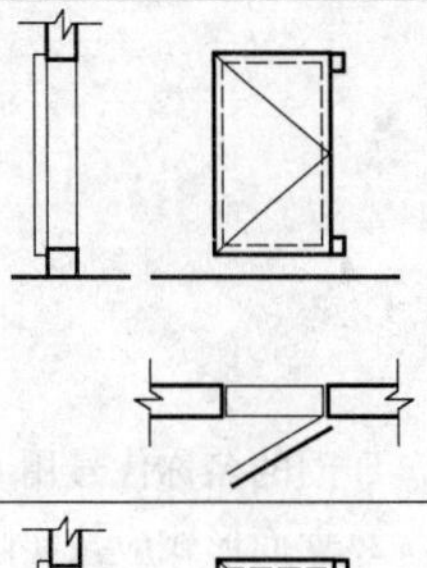	1.门的名称代号按人防要求表示 2.立面形式应按实际情况绘制
	人防单扇密闭门	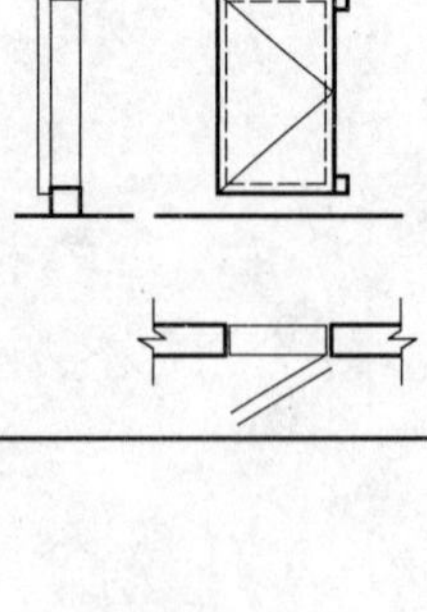	

续表 1.11

序号	名称	图例	备注
38	人防双扇防护密闭门	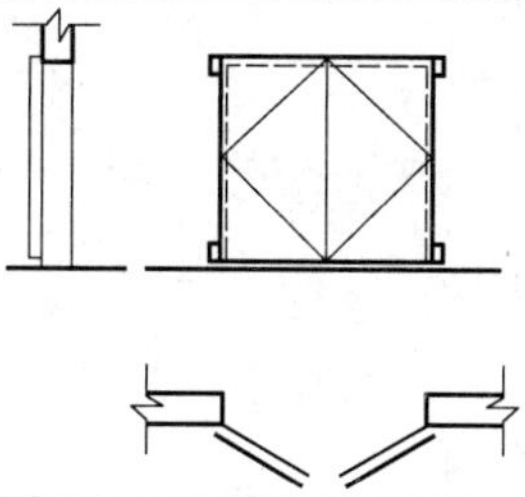	1.门的名称代号按人防要求表示 2.立面形式应按实际情况绘制
	人防双扇密闭门	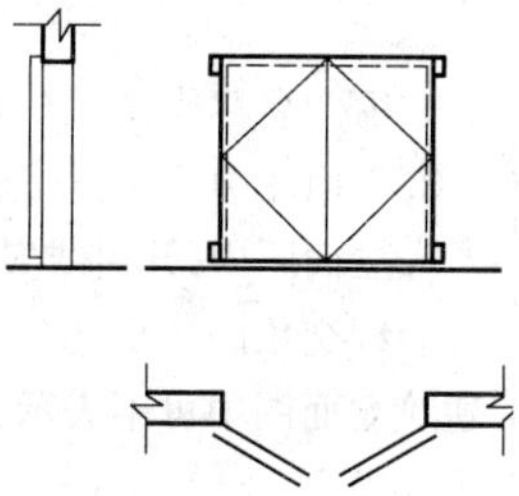	
39	横向卷帘门	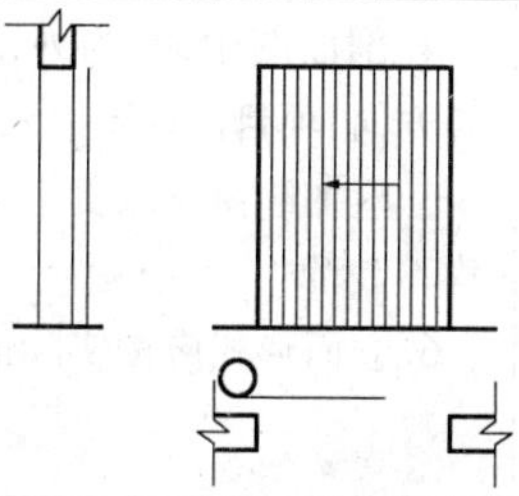	—
	竖向卷帘门	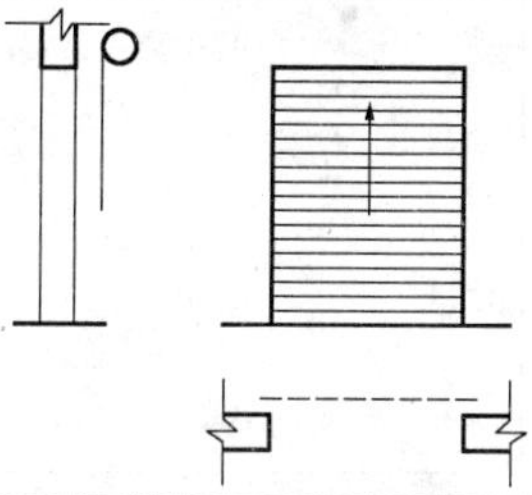	
	单侧双层卷帘门	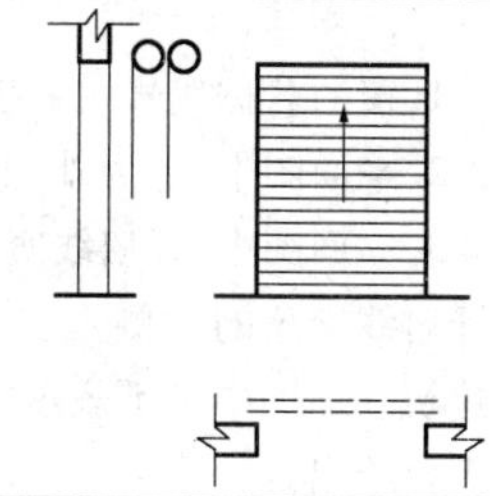	
	双侧单层卷帘门	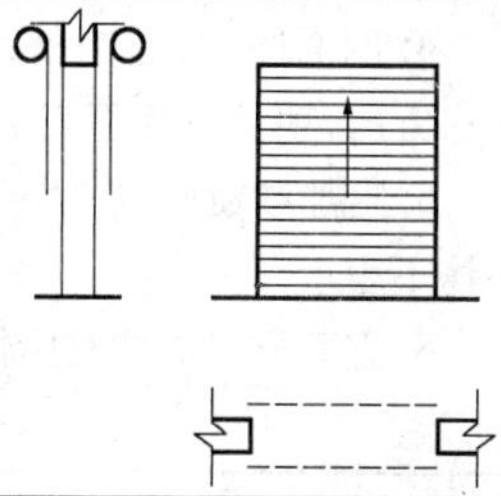	

续表 1.11

序号	名称	图例	备注
40	固定窗		
41	上悬窗 中悬窗		1.窗的名称代号用 C 表示 2.平面图中,下为外,上为内 3.立面图中,开启线实线为外开,虚线为内开,开启线交角的一侧为安装合页一侧。开启线在建筑立面图中可不表示,在立面大样图中可根据需要绘出 4.剖面图中,左为外,右为内。虚线仅表示开启方向,项目设计不表示 5.附加纱窗应以文字说明,在平、立、剖面图中均不表示 6.立面形式应按实际情况绘制
42	下悬窗	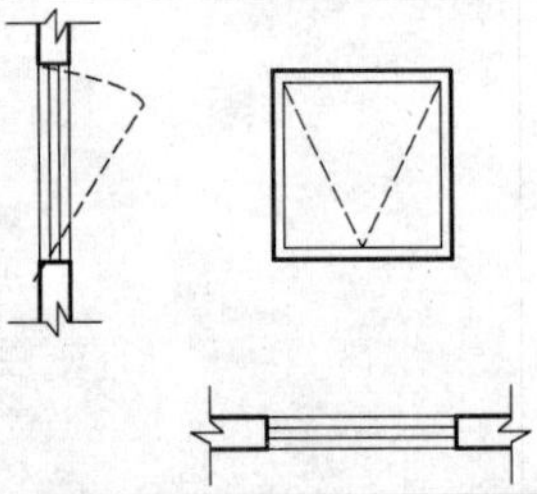	
43	立转窗	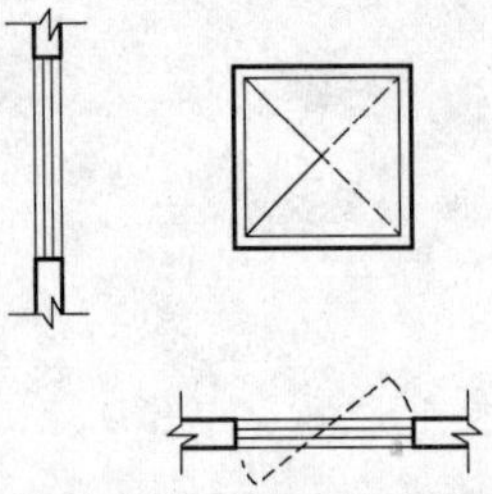	1.窗的名称代号用 C 表示 2.平面图中,下为外,上为内 3.立面图中,开启线实线为外开,虚线为内开,开启线交角的一侧为安装合页一侧。开启线在建筑立面图中可不表示,在立面大样图中可根据需要绘出 4.剖面图中,左为外,右为内。虚线仅表示开启方向,项目设计不表示 5.附加纱窗应以文字说明,在平、立、剖面图中均不表示 6.立面形式应按实际情况绘制
44	内开平开 内倾窗	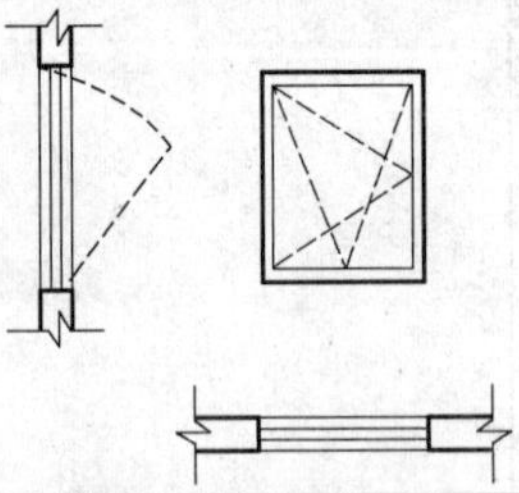	

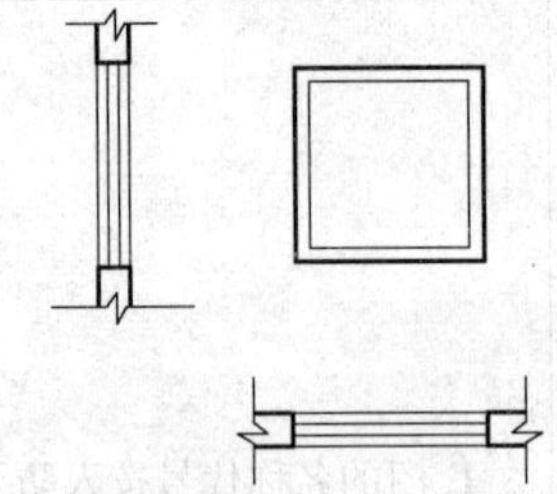

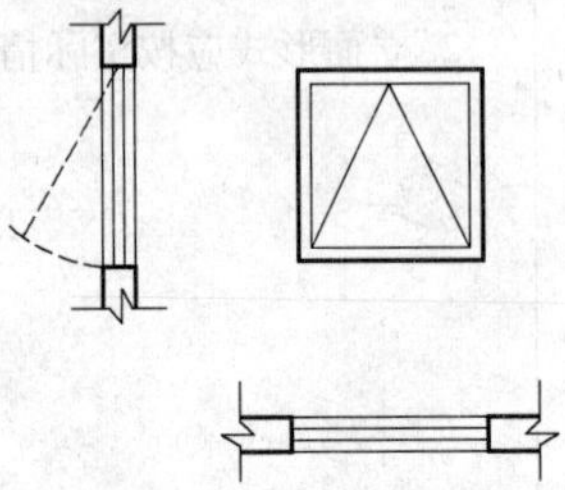

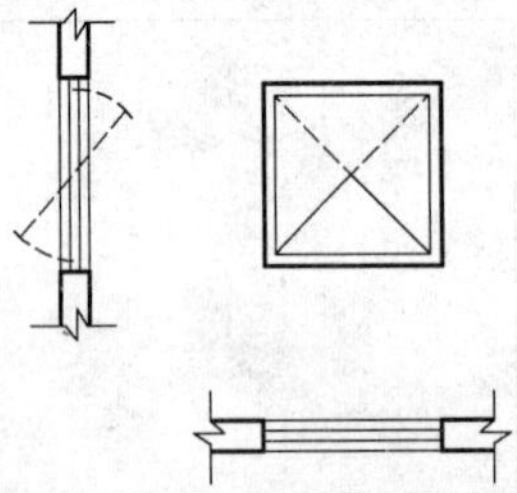

续表 1.11

序号	名称	图例	备注
45	单层外开平开窗	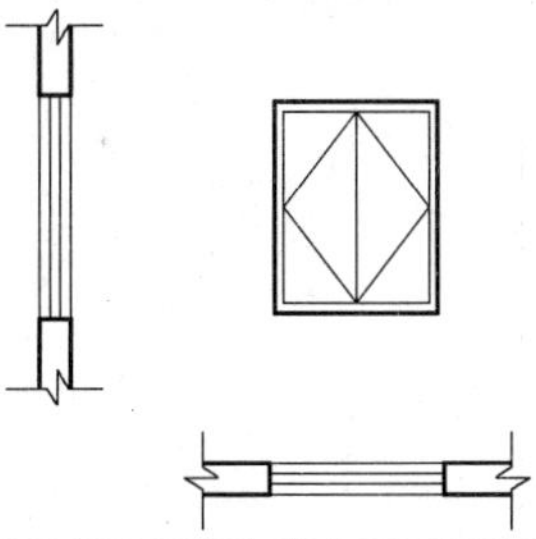	1.窗的名称代号用 C 表示 2.平面图中,下为外,上为内 3.立面图中,开启线实线为外开,虚线为内开,开启线交角的一侧为安装合页一侧。开启线在建筑立面图中可不表示,在立面大样图中可根据需要绘出 4.剖面图中,左为外,右为内。虚线仅表示开启方向,项目设计不表示 5.附加纱窗应以文字说明,在平、立、剖面图中均不表示 6.立面形式应按实际情况绘制
	单层内开平开窗	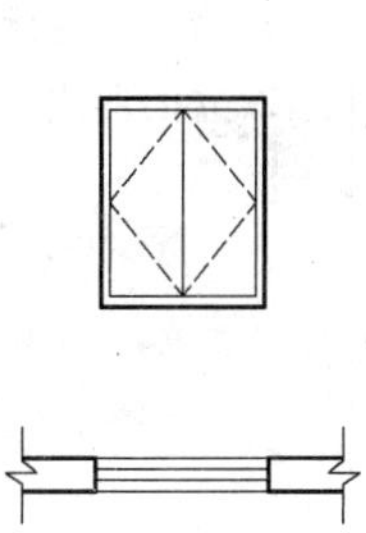	
	双层内外开平开窗	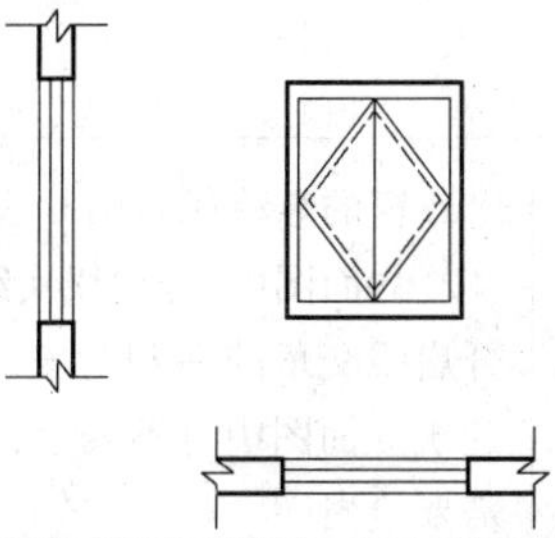	
46	单层推拉窗	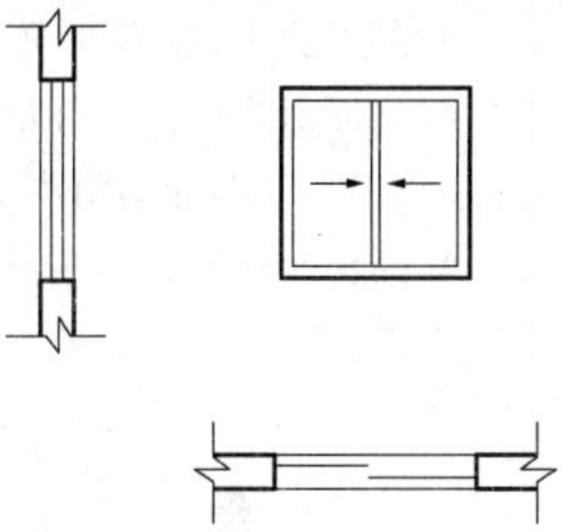	1.窗的名称代号用 C 表示 2.立面形式应按实际情况绘制
	双层推拉窗	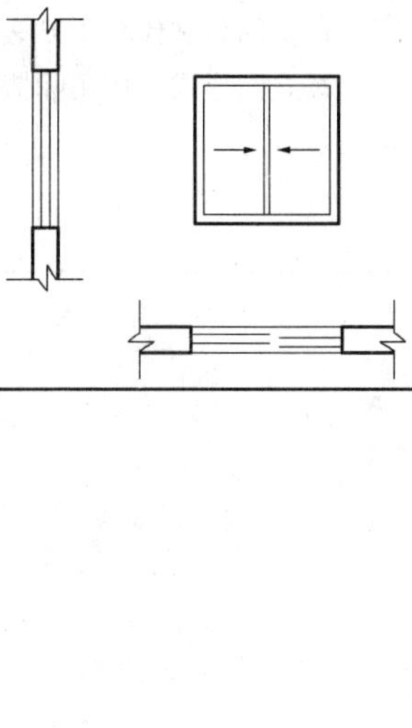	

续表 1.11

序号	名称	图例	备注
47	上推窗	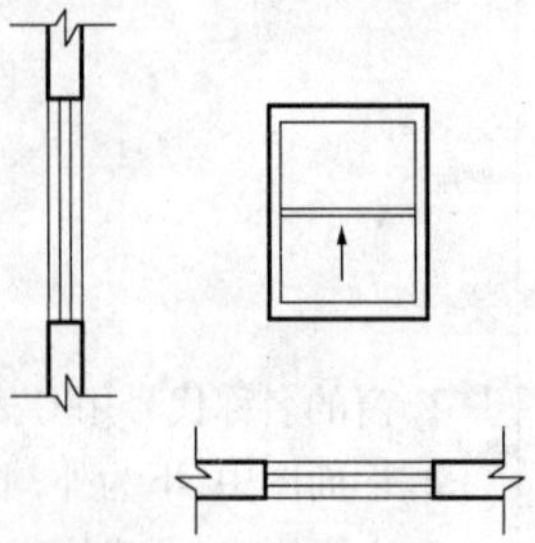	1. 窗的名称代号用 C 表示 2. 立面形式应按实际情况绘制
48	百叶窗	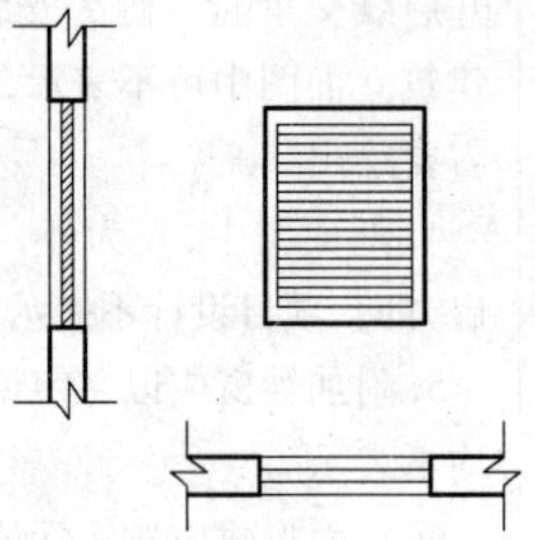	
49	高窗	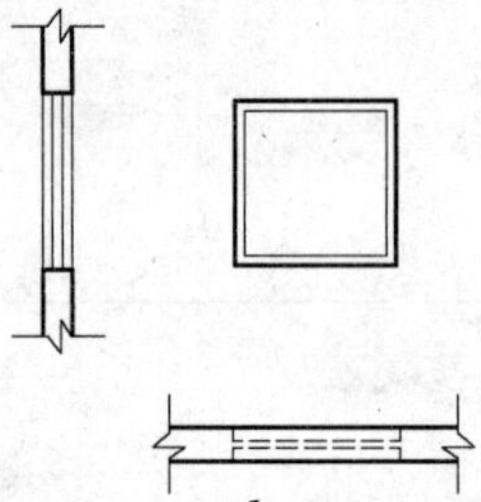 h=	1. 窗的名称代号用 C 表示 2. 立面图中,开启线实线为外开,虚线为内开,开启线交角的一侧为安装合页一侧。开启线在建筑立面图中可不表示,在立面大样图中可根据需要绘出 3. 剖面图中,左为外,右为内 4. 立面形式应按实际情况绘制 5. h 表示高窗底距本层地面高度 6. 高窗开启方式参考其他窗型
50	平推窗	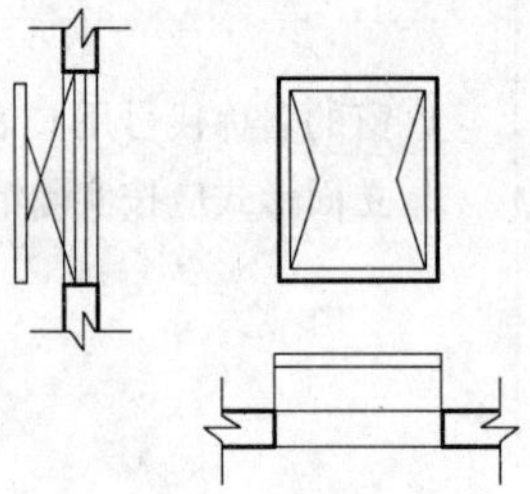	1. 窗的名称代号用 C 表示 2. 立面形式应按实际情况绘制

1.4　建筑总平面图识读

1.4.1　建筑总平面图概述

建筑总平面图能表明新建房屋所在基地(由城市规划管理部门批准的,用"用地界线"限定的建设用地)范围内的总体布置,反映新建、拟建、原有和拆除的房屋、构筑物等的位置和朝向,室外场地、道路、绿化等的布置,地形、地貌、标高等以及原有环境的关系和邻界情况等。

建筑总平面图也是房屋及其他设施施工的定位、土方施工,以及绘制水、暖、电等管线总平面图和施工总平面图的依据。

1.4.2　建筑总平面图的内容

建筑总平面图的内容包括以下几方面:

(1)保留的地形和地物。

(2)测量坐标网、坐标值。

(3)场地四界的测量坐标(或定位尺寸),道路红线和建筑红线或用地界线的位置。

(4)场地四邻原有及规划道路的位置(主要坐标值或定位尺寸),以及四邻主要建(构)筑物的位置、名称、层数。四邻道路、水面、地面的关键性标高。

(5)场地内的建(构)筑物的名称或编号、层数、定位(坐标或相互关系尺寸)、室内外地面设计标高。

(6)广场、停车场、运动场地、道路、无障碍设施、排水沟、挡土墙、护坡的定位(坐标或相互关系尺寸)。广场、停车场、运动场地的设计标高,道路、排水沟的起点、变坡点、转折点和终点的设计标高、纵坡度、纵坡距、关键性坐标,表明道路双面坡、单面坡。挡土墙、护坡的顶部和底部的主要设计标高及护坡坡度。

(7)指北针或风玫瑰图。

(8)建(构)筑物使用编号时,应列出"建(构)筑物名称编号表"。

(9)注明设计依据、尺寸单位、比例、坐标及高程系统、补充图例,列出主要技术经济指标表。

1.4.3　建筑物、构筑物在总平面图上的定位方式

建(构)筑物在总平面图上的定位方式基本上包括两种:一种是依据城市的坐标系统,标注建筑物两个对角的坐标值;另一种是依据该地段上原有的永久性房屋或城市道路的中心线为基准定位,标注相互关系尺寸。

1.4.4　建筑总平面图识读举例

图 1.54 是某小区的总平面图,上面拟建的新建筑物是两栋三层小楼房(在右上角均写有数字 3,表示三层),室内标高是 ±0.000,相当于绝对标高 48.76 m,室外标高相当于绝对标高 48.31 m,室内外高差 0.45 m。新建筑物定位依据是北面的原有宿舍楼和东面路的中心或围墙,图中可看到其中一栋新建房屋是在拆除的建筑物上,等高线表示场地内的地形,由风玫瑰可以看到建筑物朝向以及本场地内的常年风向频率和大小等。

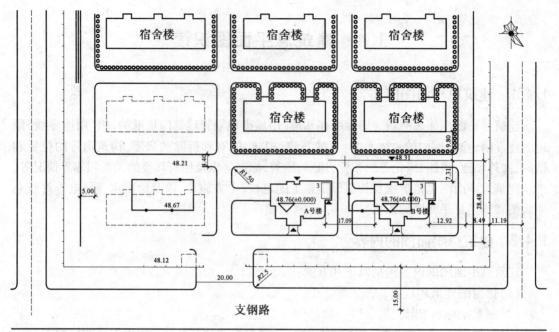

图 1.54　某小区的总平面图(1:500)

1.5　建筑平面图识读

1.5.1　建筑平面图概述

假想用一水平剖切平面从建筑窗台上一点剖切建筑,移去上面的部分,向下所作的正投影图,即为建筑平面图,简称平面图。

建筑平面图反映建筑物的平面形状和大小、内部布置、墙(柱)的位置、厚度和材料、门窗的位置和类型以及交通等情况,可作为建筑施工定位、放线、砌墙、安装门窗、室内装修、编制预算的依据。

1.5.2　建筑平面图的内容

建筑平面图的主要内容包括以下几方面:

(1)承重墙、柱及其定位轴线和编号,内外窗的位置、编号、定位尺寸,门开启方向,房间名称或编号。轴线总尺寸(或外包总尺寸)、轴线间尺寸(柱距、跨度)、门窗洞口尺寸、分段尺寸。

(2)墙身厚度(包括承重墙、非承重墙,必要时标注柱与壁柱宽、深尺寸)及其与轴线的关系。

(3)变形缝的位置、尺寸、做法索引。主要结构和建筑部件(台阶、阳台、雨篷、散水、地沟、人孔、坑槽、设备基座等)的位置、尺寸、做法索引。

(4)主要建筑设备(例如卫生洁具、雨水管)和固定家具(例如隔断、台、橱)的位置、做法索引,电梯、扶梯、楼梯的位置、上下方向示意和编号索引。

(5)楼、地面预留孔洞和通气管道、管井、烟囱、垃圾道等位置、尺寸和做法索引,墙体(填充墙、承重砌体墙)预留洞的位置、尺寸、标高或高度。

(6)车库的停车位和通行线路,特殊工艺要求的土建配合尺寸。

（7）室外地面标高、底层地面标高、各楼层标高,剖切线位置及编号(底层平面及需要剖切的平面位置)。

（8）平面节点详图及详图索引号,放大平面图及索引号。

（9）指北针(画在底层平面上),防火分区面积和分隔示意图,图纸名称、比例。

（10）屋面平面图应有女儿墙、坡度、坡向、雨水口、分水线、变形缝、楼梯间、上人孔、检修梯等,必要的详图索引号和标高。

1.5.3　建筑平面图识读举例

现以图 1.55 为例说明建筑平面图图示内容和识读步骤。

（1）了解图名、比例以及文字说明,如图 1.55 表示一楼房的首层平面图,绘图比例为1:100。

（2）了解平面图的总长、总宽的尺寸,以及内部房间的功能关系,布置方式等,如图 1.55 表示房屋的总长为 19 400,总宽为 8 900。

（3）了解纵横定位轴线及其编号;主要房间的开间、进深尺寸;墙(或柱)的平面布置,如图 1.55 水平方向轴线编号为①~⑪,竖直方向轴线编号为 A~D。

（4）了解平面各部分的尺寸,详见图 1.55。

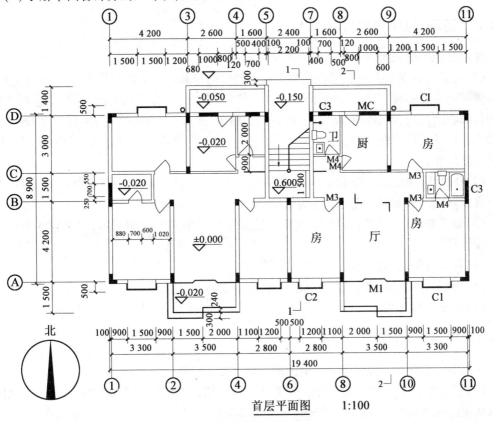

图 1.55　房屋建筑平面图

（5）了解门窗的布置、数量以及型号。门的代号是 M,窗的代号是 C。在代号后面写上编号,同一编号表示同一类型的门窗。例如 M1、C1。

(6)了解房屋室内设备配备等情况。

(7)了解房屋外部的设施,例如散水、雨水管以及台阶等的位置及尺寸。

(8)了解房屋的朝向以及剖面图的剖切位置、索引符号等,如图 1.55 中指北针尖端指向北方,有 1 和 2 两个剖切符号及编号。

(9)注出室内外的有关尺寸以及室内楼、地面的标高,如图 1.55 中首层的室内地面标高为 ±0.000,南阳台地面标高为 -0.020。

(10)表示电梯、楼梯位置及上下方向和主要尺寸,如图 1.55 的箭头表示上楼梯的方向。

1.6　建筑立面图识读

1.6.1　建筑立面图概述

在与建筑立面平行的铅直投影面上所做的正投影图称为建筑立面图,简称立面图。一幢建筑物美观与否、是否与周围环境协调,很大程度上取决于立面上的艺术处理,包括建筑造型与尺度、装饰材料的选用、色彩的选用等内容。在施工图中,立面图主要反映房屋各部位的高度、外貌和装修要求,是建筑外装修的主要依据。

1.6.2　建筑立面图的内容

建筑立面图的主要内容包括以下几个方面:

(1)立面外轮廓线及主要结构和建筑构造部件的位置(例如女儿墙顶、檐口、柱、变形缝、室外楼梯和垂直爬梯、室外空调机搁板、阳台、栏杆、台阶、坡道、雨篷、烟囱、室外地面线及房屋的勒脚、花台、门、窗、幕墙、外墙的预留孔洞、门头、雨水管,墙面粉刷分格线、线脚或其他装饰构件等),关键控制标高的标注(例如屋面或女儿墙顶标高)。外墙的留洞应标注尺寸、标高或高度尺寸。

(2)平面图、剖面图未能表示出来的屋顶、檐口、女儿墙、窗台,以及其他装饰构件、线脚的标高或高度。平面图上表达不清的窗编号。

(3)建筑物两端的轴线编号,立面转折较复杂时可用展开立面表示,但是应注明转角处的轴线编号。

(4)各部分构造、装饰节点详图的索引符号。

(5)外墙面的装修材料及做法(用图例、文字或列表说明)。

(6)图纸名称、比例。

1.6.3　建筑立面图识读举例

现以图 1.56 为例,说明建筑立面图图示内容和识读步骤。

(1)了解图名及比例。从图名或轴线的编号可知,结合图 1.55 和图 1.56 知道,该图是表示房屋南向的立面图(⑪-①立面图),比例 1:100。

(2)了解立面图与平面图的对应关系。对照图 1.55 中房屋首层平面图上的指北针或定位轴线编号,可知南立面图的左端轴线编号为⑪,右端轴线编号为①,与建筑平面图(图 1.55)相对应。

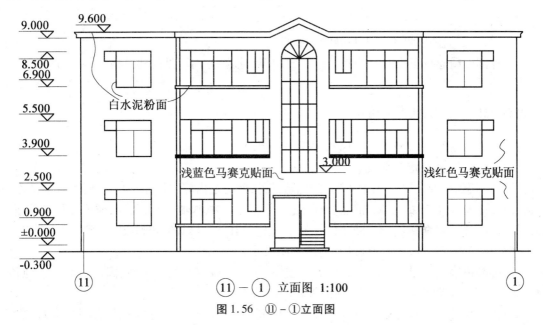

图 1.56　⑪–①立面图

（3）了解房屋的体形和外貌特征。该房屋为三层，立面造型对称布置，局部为斜坡屋顶。入口处有台阶、雨篷、雨篷柱；其他位置门洞处设有阳台；墙面设有雨水管。

（4）了解房屋各部分的高度尺寸及标高数值。立面图上一般应在室内外地坪、阳台、檐口、门、窗、台阶等处标注标高，并且宜沿高度方向注写某些部位的高度尺寸。从图中所注标高可知，房屋室外地坪比室内地面低 0.300 m，屋顶最高处标高为 9.6 m，由此可推算出房屋外墙的总高度为 9.9 m。其他各主要部位的标局在图中均已注出水。

（5）了解门窗的形式、位置以及数量。该楼的窗户均为塑钢双扇拉窗，并且预留空调安装孔。阳台门为两扇。

（6）了解房屋外墙面的装修做法。从立面图文字说明可知，外墙面为浅蓝色马赛克贴面和浅红色马赛克贴面；屋顶所有檐边、阳台边、窗台线条均刷白水泥粉面。

1.7　建筑剖面图识读

1.7.1　建筑剖面图概述

假想用一个或多个垂直于外墙轴线的铅垂剖切面，将房屋剖开，所得的投影图，称为建筑剖面图，简称剖面图。它用以表示房屋内部的结构或构造形式、分层情况和各部位的联系、材料及高度等，是与平面图、立面图相互配合的不可缺少的重要图样之一。

剖面图的数量是根据房屋的具体情况和施工实际需要而决定的。剖切面一般横向，即平行于侧面，必要时也可纵向，即平行于正面。其位置选择在能反映出房屋内部构造比较复杂与典型的部位，并应通过门窗洞的位置。若为多层房屋，选择在楼梯间或层高不同、层数不同的部位。剖面图的图名与平面图上所标注剖切符号的编号一致，例如 1—1 剖面图、2—2 剖面图等。

剖面图中的断面，其材料图例与粉刷面层和楼、地面面层线的表示原则及方法，与平面图的处理相同。

习惯上,剖面图中可不画出基础的大放脚。

各种剖面图应按正投影法绘制。包括剖切面和投影方向可见的建筑构造、构配件以及必要的尺寸、标高等。

1.7.2　建筑剖面图的内容

建筑剖面图如图 1.57 所示的主要内容包括以下几个方面:

(1)表示墙、柱及定位轴线。

(2)剖切到或可见的主要结构和建筑构造部件,例如室内底层地面、地坑、地沟、各层楼面、顶棚、屋顶(包括檐口、女儿墙,隔热层或保温层、天窗、烟囱、水池等)、门、窗、楼梯、阳台、雨篷、留洞、墙裙、踢脚板、防潮层、室外地面、散水、排水沟及其他装修等剖切到或能见到的内容。

(3)标出各部位完成面的标高和高度方向尺寸。

1)标高内容:室内外地面、各层楼面与楼梯平台、檐口或女儿墙顶面、高出屋面的水池顶面、烟囱顶面、楼梯间顶面、电梯间顶面等处的标高。

2)高度尺寸内容:外部尺寸有门、窗洞口(包括洞口上部和窗台)高度,层间高度及总高度(室外地面至檐口或女儿墙顶)。有时,后两部分尺寸可不标注。

内部尺寸包括地坑深度和隔断、搁板、平台、墙裙,以及室内门、窗等的高度。

注写标高及其尺寸时,注意与立面图和平面图一致。

(4)表示楼、地面各层构造,一般可用引出线说明。引出线指向所说明的部位,并且按其构造的层次顺序,逐层加以文字说明。若另画有详图,或已有"构造做法表"时,在剖面图中可用索引符号引出说明(若是后者,习惯上可不作任何标注)。

(5)表示需画详图之处的索引符号。

(6)图纸名称、比例。

1.7.3　建筑剖面图识读举例

结合剖面图实例(图 1.57)介绍如下:

(1)这是建筑的 2—2 剖面图,比例为 1:100。剖面下的横向轴线编号、尺寸,标明了剖切到的墙、柱以及此处的建筑总宽、轴线间距、轴线至外墙皮的宽度。

(2)剖切到的结构和建筑构造配件,例如室外地坪(标注标高 -0.100);楼层地面(标注各层标高并且用文字注明楼层号、功能);墙、梁;A 轴的台阶、外门、轻钢雨篷、8.000 m 标高女儿墙;B 轴阳台栏板、阳台窗、阳台门;C ~ D 轴电梯井道、电梯基坑、积水坑(消防电梯要求设)、电梯厅门;F ~ H 轴楼梯;顶层出屋面楼梯间、电梯机房、风机房;阳台顶的雨篷,顶部 52.900 m、54.400 m 标高女儿墙等。

(3)剖面左右两侧标注外部尺寸,包括总高度、楼层高度、门窗洞口和窗间墙分段尺寸;内部阳台门、电梯厅门、电梯基坑、积水坑尺寸。标注各标高,包括室内外地面、各层楼面与楼梯平台;檐口或女儿墙顶面、楼梯间顶面、电梯间顶面等处的标高。注意楼梯在 2.300 m 标高和 4.650 m 标高处设平台,楼梯梯段的踏步数和踏步高、宽有变化。

(4)有构造做法表,不用注明楼、地面构造。

(5)能看到的楼梯间门、前室门、分户门。

（6）女儿墙、阳台、地面等处索引详图。

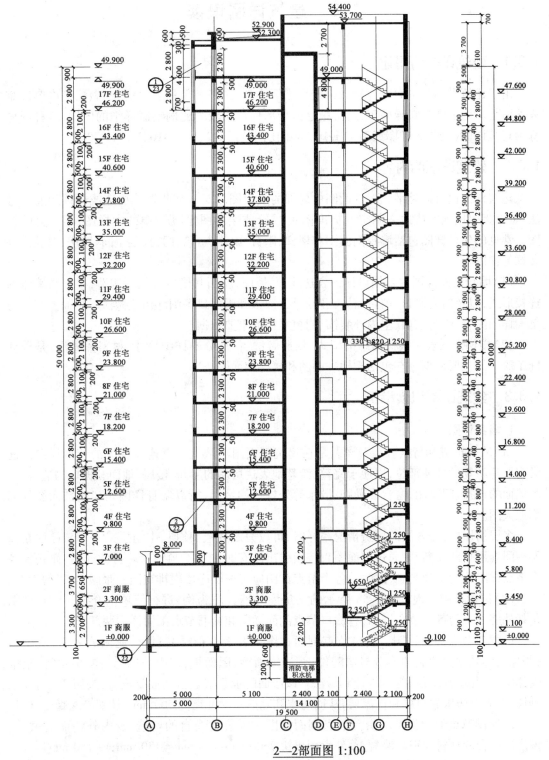

2—2部面图 1:100

图 1.57 剖面图

1.8　建筑详图识读

1.8.1　建筑详图的用途

由于建筑平、立、剖面图一般采用较小比例绘制,许多细部构造、材料和做法等内容很难表达清楚。为了能够指导施工,通常把这些局部构造用较大比例绘制详细的图样,这种图样称为建筑详图(又称大样图或节点图)。常用比例包括 1:2、1:5、1:10、1:20、1:50。

1.8.2　建筑详图的内容

建筑详图也可以是平、立、剖面图中局部的放大图。对于某些建筑构造或构件的通用做法,可直接引用国家或地方制定的标准图集(册)或通用图集(册)中的大样图,不必另画详图。常见的建筑详图包括墙身剖面图和楼梯、阳台、雨篷、台阶、门窗、卫生间、厨房,以及内外装饰等详图。

(1)墙身剖面详图主要用以详细表达地面、楼面、屋面和檐口等处的构造,楼板与墙体的连接形式,以及门窗洞口、窗台、勒脚、防潮层、散水和雨水口等细部构造做法。平面图与墙身剖面详图配合,作为砌墙、室内外装饰、门窗立口的重要依据。

(2)楼梯详图表示楼梯的结构型式、构造做法、各部分的详细尺寸、材料和做法,是楼梯施工放样的主要依据。它包括楼梯平面图和楼梯剖面图。

1.8.3　建筑详图识读举例

1.墙身详图

(1)墙身形成和特点。墙身详图是在建筑剖面图上从上至下连续放大的节点详图。通常多取建筑物的外墙部位,以便于完整、清楚地表达房屋的屋面、楼层、地面和檐口构造,楼板与墙面的连接、门窗顶、窗台和勒脚、散水等处构造的情况,所以墙身详图是建筑剖面图的局部放大图。

多层房屋中,若各层的构造情况一样时,可以只画底层、顶层、中间层来表示。往往在窗洞中间处用折断线断开,通过剖面图直接索引出。有时也可不画整个墙身的详图,而是把各个节点详图分别单独绘制,这时的各个节点详图应当按顺序依次排在同一张图上,以便读图。

(2)识读举例。现以图 1.58 所示的某房屋外墙详图为例,进行简单的介绍。墙身详图包括外墙面上的各个节点详图,有檐口节点剖面详图和窗洞节点剖面详图两部分。

1)檐口节点剖面详图。檐口节点剖面详图主要表达顶层窗过梁、遮阳或者雨篷、屋顶(根据实际情况画出它的构造与构配件,例如屋面梁、屋面板、室内顶棚、天沟、雨水管、架空隔热层、女儿墙及压顶)等的构造和做法。该屋面的承重层是钢筋混凝土板,按照 30° 角度来砌坡,上面有防水卷材层和保温层,从而防水和隔热。女儿墙高 500 mm,是钢筋混凝土材料。

2)窗洞节点剖面详图。窗台节点剖面详图主要表达窗台的构造,及内外墙面的做法。该房屋窗台的材料为钢筋混凝土,外表面出挑 250 mm − 120 mm = 130 mm,厚 150 mm。

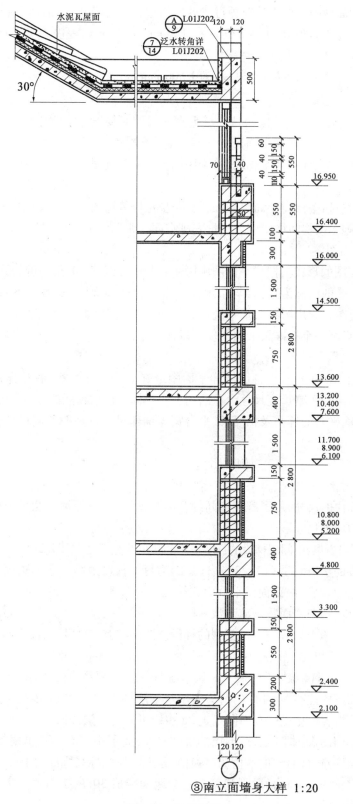

③南立面墙身大样 1：20

图 1.58　外墙详图

窗顶节点剖面详图主要表达窗顶过梁处的构造、内、外墙面的做法以及楼板层的构造情况。该房屋窗顶过梁为矩形,出挑 250 mm − 120 mm = 130 mm,厚度为 400 mm 楼板是钢筋混凝土材料现浇板。

墙体厚度为 240 mm,各层窗洞口均为 1 500 mm 高。

2. 楼梯详图

(1)楼梯的组成及形式。楼梯是楼层垂直交通的必要设施。它由梯段、平台和栏杆(或栏板)扶手组成。常见的楼梯平面形式包括三种:单跑楼梯(上下两层之间只有一个梯段)、双跑楼梯(上下两层之间有两个梯段、一个中间平台)、三跑楼梯(上下两层之间有三个梯段、两个中间平台)。

楼梯间详图包括楼梯间平面图、剖面图、踏步栏杆等详图。主要反映楼梯的类型、结构形式、构造和装修等。楼梯间详图应当尽量安排在同一张图纸上,以便阅读。

(2)楼梯平面图。

1)楼梯平面图的形成。楼梯平面图中画一条与踢面线成 30°角的折断线(构成梯段的踏步中与楼地面平行的面称为踏面,与楼地面垂直的面称为踢面)。各层下行梯段不予剖切。而且楼梯间平面图则为房屋各层水平剖切后的向下正投影,如同建筑平面图,中间几层构造一致时,也可以只画一个标准层平面图。所以楼梯平面详图通常只画出底层、中间层和顶层三个平面图。

2)楼梯平面图图示特点。各层楼梯平面图最好上下对齐(或左右对齐),这样既便于阅读又便于尺寸标注和省略重复尺寸。平面图上应当标注该楼梯间的轴线编号、开间和进深尺寸,楼地面和中间平台的标高及梯段长、平台宽等细部尺寸。梯段长度尺寸标为踏面数 × 踏面宽 = 梯段长。

3)识读举例(现以图 1.59 为例说明)。

①图 1.59 为该住宅的楼梯平面图,各层楼梯平面图都应当标出该楼梯间的轴线。从楼梯平面图中所标注的尺寸,可了解楼梯间的开间和进深尺寸,楼地面和平台面的标高以及楼梯各组成部分的详细尺寸。

从图中还可以看出,中间层梯段的长度是 8 个踏步的宽度之和,即(270 mm × 8 = 2 160 mm),但是中间层梯段的步级数是 9(18/2)。这是因为每一梯段最高一级的踏面与休息平台面或者楼面重合(即将最高一级踏面做平台面或楼面),所以平面图中每一梯段画出的踏面(格)数,总比踏步数少一,即踏面数 = 踏步数 − 1。

②负一层平面图中只有一个被剖到的梯段。图中注有"上 14"的箭头表示从储藏室层楼面向上走 14 步级可以达一层楼面,梯段长 260 mm × 13 mm = 3 380 mm,表明每一踏步宽 260 mm,共有 13 + 1 = 14 级踏步。在负一层平面图中,一定要注明楼梯剖面图的剖切符号等。

③一层平面图中注有"下 14"的箭头表示从一层楼面向下走 14 步级可以达储藏室层楼面,"上 23"的箭头表示从一层楼面向上走 23 步级可以达二层楼面。

④标准层平面图表示了二、三、四层的楼梯平面,此图中没有再画出雨篷的投影,其标高的标注形式应当注意,括号内的数值为替换值,是上一层的标高标准层平面图中的踏面,上下两梯段都画成完整的。上行梯段中间画有一与踢面线成 30°的折断线。折断线两侧的上下指引线箭头是相对的。

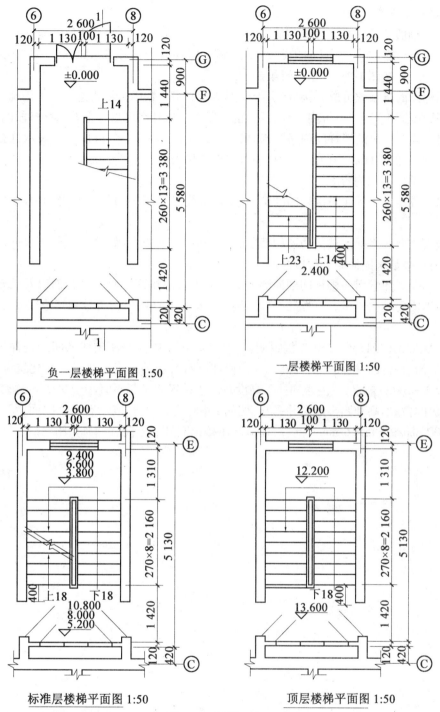

负一层楼梯平面图 1:50

一层楼梯平面图 1:50

标准层楼梯平面图 1:50

顶层楼梯平面图 1:50

图 1.59　楼梯平面图

⑤顶层平面图的踏面是完整的,只有下行,所以梯段上没有折断线。楼面临空的一侧装有水平栏杆。顶层平面图画出了屋顶檐沟的水平投影,楼梯的两个梯段均为完整的梯段,只注有"下 18"。

(3)楼梯剖面图。

1)楼梯剖面图的形成。楼梯剖面图常用1:50的比例画出。其剖切位置应当选择在通过第一跑梯段及门窗洞口,并且向未剖切到的第二跑梯段方向投影(如图1.60中的剖切位置)。图1.60为按图1.59剖切位置绘制的剖面图。

剖到梯段的步级数可以直接看到,未剖到梯段的步级数因被栏板遮挡或者因梯段为暗步梁板式等原因而不可见时,可用虚线表示,也可以直接从其高度尺寸上看出该梯段的步级数。

多层或高层建筑的楼梯间剖面图,如果中间若干层构造一样,可用一层表示这相同的若干层剖面,此层的楼面和平台面的标高可以看出所代表的若干层情况。

2)楼梯剖面图示内容。

①水平方向应当标注被剖切墙的轴线编号、轴线尺寸,以及中间平台宽、梯段长等细部尺寸。

②竖直方向应当标注被剖切墙的墙段、门窗洞口尺寸以及梯段高度、层高尺寸。梯段高度应标成:步级数×踢面高=梯段高。

③标高及详图索引。楼梯间剖面图上应当标出各层楼面、地面、平台面以及平台梁下口的标高。若需要画出踢步、扶手等的详图,则应当标出其详图索引符号和其他尺寸,例如栏杆(或栏板)高度。

3)读图实例(现以图1.60为例说明)。楼梯剖面图中应当注出楼梯间的进深尺寸和轴线编号,地面、平台面、楼面等的标高,梯段、栏杆(或栏板)的高度尺寸(《民用建筑设计通则》(GB 50352—2005)规定,室内楼梯扶手高度自踏步前缘线量起不宜小于900 mm),其中梯段的高度尺寸与踢面高和踏步数合并书写,例如1 400均分9份,表示有9个踢面,每个踢面高度为1 400 mm/9 =155.6 mm。此外,还应注出楼梯间外墙上门、窗洞口、雨篷的尺寸与标高。

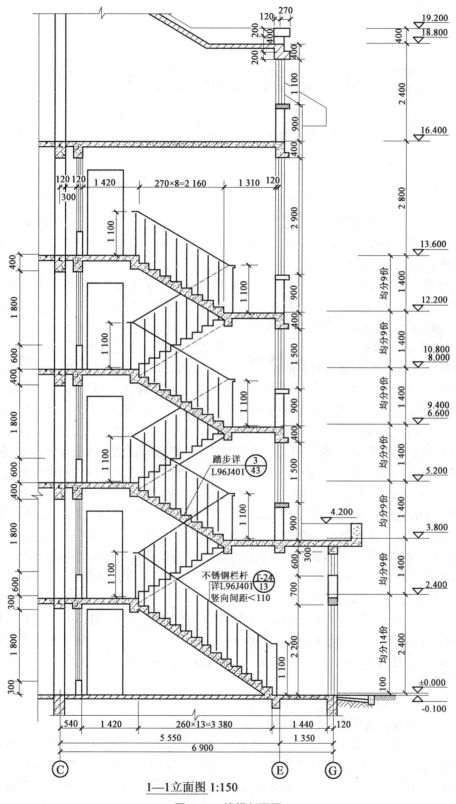

1—1立面图 1:150

图 1.60　楼梯剖面图

第2章 建筑工程造价基础知识

2.1 建筑工程造价分类

2.1.1 建筑工程造价的概念

建筑工程造价是建筑工程的建造价格的简称。它是建筑工程价值的货币表现，是以货币形式反映的建筑工程施工活动中耗费的各种费用总和。建筑工程造价是建设工程造价的组成部分，所以建筑工程造价具有以下两种不同含义：

(1)建筑工程造价是建设工程的建造价格，即建设一项工程预期开支或实际开支的全部固定资产投资费用，也就是一项工程通过建设而形成相应的固定资产、无形资产、流动资产、递延资产和其他资产所需一次性费用的总和。显然，这是从投资者——业主的角度来定义的。投资者选定一个建设项目，为了获得预期的效益，就需要通过项目策划、评估、决策、立项，然后进行勘察设计、设备材料供应招标订货、工程施工招标、施工建造，直至竣工验收等一系列投资活动，而在这些投资活动中所耗费的全部费用的总和，就构成了建筑工程造价或建设工程造价(简称工程造价)。从这个意义上讲，建筑工程造价就是建设工程项目固定资产投资。

(2)建筑工程造价是指工程价格，即为建成一项工程，预计或实际在土地市场、设备市场、技术劳务市场，以及承发包市场等交易活动中所形成的建筑安装工程价格和建设工程总价格(建筑安装工程造价 + 设备、工器具造价 + 其他造价 + 建设期贷款利息 + 铺底流动资金)。其他造价是指土地使用费、勘察设计费、研究试验费、工程保险费、工程建设监理费、总承包管理费、引进技术和进口设备其他费等。显然，这是以社会主义商品经济和市场经济为前提的，它通过招投标或承发包等交易方式，在进行多次估价的基础上，最终由竞争形成的市场价格。

通常，人们将工程造价的第二种含义称为工程承发包价格或合同价格，可以肯定，承发包价格是工程造价中一种重要的、也是最典型的价格形式。它是在建筑市场通过招标投标，由需求主体——投资者和供给主体——承包商共同认可的价格。由于建筑安装工程价格在项目固定资产中占有相当多的份额，是工程建设中最活跃的部分，而且建筑安装企业又是工程项目的实施者和建筑市场重要的市场主体之一，所以工程造价的第二种含义，具有重要的现实意义。

工程造价的两种含义，是从不同的角度把握同一事物的本质。对建设工程投资者来说，面对社会主义市场经济条件下的工程造价就是项目投资，是"购买"项目要付出的价格；同时也是投资者在作为市场供给主体"出售"项目时定价的基础。对承包商、设备材料供应商和规划、勘察设计等机构来说，工程造价是他们作为市场供给主体出售商(产)品和劳务价格的总和，或者是特指范围的工程造价，例如建筑工程造价，安装工程造价，市政工程造价和园林绿化工程造价等。

建设工程造价的两种含义既共生于一个统一体,但是又相互有区别。最主要的区别在需求主体和供给主体在建设市场追求的经济利益不同,所以管理的性质和目标也不同。从管理性质来看,前者属于投资管理范畴,后者属于价格管理范畴,但是二者又互相交叉。从管理目标来看,投资者在进行项目决策和项目实施中,首先关心的是决策的正确性。投资是为实现预期效益而垫付资金的一种经济行为,项目决策中投资数额的大小、功能和价格(成本)比是投资决策的最重要的依据。其次,在项目实施中完善工程项目功能,提高工程质量,降低工程成本,缩短建设工期,按期或提前交付使用,是投资者始终关注的问题。所以,节约投资费用、降低工程造价是投资者始终如一的追求。作为工程价格,承包商所关注的是利润,所以,他追求的是较高的工程造价。不同的管理目标,反映不同主体的经济利益,但是它们都要受支配价格运动的诸多经济规律的影响和调节。它们之间的矛盾正是市场的竞争机制和利益风险机制的必然反映。

区别工程造价两种含义的理论意义,在于为投资者和以承包商为代表的供应商的市场行为提供理论依据。当政府提出降低工程造价时,他是站在投资者的角度充当着市场需求主体的角色;当承包商提出要提高工程造价、提高利润率,并且获得更多的实际利润时,他是要实现一个市场供给主体的管理目标。这是市场运行机制的必然,不同的利益主体绝不能混为一谈。同时,区别工程造价两种含义的现实意义,还在于为实现不同的管理目标,不断地充实工程造价的管理内容,完善管理方法,为更好地实现各自的目标服务,进而有利于推动全面的经济增长。

2.1.2　建筑工程造价的分类

1.按用途分类

建筑工程造价按照用途分为标底价格、投标价格、中标价格、直接发包价格、合同价格和竣工结算价格。

(1)标底价格。标底价格是招标人的期望价格,不是交易价格。招标人以此作为衡量投标人投标价格的尺度,也是招标人一种控制投资的手段。

编制标底价可以由招标人自行操作,也可以委托招标代理机构操作,由招标人作出决策。

(2)投标价格。投标人为了得到工程施工承包的资格,按照招标人在招标文件中的要求进行估价,然后根据投标策略确定投标价格,以争取中标并且通过工程的实施取得经济效益。所以投标报价是卖方的要价,若中标,这个价格就是合同谈判和签订合同确定工程价格的基础。

若设有标底,在投标报价时要研究招标文件中评标时如何使用标底。

1)以靠近标底者得分最高,此时报价就勿需追求最低标价。

2)标底价仅作为招标人的期望,但是仍要求低价中标,此时,投标人就要努力采取措施,既使标价最具竞争力(最低价),又使报价不低于成本,即能获得理想的利润。由于“既能中标,又能获利”是投标报价的原则,所以投标人的报价必须以雄厚的技术和管理实力做后盾,编制出既有竞争力,又能盈利的投标报价。

(3)中标价格。《招标投标法》第四十条规定:“评标委员会应当按照招标文件确定的评标标准和方法,对投标文件进行评审和比较;设有标底的,应当参考标底。”所以评标的依据一是招标文件,二是标底(若设有标底)。

《招标投标法》第四十一条规定,中标人的投标应该符合下列两个条件之一。一是"能最大限度地满足招标文件中规定的各项综合评价标准";二是"能够满足招标文件的实质性要求,并且经评审的投标价格最低,但是投标价低于成本的除外"。第二项条件主要是说投标报价。

(4)直接发包价格。直接发包价格是由发包人与指定的承包人直接接触,通过谈判达成协议签订施工合同,而无需像招标承包定价方式那样,通过竞争定价。直接发包方式计价只适用于不宜进行招标的工程,例如军事工程、保密技术工程、专利技术工程以及发包人认为不宜招标但是又不违反《招标投标法》第三条规定的其他工程。

直接发包方式计价首先提出协商价格意见的可能是发包人或其委托的中介机构,也可能是由承包人提出价格意见交发包人或其委托的中介组织进行审核。无论由哪方提出协商价格意见,都要通过谈判协商,签订承包合同,确定为合同价。

直接发包价格是以审定的施工图预算为基础,由发包人与承包人商定增减价的方式定价。

(5)合同价格。《建设工程施工发包与承包计价管理办法》第十二条规定:"合同价可采用以下方式:一是固定价。合同总价或者单价在合同约定的风险范围内不可调整;二是可调价。合同总价或者单价在合同实施期内,根据合同约定的办法调整;三是成本加酬金。"

1)固定合同价。它可以分为固定合同总价和固定合同单价。

①固定合同总价。它是指承包整个工程的合同价款总额已经确定,在工程实施中不再因物价上涨而变化,所以,固定合同总价应该考虑价格风险因素,也须在合同中明确规定合同总价包括的范围。这类合同价可以使发包人对工程总开支做到大体心中有数,在施工过程中可以更有效地控制资金的使用。但是对承包人来说,要承担较大的风险,例如物价波动、气候条件恶劣、地质地基条件及其他意外困难等,所以合同价款通常会高些。

②固定合同单价。它是指合同中确定的各项单价在工程实施期间不因价格变化而调整,而是在每月(或每阶段)工程结算时,根据实际完成的工程量结算,在工程全部完成时以竣工图的工程量最终结算工程总价款。

2)可调合同价。

①可调总价。合同中确定的工程合同总价在实施期间可随价格的变化而调整。发包人和承包人在商订合同时,以招标文件的要求以及当时的物价计算出合同总价。若在执行合同期间,由于通货膨胀引起成本增加达到某一限度时,合同总价则作相应的调整。可调合同价使发包人承担了通货膨胀的风险,承包人则承担其他风险。通常适合于工期较长(例如1年以上)的项目。

②可调单价。合同单价可调,通常在工程招标文件中规定。在合同中签订的单价,根据合同约定的条款,若在工程实施过程中物价发生变化,可作相应调整。有的工程在招标或签约时,由于某些不确定因素而在合同中暂定某些分部分项工程的单价,在工程结算时,根据实际情况和合同约定对合同单价进行调整,确定实际结算单价。

常用的可调价格的调整方法包括以下几种:

a.按主材计算价差。发包人在招标文件中列出需要调整价差的主要材料表及其基期价格(通常采用当时当地工程造价管理机构公布的信息价或结算价),工程在竣工结算时按照竣工当时当地工程造价管理机构公布的材料信息价或结算价,与招标文件中列出的基期价进行比较计算材料差价。

b. 主料按抽料法计算价差,其他材料按系数计算价差。主要材料按照施工图预算计算的用量和竣工当月当地工程造价管理机构公布的材料结算价或信息价与基价对比计算差价。其他材料按照当地工程造价管理机构公布的竣工调价系数计算方法计算差价。

c. 按工程造价管理机构公布的竣工调价系数,以及调价计算方法计算差价。

另外,还有调值公式法和实际价格结算法。

调值公式一般包括固定部分、材料部分和人工部分三项。若工程规模和复杂性增大,公式也会变得复杂。调值公式如下:

$$P = P_0 \left(a_0 + a_1 \frac{A}{A_0} + a_2 \frac{B}{B_0} + a_3 \frac{C}{C_0} + \cdots \right)$$

式中　P——调值后的工程价格;

　　　P_0——合同价款中工程预算进度款;

　　　a_0——固定要素的费用在合同总价中所占比重,这部分费用在合同支付中不能调整;

　　　a_1、a_2、a_3…——代表有关各项变动要素的费用(例如人工费、钢材费用、水泥费用、运输费用等)在合同总价中所占比重,$a_0 + a_1 + a_2 + a_3 + \cdots = 1$;

　　　A_0、B_0、C_0…——签订合同时与 a_1、a_2、a_3…对应的各种费用的基期价格指数或价格;

　　　A、B、C…——在工程结算月份与 a_1、a_2、a_3…对应的各种费用的现行价格指数或价格。

各部分费用在合同总价中所占比重在许多标书中要求承包人在投标时提出,并且在价格分析中予以论证。或者由发包人在招标文件中规定一个允许范围,由投标人在此范围内选定。

实际价格结算法。有些地区规定对钢材、木材和水泥等三大材的价格按照实际价格结算的方法,工程承包人可凭发票按实报销。这种方法操作方便,但也容易导致承包人忽视降低成本。为避免副作用,地方建设主管部门要定期地公布最高结算限价,同时合同文件中应规定发包人有权要求承包人选择更廉价的供应来源。

采用哪种方法,应按照工程价格管理机构的规定,经双方协商后在合同的专用条款中约定。

3)成本加酬金确定的合同价。合同中确定的工程合同价,其工程成本部分按照现行的计价依据计算,酬金部分则按照工程成本乘以通过竞争确定的费率计算,将两者相加,确定出合同价。通常分为以下几种形式:

①成本加固定百分比酬金确定的合同价。这种合同价是发包人对承包人支付的人工、材料和施工机械使用费、措施费,以及施工管理费等按照实际直接成本全部据实补偿,同时按照实际直接成本的固定百分比付给承包人一笔酬金,作为承包方的利润。其计算方法如下:

$$C = C_a (1 + P)$$

式中　C——总造价;

　　　C_a——实际发生的工程成本;

　　　P——固定的百分数。

由式可知,总造价 C 将随工程成本 C_a 而水涨船高,不能鼓励承包商关心缩短工期和降低成本,对建设单位是不利的。现在已很少采用这种承包方式。

②成本加固定酬金确定的合同价。工程成本实报实销,但是酬金是事先商定的一个固定数目。其计算公式如下:

$$C = C_a + F$$

式中 F 代表酬金,通常按照估算的工程成本的一定百分比确定,数额是固定不变的。这种承包方式虽然不能鼓励承包商关心降低成本,但是从尽快地取得酬金出发,承包商将会关心缩短工期。为了鼓励承包单位更好地工作,也有在固定酬金以外,再根据工程质量、工期和降低成本情况另加奖金的。奖金所占比例的上限可大于固定酬金,以充分地发挥奖励的积极作用。

③成本加浮动酬金确定的合同价。这种承包方式要事先商定工程成本和酬金的预期水平。若实际成本正好等于预期水平,工程造价就是成本加固定酬金;若实际成本低于预期水平,则增加酬金;若实际成本高于预期水平,则减少酬金。这三种情况可用计算公式表示如下:

当 $C_a = C_0$ 时 $\qquad C = C_a + F$

当 $C_a < C_0$ 时 $\qquad C = C_a + F + \triangle F$

当 $C_a > C_0$ 时 $\qquad C = C_a + F - \triangle F$

式中 C_0——预期成本;

$\triangle F$——酬金增减部分,可以是一个百分数,也可以是一个固定的绝对数。

采用这种承包方式,若实际成本超支而减少酬金,以原定的固定酬金数额为减少的最高限度。即在最坏的情况下,承包人将得不到任何酬金,但是不必承担赔偿超支的责任。

从理论上讲,这种承包方式既对承发包双方都没有太多风险,又能促使承包商关心降低成本和缩短工期;但是在实践中准确地估算预期成本比较困难,所以要求当事双方具有丰富的经验并且掌握充分的信息。

④目标成本加奖罚确定的合同价。在只有初步设计和工程说明书即迫切要求开工的情况下,可根据粗略估算的工程量和适当的单价表编制概算,作为目标成本;随着详细设计的逐步具体化,工程量和目标成本可加以调整,另外规定一个百分数作为酬金;在最后结算时,若实际成本高于目标成本并且超过事先商定的界限(例如5%),则减少酬金,若实际成本低于目标成本(同样有一个幅度界限),则加给酬金。计算公式如下:

$$C = C_a + P_1 C_0 + P_2 (C_0 - C_a)$$

式中 C_0——目标成本;

P_1——基本酬金百分数;

P_2——奖罚百分数。

此外,还可另加工期奖罚。

这种承包方式不仅可以促使承包商关心降低成本和缩短工期,而且目标成本是随设计的进展而加以调整才确定下来的,所以建设单位和承包商双方都不会承担多大风险。当然也要求承包商和建设单位的代表都须具有比较丰富的经验和掌握充分的信息。

在工程实践中,合同计价方式采用固定价还是可调价方式,应根据建设工程的特点,业主对筹建工作的设想以及对工程费用、工期和质量的要求等,综合考虑后进行确定。

2. 按计价方法分类

建筑工程造价按计价方法可以分为估算造价、概算造价和施工图预算造价等,现分述如下:

(1)建筑工程估算造价。估算造价是对建筑工程的全部造价进行估算,以满足项目建议书、可行性研究和方案设计的需要。

(2)建筑工程概算造价。建筑工程概算造价又称初步设计概算造价。初步设计概算文件包括概算编制说明、总概算书、单项工程综合概算书、单位工程概算书、其他工程和费用概算书和钢材、木材、水泥等主要材料表。

（3）建筑工程施工图预算造价。施工图设计阶段应编制施工图预算,其造价应控制在批准的初步设计概算造价之内,如超过时,应分析原因并采取措施加以调整或上报审批。施工图预算是当前进行工程招标的主要基础,其工程量清单是招标文件的组成部分,其造价是标底的主要依据。施工图预算是工程直接发包价格的计价依据。

施工图预算一般由设计单位编制,工程标底一般由咨询公司编制,而投标报价则由承包人编制。

2.2　建筑工程造价的构成

2.2.1　我国现行工程造价的构成

我国现行工程造价的构成主要划分为设备及工器具购置费用、建筑安装工程费用、工程建设其他费用、预备费、建设期贷款利息和固定资产投资方向调节税等几项。具体构成内容如图 2.1 所示。

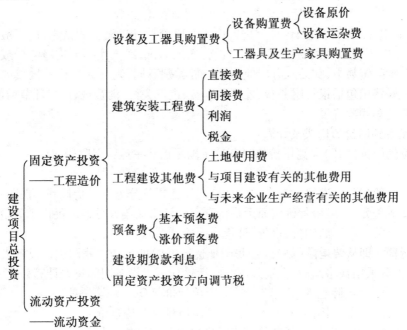

图 2.1　我国现行工程造价的构成

2.2.2　设备及工器具购置费

1. 设备购置费的构成及计算

设备购置费是达到固定资产标准,为建设工程项目购置或自制的各种国产或进口设备及工、器具的费用。它由设备原价和设备运杂费构成。设备原价指国产设备或进口设备的原价;设备运杂费指除设备原价之外的关于设备采购、运输、途中包装及仓库保管等方向支出费用的总和。

（1）国产设备原价的构成及计算。国产设备原价是设备制造厂的交货价或订货合同价。

它一般根据生产厂或供应商的询价、报价、合同价确定,或采用一定的方法计算确定。国产设备原价分为以下两方面。

1)国产标准设备原价。国产标准设备是按照主管部门颁布的标准图纸和技术要求,由设备生产厂批量生产的,符合国家质量检验标准的设备。其原价是设备制造厂的交货价,即出厂价。若设备是由设备成套公司供应,则以订货合同价为设备原价。有的设备有两种出厂价,即带有备件的出厂价和不带有备件的出厂价。在计算设备原价时,通常按带有备件的出厂价计算。

2)国产非标准设备原价。国产非标准设备是国家尚无定型标准,各设备生产厂不可能在工艺过程中批量生产,只能按一次订货,并且根据具体的设计图纸制造的设备。其原价有多种不同的计算方法,例如成本计算估价法、系列设备插入估价法、分部组合估价法、定额估价法等。但是无论采用哪种方法都应该使非标准设备计价接近实际出厂价,并且计算方法简便。按成本计算估价法,非标准设备的原价由材料费、加工费、辅助材料费(简称辅材费)、专用工具费、废品损失费、外购配套件费、包装费、利润、税金和非标准设备设计费组成。计算公式如下:

$$
\begin{aligned}
\text{单台非标准设备原价} = &\{[(材料费 + 加工费 + 辅助材料费) \times (1 + 专用工具费率) \times \\
&(1 + 废品损失费率) + 外购配套件费] \times (1 + 包装费率) - \\
&外购配套件费\} \times (1 + 利润率) + 销项税金 + \\
&非标准设备设计费 + 外购配套件费
\end{aligned}
$$

(2)进口设备原价的构成及计算。进口设备的原价是进口设备的抵岸价,一般是由进口设备到岸价(CIF)及进口从属费构成。进口设备的到岸价,即抵达买方边境港口或者边境车站的价格。在国际贸易中,交易双方所使用的交货类别不同,则交易价格的构成内容也有所不同。进口从属费用包括银行财务费、外贸手续费、进口关税、消费税、进口环节增值税等,进口车辆还需缴纳车辆购置税。

1)进口设备到岸价的构成及计算:

$$
\begin{aligned}
进口设备到岸价(CIF) = &离岸价格(FOB) + 国际运费 + 运输保险费 = \\
&运费在内价(CFR) + 运输保险费
\end{aligned}
$$

①货价。一般指装运港船上交货价(FOB)。设备货价分为原币货价和人民币货价,原币货价一律折算成美元,人民币货价按原币货价乘以外汇市场美元兑换人民币中间价确定。进口设备货价按有关生产厂商询价、报价、订货合同价计算。

②国际运费。即从装运港(站)到达我国抵达港(站)的运费。我国进口设备大部分采用海洋运输,小部分采用铁路运输,个别采用航空运输。进口设备国际运费计算公式如下:

$$国际运费(海、陆、空) = 原币货价(FOB) \times 运费率$$
$$国际运费(海、陆、空) = 运量 \times 单位运价$$

其中,运费率或单位运价参照有关部门或进出口公司的规定执行。

③运输保险费。对外贸易货物运输保险是由保险人(保险公司)与被保险人(出口人或进口人)订立保险契约,在被保险人交付议定的保险费后,保险人根据保险契约的规定对货物在运输过程中发生的承保责任范围内的损失给予经济上的补偿。计算公式如下:

$$运输保险费 = \frac{货币原价(FOB) + 国外运输费}{1 - 保险费率} \times 保险费率$$

其中,保险费率按保险公司规定的进口货物保险费率计算。

④银行财务费。一般是指中国银行手续费,可按下式计算:

$$银行财务费 = 人民币货价(FOB) \times 银行财务费率$$

⑤外贸手续费。指按对外经济贸易部规定的外贸手续费率计取的费用,外贸手续费率一

般取 1.5% 。计算公式如下:

外贸手续费 = [装运港船上交货价(FOB) + 国际运费 + 运输保险费] × 外贸手续费率

⑥关税。由海关对进出国境或关境的货物和物品征收的一种税。计算公式如下:

$$关税 = 到岸价格(CIF) × 进口关税税率$$

其中,到岸价格(CIF)包括离岸价格(FOB)、国际运费、运输保险费等费用,它作为关税完税价格。进口关税税率分为优惠和普通两种。

⑦增值税。对从事进口贸易的单位和个人,在商品报关进口后征收的税种。计算公式如下:

$$进口产品增值税额 = 组成计税价格 × 增值税税率$$

⑧消费税。对部分进口设备(如轿车、摩托车等)征收,计算公式如下:

$$应纳消费税额 = \frac{到岸价 + 关税}{1 - 消费税税率} × 消费税税率$$

⑨海关监管手续费。指海关对进口减税、免税、保税货物实施监督、管理、提供服务的手续费。对于全额征收进口关税的货物不计本项费用。计算公式如下:

$$海关监管手续费 = 到岸价 × 海关监管手续费率$$

⑩车辆购置附加费。进口车辆需缴进口车辆购置附加费。计算公式如下:

进口车辆购置附加费 = (到岸价 + 关税 + 消费税 + 增值税) × 进口车辆购置附加费率

(3)设备运杂费的构成和计算。设备运杂费按设备原价乘以设备运杂费率计算。其中,设备运杂费率按各部门及省、市等的规定计取。设备运杂费通常由下列各项构成:

1)国产标准设备由设备制造厂交货地点起至工地仓库(或施工组织指定的堆放地点)止所发生的运费和装卸费。

进口设备则由我国到岸港口、边境车站起至工地仓库(或施工组织指定的堆放地点)止所发生的运费和装卸费。

2)在设备出厂价格中没有包含的设备包装和包装材料器具费;在设备出厂价或进口设备价格中如已包括了此项费用,则不应重复计算。

3)供销部门的手续费,按有关部门规定的统一费率计算。

4)建设单位(或工程承包公司)的采购与仓库保管费,是采购、验收、保管和收发设备所发生的各种费用,包括设备采购、保管和管理人员工资、工资附加费、办公费、差旅交通费、设备供应部门办公和仓库所占固定资产使用费、工具用具使用费、劳动保护费、检验试验费等。这些费用可按主管部门规定的采购保管费率计算。

2. 工器具及生产家具购置费的构成及计算

工器具及生产家具购置费是指新建或扩建项目初步设计规定的,保证初期正常生产必须购置的没有达到固定资产标准的设备、仪器、工卡模具、器具、生产家具和备品备件等的购置费用。一般以设备购置费为计算基数,按照部门或行业规定的工器具及生产家具费率计算。

2.2.3　建筑安装工程费用

1. 建筑安装工程费用的组成

我国现行建筑安装工程造价的构成,按建设部、财政部共同颁发的建标[2003]206 号文件规定如图 2.2 所示。

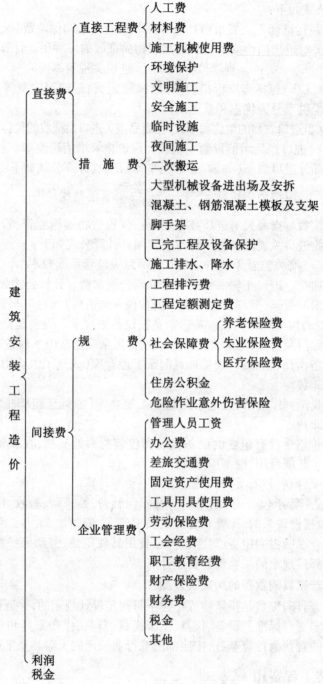

图 2.2　建筑安装工程造价构成

2. 直接费的构成及计算

直接费由直接工程费和措施费组成。

(1)直接工程费。它是指施工过程中耗费的构成工程实体的各项费用,包括以下几种费用:

1)人工费。它是指直接从事建筑安装工程施工的生产工人开支的各项费用。

$$人工费 = \sum (工日消耗量 \times 日工资单价)$$

人工费的内容包括基本工资、工资性补贴、生产工人辅助工资、职工福利费和生产工人劳动保护费等。

2）材料费。它是施工过程中耗费的构成工程实体的原材料、辅助材料、构配件、零件、半成品的费用。内容包括材料原价、材料运杂费、运输损耗费、采购及保管费和检验试验费。其中，检验试验费包括自设试验室进行试验所耗用的材料和化学药品等费用。不包括新结构、新材料的试验费和建设单位对具有出厂合格证明的材料进行检验，对构件做破坏性试验及其他特殊要求检验试验的费用。

$$材料费 = \sum (材料消耗量 \times 材料基价) + 检验试验费$$

$$材料基价 = [(供应价格 + 运杂费) \times (1 + 运输损耗率\%)] \times (1 + 采购保管费率\%)$$

$$检验试验费 = \sum (单位材料量检验试验费 \times 材料消耗量)$$

3）施工机械使用费。它是施工机械作业所发生的机械使用费以及机械安拆费和场外运费。施工机械台班单价应由折旧费、大修理费、经常修理费、安拆费及场外运费、人工费、燃料动力费和养路费及车船使用税。其中，人工费是指机上司机(司炉)和其他操作人员的工作日人工费及上述人员在施工机械规定的年工作台班以外的人工费。

$$施工机械使用费 = \sum (施工机械台班消耗量 \times 机械台班单价)$$

式中，台班单价由台班折旧费、台班大修费、台班经常修理费、台班安拆费及场外运费、台班人工费、台班燃料动力费和台班养路费及车船使用税构成。

(2)措施费。它是指为完成工程项目施工，在施工前和施工过程中非工程实体项目的费用。内容包括以下几方面。

1）环境保护费。它是指施工现场为达到环保部门要求所需要的各项费用。计算公式如下：

$$环境保护费 = 直接工程费 \times 环境保护费费率(\%)$$

2）文明施工费。它是指施工现场文明施工所需要的各项费用。计算公式如下：

$$文明施工费 = 直接工程费 \times 文明施工费费率(\%)$$

3）安全施工费。它是指施工现场安全施工所需要的各项费用。计算公式如下：

$$安全施工费 = 直接工程费 \times 安全施工费费率(\%)$$

4）临时设施费。它是指施工企业为进行建筑工程施工所必须搭设的生活和生产用的临时建筑物、构筑物和其他临时设施费用等。

临时设施费用包括临时设施的搭设、维修、拆除费或摊销费。计算公式如下：

$$临时设施费 = (周转使用临建费 + 一次性使用临建费) \times$$
$$[1 + 其他临时设施所占比例(\%)]$$

5）夜间施工费。它是指因夜间施工所发生的夜班补助费、夜间施工降效、夜间施工照明设备摊销及照明用电等费用。其计算公式如下：

$$夜间施工增加费 = \left(1 - \frac{合同工期}{定额工期}\right) \times \frac{直接工程费中的人工费合计}{平均日工资单价} \times$$
$$每工日夜间施工费开支$$

6）二次搬运费。它是指因施工场地狭小等特殊情况而发生的二次搬运费用。其计算公式如下：

$$二次搬运费 = 直接工程费 \times 二次搬运费费率(\%)$$

7）大型机械设备进出场及安拆费。计算公式如下：

$$大型机械进出场及安拆费 = \frac{一次进出场及安拆费 \times 年平均安拆次数}{年工作台班}$$

8）混凝土、钢筋混凝土模板及支架费：是指混凝土施工过程中需要的各种钢模板、木模板、支架等的支、拆、运输费用及模板、支架的摊销（或租赁）费用。计算公式如下：

$$模板及支架费 = 模板摊销量 \times 模板价格 + 支、拆、运输费$$

$$租赁费 = 模板使用量 \times 使用日期 \times 租赁价格 + 支、拆、运输费$$

9）脚手架费包括脚手架搭拆费和摊销（或租赁）费用。计算公式如下：

$$脚手架搭拆费 = 脚手架摊销量 \times 脚手架价格 + 搭、拆、运输费$$

$$租赁费 = 脚手架每日租金 \times 搭设周期 + 搭、拆、运输费$$

10）已完工程及设备保护费。它由成品保护所需机械费、材料费和人工费构成。

11）施工排水、降水费。计算公式如下：

排水降水费 = ∑排水降水机械台班费 × 排水降水周期 + 排水降水使用材料费、人工费

3. 间接费的构成及计算

（1）间接费的组成。

1）规费。它指政府和有关权力部门规定必须缴纳的费用（简称规费）。包括以下内容：

①工程排污费。

②工程定额测定费。它是指按规定支付工程造价（定额）管理部门的定额测定费。

③社会保障费，包括养老保险费、失业保险费和医疗保险费。

④住房公积金。

⑤危险作业意外伤害保险。

2）企业管理费。它指建筑安装企业组织施工生产和经营管理所需费用。其内容包括管理人员工资、办公费、差旅交通费、固定资产使用费、工具用具使用费、劳动保险费、工会经费、职工教育经费、财产保险费、财务费、税金和其他费用。其中，其他费用包括技术转让费、技术开发费、业务招待费、绿化费、广告费、公证费、法律顾问费、审计费、咨询费等。

（2）间接费的计算方法。

1）以直接费为计算基础：

$$间接费 = 直接费合计 \times 间接费费率(\%)$$

2）以人工费和机械费合计为计算基础：

$$间接费 = 人工费和机械费合计 \times 间接费费率(\%)$$

3）以人工费为计算基础：

$$间接费 = 人工费合计 \times 间接费费率(\%)$$

（3）规费费率和企业管理费费率。

1）规费费率。

①以直接费为计算基础：

$$规费费率(\%) = \frac{\sum 规费缴纳标准 \times 每万元发承包价计算基数}{每万元发承包价中的人工费含量} \times$$

人工费占直接费的比例(%)

②以人工费和机械费合计为计算基础:

$$规费费率(\%) = \frac{\sum 规费缴纳标准 \times 每万元发承包价计算基数}{每万元发承包价中的人工费含量和机械费含量} \times 100\%$$

③以人工费为计算基础:

$$规费费率(\%) = \frac{\sum 规费缴纳标准 \times 每万元发承包价计算基数}{每万元发承包价中的人工费含量} \times 100\%$$

2)企业管理费费率。

①以直接费为计算基础:

$$企业管理费费率(\%) = \frac{生产工人年平均管理费}{年有效施工天数 \times 人工单价} \times 人工费占直接费比例(\%)$$

②以人工费和机械费合计为计算基础:

$$企业管理费费率(\%) = \frac{生产工人年平均管理费}{年有效施工天数 \times (人工单价 + 每一工日机械使用费)} \times 100\%$$

③以人工费为计算基础:

$$企业管理费费率(\%) = \frac{生产工人年平均管理费}{年有效施工天数 \times 人工单价} \times 100\%$$

4. 利润

利润是指施工企业完成所承包工程获得的盈利。其计算方法参见本节"6.建筑工程计价程序"中相关内容。

5. 税金计算

税金是指国家税法规定的应计人建筑安装工程造价内的营业税、城市维护建设税及教育费附加等。

营业税的税额为营业额的3%。根据2009年1月1日起执行的《中华人民共和国营业税暂行条例》规定,营业额是指纳税人从事建筑、安装、修缮、装饰及其他工程作业收取的全部收入,还包括建筑、修缮、装饰工程所用原材料及其他物质和动力的价款在内,当安装的设备价值作为安装工程产值时,也包括所安装设备的价款。

城市维护建设税。纳税人所在地为市区的,按营业税的7%征收;纳税人所在地为县城镇,按营业税的5%征收;纳税人所在地不为市区县城镇的,按营业税的1%征收,并与营业税同时交纳。

教育费附加,一律按营业税的3%征收,也同营业税同时交纳。

根据上述规定,现行应缴纳的税金计算式如下:

$$税金 = (税前造价 + 利润) \times 税率(\%)$$

税率的计算如下:

(1)纳税地点在市区的企业:

$$税率(\%) = \frac{1}{1 - 3\% - (3\% \times 7\%) - (3\% \times 3\%)} - 1$$

(2)纳税地点在县城、镇的企业:

$$税率(\%) = \frac{1}{1 - 3\% - (3\% \times 5\%) - (3\% \times 3\%)} - 1$$

（3）纳税地点不在市区、县城、镇的企业：

$$税率(\%) = \frac{1}{1 - 3\% - (3\% \times 1\%) - (3\% \times 3\%)} - 1$$

6. 建筑工程计价程序

发包与承包价的计算方法分为工料单价法和综合单价法，计价程序如下所述。

（1）工料单价法计价程序。工料单价法是以分部分项工程量乘以单价后的合计为直接工程费，直接工程费以人工、材料、机械的消耗量及其相应价格确定。直接工程费汇总后另加间接费、利润、税金生成工程发承包价，其计算程序分为以下三种。

1）以直接费为计算基础，见表 2.1。

2）以人工费和机械费为计算基础，见表 2.2。

3）以人工费为计算基础，见表 2.3。

表 2.1　以直接费为基础的工料单价法计价程序

序号	费用项目	计算方法	备注
1	直接工程费	按预算表	
2	措施费	按规定标准计算	
3	小计	1 + 2	
4	间接费	3 × 相应费率	
5	利润	(3 + 4) × 相应利润率	
6	合计	3 + 4 + 5	
7	含税造价	6 × (1 + 相应税率)	

表 2.2　以人工费和机械费为基础的工料单价法计价程序

序号	费用项目	计算方法	备注
1	直接工程费	按预算表	
2	其中人工费和机械费	按预算表	
3	措施费	按规定标准计算	
4	其中人工费和机械费	按规定标准计算	
5	小计	1 + 3	
6	人工费和机械费小计	2 + 4	
7	间接费	6 × 相应费率	
8	利润	6 × 相应利润率	
9	合计	5 + 7 + 8	
10	含税造价	9 × (1 + 相应税率)	

表 2.3　以人工费为基础的工料单价法的计价程序

序号	费用项目	计算方法	备注
1	直接工程费	按预算表	
2	直接工程费中人工费	按预算表	
3	措施费	按规定标准计算	
4	措施费中人工费	按规定标准计算	

续表 2.3

序号	费用项目	计算方法	备注
5	小计	1 + 3	
6	人工费小计	2 + 4	
7	间接费	6 × 相应费率	
8	利润	6 × 相应利润率	
9	合计	5 + 7 + 8	
10	含税造价	9 × (1 + 相应税率)	

(2)综合单价法计价程序。综合单价法是分部分项工程单价为全费用单价,全费用单价经综合计算后生成,其内容包括直接工程费、间接费、利润和税金(措施费也可按此方法生成全费用价格)。

各分项工程量乘以综合单价的合价汇总后,生成工程发承包价。

由于各分部分项工程中的人工、材料、机械含量的比例不同,各分项工程可根据其材料费占人工费、材料费、机械费合计的比例(以字母"C,代表该项比值)在以下三种计算程序中选择一种计算其综合单价。

1)当 $C > C_0$(C_0 为本地区原费用定额测算所选典型工程材料费占人工费、材料费和机械费合计的比例)时,可采用以人工费、材料费、机械费合计为基数计算该分项的间接费和利润,见表 2.4。

表 2.4　以直接费为基础的综合单价法计价程序

序号	费用项目	计算方法	备注
1	分项直接工程费	人工费 + 材料费 + 机械费	
2	间接费	1 × 相应费率	
3	利润	(1 + 2) × 相应利润率	
4	合计	1 + 2 + 3	
5	含税造价	4 × (1 + 相应税率)	

2)当 $C < C_0$ 值的下限时,可采用以人工费和机械费合计为基数计算该分项的间接费和利润,见表 2.5。

表 2.5　以人工费和机械费为基础的综合单价计价程序

序号	费用项目	计算方法	备注
1	分项直接工程费	人工费 + 材料费 + 机械费	
2	其中人工费和机械费	人工费 + 机械费	
3	间接费	2 × 相应费率	
4	利润	2 × 相应利润率	
5	合计	1 + 3 + 4	
6	含税造价	5 × (1 + 相应税率)	

3)如该分项的直接费仅为人工费,无材料费和机械费时,可采用以人工费为基数计算该

分项的间接费和利润,见表2.6。

表2.6 以人工费为基础的综合单价计价程序

序号	费用项目	计算方法	备注
1	分项直接工程费	人工费 + 材料费 + 机械费	
2	直接工程费中人工费	人工费	
3	间接费	2 × 相应费率	
4	利润	2 × 相应利润率	
5	合计	1 + 3 + 4	
6	含税造价	5 × (1 + 相应税率)	

2.2.4 工程建设其他费用

工程建设其他费用是指从工程筹建到工程竣工验收交付使用的整个建设期间,除建筑安装工程费用和设备、工器具购置费以外的,为保证工程建设顺利完成和交付使用后能够正常发挥效用而发生的一些费用。

工程建设其他费用,按其内容大体可分为以下三类。

1. 土地使用费

任何一个建设项目都固定于一定地点与地面相连接,必须占用一定量的土地,也就必然要发生为获得建设用地而支付的费用,即土地使用费。它包括土地征用及迁移补偿费和取得国有土地使用费。

(1)土地征用及迁移补偿费。它是指建设项目通过划拨方式取得无限期的土地使用权,依照《中华人民共和国土地管理法》等规定所支付的费用。其总和一般不得超过被征土地年产值的20倍,土地年产值则按该地被征用前3年的平均产量和国家规定的价格计算。其内容包括以下几方面:

1)土地补偿费。征用耕地(包括菜地)的补偿标准,按政府规定,为该耕地年产值的若干倍。征用园地、鱼塘、藕塘、苇塘、宅基地、林地、牧场、草原等的补偿标准,由省、自治区、直辖市人民政府制定。征收无收益的土地,不予补偿。

2)青苗补偿费和被征用土地上的房屋、水井、树木等附着物补偿费。征用城市郊区的菜地时,还应按照有关规定向国家缴纳新菜地开发建设基金。

3)安置补助费。征用耕地、菜地的每个农业人口的安置补助费为该地每亩年产值的2~3倍,每亩耕地的安置补助费最高不得超过其年产值的10倍。

4)缴纳的耕地占用税或城镇土地使用税、土地登记费及征地管理费等。县市土地管理机关从征地费中提取土地管理费的比率,要按征地工作量大小,视不同情况,在1%~4%幅度内提取。

5)征地动迁费。它包括征用土地上的房屋及附属构筑物、城市公共设施等拆除、迁建补偿费、搬迁运输费,企业单位因搬迁造成的减产、停工损失补贴费,拆迁管理费等。

6)水利水电工程水库淹没处理补偿费。它包括农村移民安置迁建费,城市迁建补偿费,库区工矿企业、交通、电力、通信、广播、管网、水利等的恢复、迁建补偿费,库底清理费,防护工程费,环境影响补偿费用等。

(2)取得国有土地使用费。它包括土地使用权出让金、城市建设配套费、拆迁补偿与临时安置补助费等。

1)土地使用权出让金。它是指建设工程通过土地使用权出让方式,取得有限期的土地使用权,依照《中华人民共和国城镇国有土地使用权出让和转让暂行条例》规定,支付的土地使用权出让金。

①明确国家是城市土地的惟一所有者,并分层次、有偿、有限期地出让、转让城市土地。第一层次是城市政府将国有土地使用权出让给用地者。第二层次及以下层次的转让则发生在使用者之间。

②城市土地的出让和转让可采用协议、招标、公开拍卖等方式。

a.协议方式是由用地单位申请,经市政府批准同意后双方洽谈具体地块及地价。该方式适用于市政工程、公益事业用地以及需要减免地价的机关、部队用地和需要重点扶持、优先发展的产业用地。

b.招标方式是在规定的期限内,由用地单位以书面形式投标,市政府根据投标报价、所提供的规划方案以及企业信誉综合考虑,择优而取。该方式适用于一般工程建设用地。

c.公开拍卖是指在指定的地点和时间,由申请用地者叫价应价,价高者得。这完全是由市场竞争决定,适用于盈利高的行业用地。

③在有偿出让和转让土地时,政府对地价不作统一规定,但是应坚持以下原则:

a.地价对目前的投资环境不产生大的影响。

b.地价与当地的社会经济承受能力相适应。

c.地价要考虑已投入的土地开发费用、土地市场供求关系、土地用途和使用年限。

④关于政府有偿出让土地使用权的年限,各地可根据时间、区位等各种条件作不同的规定,一般可在 30～99 年之间。按照地面附属建筑物的折旧年限来看,以 50 年为宜。

⑤土地有偿出让和转让,土地使用者和所有者要签约,明确使用者对土地享有的权利和应承担的义务。

a.有偿出让和转让使用权,要向土地受让者征收契税。

b.转让土地如有增值,要向转让者征收土地增值税。

c.在土地转让期间,国家要区别不同地段、不同用途向土地使用者收取土地占用费。

2)城市建设配套费。它是指因进行城市公共设施的建设而分摊的费用。

3)拆迁补偿与临时安置补助费。它由拆迁补偿费和临时安置补助费或搬迁补助费构成。拆迁补偿费是指拆迁人对被拆迁人,按照有关规定予以补偿所需的费用。拆迁补偿的形式可分为产权调换和货币补偿两种形式。产权调换的面积按照所拆迁房屋的建筑面积计算;货币补偿的金额按照所拆迁房屋的区位、用途、建筑面积等因素,以房地产市场评估价格确定。拆迁人应当对被拆迁人或者房屋承租人支付搬迁补助费。在过渡期内,被拆迁人或者房屋承租人自行安排住处的,拆迁人应当支付临时安置补助费。

2.与项目建设有关的其他费用

与项目建设有关的其他费用一般包括以下各项。在进行工程估算及概算中可根据实际情况进行计算。

(1)建设单位管理费。它是指建设项目从立项、筹建、建设、联合试运转、竣工验收、交付使用及后评估等全过程管理所需的费用。其内容包括以下几方面：

1）建设单位开办费。它是指新建项目所需办公设备、生活家具、用具、交通工具等购置费用。

2）建设单位经费。它包括工作人员的基本工资、工资性补贴、职工福利费、劳动保护费、劳动保险费、办公费、差旅交通费、工会经费、职工教育经费、固定资产使用费、工具用具使用费、技术图书资料费、生产人员招募费、工程招标费、合同契约公证费、工程质量监督检测费、工程咨询费、法律顾问费、审计费、业务招待费、排污费、竣工交付使用清理及竣工验收费、后评估等费用。不包括应计入设备、材料预算价格的建设单位采购及保管设备材料所需的费用。

建设单位管理费按照单项工程费用之和（包括设备工器具购置费和建筑安装工程费用）乘以建设单位管理费率计算。

建设单位管理费率按照建设项目的不同性质、不同规模确定。有的建设项目按照建设工期和规定的金额计算建设单位管理费。

（2）勘察设计费。它是指为本建设项目提供项目建议书、可行性研究报告及设计文件等所需费用，其内容包括以下几方面：

1）编制项目建议书、可行性研究报告及投资估算、工程咨询、评价以及为编制上述文件所进行勘察、设计、研究试验等所需费用。

2）委托勘察、设计单位进行初步设计、施工图设计及概预算编制等所需费用。

3）在规定范围内由建设单位自行完成的勘察、设计工作所需费用。

勘察设计费中，项目建议书、可行性研究报告按国家颁布的收费标准计算，设计费按国家颁布的工程设计收费标准计算；勘察费一般民用建筑 6 层以下的按 3 ~ 5 元/m² 计算，高层建筑按 8 ~ 10 元/m² 计算，工业建筑按 10 ~ 12 元/m² 计算。

（3）研究试验费。它是指为建设项目提供和验证设计参数、数据、资料等所进行的必要的试验费用以及设计规定在施工中必须进行试验、验证所需费用。包括自行或委托其他部门研究试验所需人工费、材料费、试验设备及仪器使用费等。这项费用按照设计单位根据本工程项目的需要提出的研究试验内容和要求计算。

（4）建设单位临时设施费。它是建设期间建设单位所需临时设施的搭设、维修、摊销费用或租赁费用。

临时设施包括临时宿舍、文化福利及公用事业房屋与构筑物、仓库、办公室、加工厂以及规定范围内的道路、水、电、管线等临时设施和小型临时设施。

（5）工程监理费。它是建设单位委托工程监理单位对工程实施监理工作所需费用。根据原国家物价局、建设部《关于发布工程建设监理费用有关规定的通知》（〔1992〕价费字 479号）等文件规定，选择下列方法之一计算。

1）一般情况应按工程建设监理收费标准计算，即按所监理工程概算或预算的百分比计算。

2）对于单工种或临时性项目可根据参与监理的年度平均人数按 3.5 ~ 5 万元/人年计算。

（6）工程保险费。它是指建设项目在建设期间根据需要实施工程保险所需的费用。包括以各种建筑工程及在施工过程中的物料、机器设备为保险标的的建筑工程一切险，以安装工程中的各种机器、机械设备为保险标的安装工程一切险,以及机器损坏保险等。根据不同的工程类别,分别以其建筑、安装工程费乘以建筑、安装工程保险费率计算。民用建筑(住宅楼、综合性大楼、商场、旅馆、医院、学校)占建筑工程费的 0.2%～0.4%;其他建筑(工业厂房、仓库、道路、码头、水坝、隧道、桥梁、管道等)占建筑工程费的 0.3%～0.6%;安装工程(农业、工业、机械、电子、电器、纺织、矿山、石油、化学及钢铁工业、钢结构桥梁)占建筑工程费的 0.3%～0.6%。

(7)引进技术和进口设备其他费用。它包括出国人员费、国外工程技术人员来华费、技术引进费、分期或延期付款利息、担保费以及进口设备检验鉴定费。

1)出国人员费。它是指为引进技术和进口设备派出人员在国外培训和进行设计联络,设备检验等的差旅费、制装费、生活费等。这项费用根据设计规定的出国培训和工作的人数、时间及派往国家,按财政部、外交部规定的临时出国人员费用开支标准及中国民用航空公司现行国际航线票价等进行计算,其中使用外汇部分应计算银行财务费用。

2)国外工程技术人员来华费。它是指为安装进口设备,引进国外技术等聘用外国工程技术人员进行技术指导工作所发生的费用。包括技术服务费、外国技术人员的在华工资、生活补贴、差旅费、医药费、住宿费、交通费、宴请费、参观游览等招待费用。这项费用按每人每月费用指标计算。

3)技术引进费。它是指为引进国外先进技术而支付的费用。包括专利费、专有技术费(技术保密费)、国外设计及技术资料费、计算机软件费等。这项费用根据合同或协议的价格计算。

4)分期或延期付款利息。它是指利用出口信贷引进技术或进口设备采取分期或延期付款的办法所支付的利息。

5)担保费。它是指国内金融机构为买方出具保函的担保费。这项费用按有关金融机构规定的担保费率计算(一般可按承保金额的 0.5% 计算)。

6)进口设备检验鉴定费。它是指进口设备按规定付给商品检验部门的进口设备检验鉴定费。这项费用按进口设备货价的 0.3%～0.5% 计算。

(8)工程承包费。它是具有总承包条件的工程公司,对工程建设项目从开始建设至竣工投产全过程的总承包所需的管理费用。具体内容包括组织勘察设计、设备材料采购、非标设备设计制造与销售、施工招标、发包、工程预决算、项目管理、施工质量监督、隐蔽工程检查、验收和试车直至竣工投产的各种管理费用。该费用按国家主管部门或省、自治区、直辖市协调规定的工程总承包费取费标准计算。若无规定时,一般工业建设项目为投资估算的 6%～8%,民用建筑和市政项目为 4%～6%。不实行工程承包的项目不计算本项费用。

3. 与未来企业生产经营有关的其他费用

(1)联合试运转费。它是新建企业或改扩建企业在工程竣工验收前,按照设计的生产工艺流程和质量标准对整个企业进行联合试运转所发生的费用支出与联合试运转期间的收入部分的差额部分。联合试运转费用一般根据不同性质的项目按需进行试运转的工艺设备购置费的百分比计算。

(2)生产准备费。它是新建企业或新增生产能力的企业,为保证竣工交付使用进行必要的生产准备所发生的费用。费用内容包括生产人员培训费和其他费用。生产准备费一般根据需要培训和提前进厂人员的人数及培训时间,按生产准备费指标进行估算。

（3）办公和生活家具购置费。它是指为保证新建、改建、扩建项目初期正常生产、使用和管理所必须购置的办公和生活家具、用具的费用。该费用改建、扩建项目低于新建项目。这项费用按照设计定员人数乘以综合指标计算，一般为 600～800 元/人。

2.2.5　预备费、建设期贷款利息、固定资产投资方向调节税和铺底流动资金

1.预备费

按我国现行规定，预备费包括基本预备费和涨价预备费。

（1）基本预备费。它是在初步设计及概算内难以预料的工程费用，费用内容包括以下几点：

1）在批准的初步设计范围内，技术设计、施工图设计及施工过程中所增加的工程费用；设计变更、局部地基处理等增加的费用。

2）一般自然灾害造成的损失和预防自然灾害所采取的措施费用。实行工程保险的工程项目费用应适当降低。

3）竣工验收时为鉴定工程质量对隐蔽工程进行必要的挖掘和修复费用。

基本预备费是按设备及工、器具购置费，建筑安装工程费用和工程建设其他费用三者之和为计取基础，乘以基本预备费率进行计算。基本预备费率的取值应执行国家及部门的有关规定。

（2）涨价预备费。它是建设项目在建设期间内由于价格等变化引起工程造价变化的预测预留费用。费用内容包括人工、设备、材料、施工机械的价差费，建筑安装工程费及工程建设其他费用调整，利率、汇率调整等增加的费用。

涨价预备费的测算方法，一般根据国家规定的投资综合价格指数，按估算年份价格水平的投资额为基数，采用复利方法计算。计算公式如下：

$$PF = \sum_{t=1}^{n} I_t \left[(1+f)^t - 1 \right]$$

式中　PF——涨价预备费；

　　　　n——建设期年份数；

　　　　I_t——建设期中第 t 年的投资计划额，包括设备及工器具购置费、建筑安装工程费、工程建设其他费用及基本预备费；

　　　　f——年均投资价格上涨率。

2.固定资产投资方向调节税

为了贯彻国家产业政策，控制投资规模，引导投资方向，调整投资结构，加强重点建设，促进国民经济持续稳定协调发展，国家将根据国民经济的运行趋势和全社会固定资产投资的状况，对进行固定资产投资的单位和个人开征或暂缓征收固定资产投资方的调节税（该税征收对象不含中外合资经营企业、中外合作经营企业和外资企业）。

投资方向调节税根据国家产业政策和项目经济规模实行差别税率，税率分为 0%、5%、10%、15%、30% 五个档次，各固定资产投资项目按其单位工程分别确定适用的税率。计税依据为固定资产投资项目实际完成的投资额，其中更新改造项目为建筑工程实际完成的投资额。投资方向调节税按固定资产投资项目的单位工程年度计划投资额预缴。年度终了后，按年度实际投资结算，多退少补。项目竣工后按全部实际投资进行清算，多退少补。

为贯彻国家宏观调控政策,扩大内需,鼓励投资,根据国务院的决定,对《中华人民共和国固定资产投资方向调节税暂行条例》规定的纳税义务人,其固定资产投资应税项目自2000年1月1日起新发生的投资额,暂停征收固定资产投资方向调节税。但该税种并未取消。

3.建设期投资贷款利息

建设期投资贷款利息是指建设项目使用银行或其他金融机构的贷款,在建设期应归还的借款的利息。它是为了筹措建设项目资金所发生的各项费用中最主要的。建设项目筹建期间借款的利息,按规定可以计入购建资产的价值或开办费。贷款机构在贷出款项时,一般都是按复利考虑的。作为投资者来说,在项目建设期间,投资项目一般没有还本付息的资金来源,即使按要求还款,其资金也可能是通过再申请借款来支付。当项目建设期长于一年时,为简化计算,可假定借款发生当年均在年中支用,按半年计息,年初欠款按全年计息,这样,建设期投资贷款的利息可按下式计算:

$$q_j = \left(P_{j-1} + \frac{1}{2}A_j \right) \cdot i$$

式中　q_j——建设期第 j 年应计利息;

　　　P_{j-1}——建设期第($j-1$)年末贷款累计金额与利息累计金额之和;

　　　A_j——建设期第 j 年贷款金额;

　　　i——年利率。

4.铺底流动资金

铺底流动资金是生产经营性项目投产后,为进行正常生产运营,用于购买原材料、燃料,支付工资及其他经营费用等所需的周转资金。流动资金估算一般是参照现有同类企业的状况采用分项详细估算法,个别情况或者小型项目可采用扩大指标法。

(1)分项详细估算法。对计算流动资金需要掌握的流动资产和流动负债这两类因素应分别进行估算。在可行性研究中,为简化计算,仅对存货、现金、应收账款这三项流动资产和应付账款这项流动负债进行估算。

(2)扩大指标估算法。

1)按建设投资的一定比例估算。例如,国外化工企业的流动资金,一般是按建设投资的15%～20%计算。

2)按经营成本的一定比例估算。

3)按年销售收入的一定比例估算。

4)按单位产量占用流动资金的比例估算。

流动资金一般在投产前开始筹措。在投产第一年开始按生产负荷进行安排,其借款部分按全年计算利息。流动资金利息应计入财务费用。项目计算期末回收全部流动资金。

2.3　建筑面积计价规则

2.3.1　建筑面积计算的作用

(1)建筑面积是一项重要的技术经济指标。

(2)建筑面积是计算结构工程量或用于确定某些费用指标的基础。

（3）建筑面积作为结构工程量的计算基础，不仅重要，而且也是一项需要细心计算和认真对待的工作，任何粗心大意都会造成计算上的错误，不但会造成结构工程量计算上的偏差，还会直接影响概预算造价的准确性，造成人力、物力和国家建设资金的浪费。

（4）建筑面积与使用面积、结构面积、辅助面积之间存在着一定的比例关系。设计人员在进行建筑或结构设计时，都应在计算建筑面积的基础上再分别计算出结构面积、有效面积及诸如土地利用系数、平面系数等经济技术指标。有了建筑面积，才有可能计量单位建筑面积的技术经济指标。

（5）建筑面积的计算对于建筑施工企业实行内部经济承包责任制、投标报价、编制施工组织设计、配备施工力量、成本核算及物资供应等，都具有重要的意义。

2.3.2　建筑面积计算规则

《建筑工程建筑面积计算规范》（GB/T 50353—2005）对建筑工程建筑面积的计算作出了具体的规定和要求，其主要内容包括以下几方面：

（1）单层建筑物的建筑面积，应按其外墙勒脚以上结构外围水平面积计算，并应符合下列规定：

1）单层建筑物高度在 2.20 m 及以上者应计算全部面积；高度不足 2.20 m 者应计算 1/2 面积。

2）利用坡屋顶内空间时净高超过 2.10 m 的部位应计算全面积；净高 1.20～2.10 m 的部位应计算 1/2 面积；净高不足 1.20 m 的部位不应计算面积。

注：建筑面积的计算是以勒脚以上外墙结构外边线计算，勒脚是墙根部很矮的一部分墙体加厚，不能代表整个外墙结构，所以要扣除勒脚墙体加厚的部分。

（2）单层建筑物内设有局部楼层者，局部楼层的 2 层及以上楼层，有围护结构的应按其围护结构外围水平投影面积计算，无围护结构的应按其结构底板水平投影面积计算。层高在 2.20 m 及以上者应计算全面积；层高不足 2.20 m 者应计算 1/2 面积。

注：1. 单层建筑物应按不同的高度确定其面积的计算。其高度指室内地面标高至屋面板板面结构标高之间的垂直距离。遇有以屋面板找坡的平屋顶单层建筑物，其高度指室内地面标高至屋面板最低处板面结构标高之间的垂直距离。

2. 坡屋顶内空间建筑面积计算，可参照《住宅设计规范》（GB 50096—1999）有关规定，将坡屋顶的建筑按不同净高确定其面积的计算。净高指楼面或地面至上部楼板底面或吊顶底面之间的垂直距离。

（3）多层建筑物首层应按其外墙勒脚以上结构外围水平投影面积计算；2 层及以上楼层应按其外墙结构外围水平投影面积计算。层高在 2.20 m 及以上者应计算全面积；层高不足 2.20 m 者应计算 1/2 面积。

注：多层建筑物的建筑面积应按不同的层高分别计算。层高是指上下两层楼面结构标高之间的垂直距离。建筑物最底层的层高，有基础底板的是指基础底板上表面结构标高至上层楼面的结构标高之间的垂直距离；没有基础底板的指地面标高至上层楼面结构标高之间的垂直距离。最上一层的层高是指楼面结构标高至屋面板板面结构标高之间的垂直距离，遇有以屋面板找坡的屋面，层高指楼面结构标高至屋面板最低处板面结构标高之间的垂直距离。

（4）多层建筑坡屋顶内和场馆看台下，当设计加以利用时净高超过 2.10 m 的部位应计算全面积；净高在 1.20 ~ 2.10 m 的部位应计算 1/2 面积；当设计不利用或室内净高不足 1.20 m 时不应计算面积。

注：多层建筑坡屋顶内和场馆看台下的空间应视为坡屋顶内的空间，设计加以利用时，应按其净高确定其面积的计算。设计不利用的空间，不应计算建筑面积。

（5）地下室、半地下室（车间、商店、车站、车库、仓库等），包括相应的有永久性顶盖的出入口，应按其外墙上口（不包括采光井、外墙防潮层及其保护墙）外边线所围水平面积计算。层高在 2.20 m 及以上者应计算全面积；层高不足 2.20 m 者应计算 1/2 面积。

注：地下室、半地下室应以其外墙上口外边线所围水平面积计算。原计算规则规定按地下室、半地下室上口外墙外围水平面积计算，文字上不甚严谨，"上口外墙"容易理解为地下室、半地下室的上一层建筑的外墙。由于上一层建筑外墙与地下室墙的中心线不一定完全重叠，多数情况是凸出或凹进地下室外墙中心线。

（6）坡地的建筑物吊脚架空层，如图 2.3 所示、深基础架空层，设计加以利用并有围护结构的，层高在 2.20 m 及以上的部位应计算全面积；层高不足 2.20 m 的部位应计算 1/2 面积。设计加以利用、无围护结构的建筑吊脚架空层，应按其利用部位水平面积的 1/2 计算；设计不利用的深基础架空层、坡地吊脚架空层、多层建筑坡屋顶内、场馆看台下的空间不应计算面积。

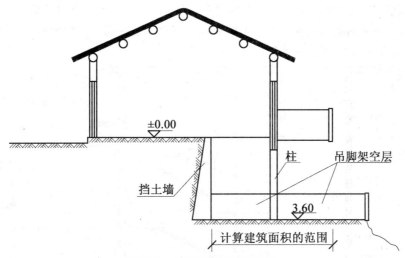

图 2.3 坡地建筑吊脚架空层

（7）建筑物的门厅、大厅按一层计算建筑面积。门厅、大厅内设有回廊时，应按其结构底板水平面积计算。层高在 2.20 m 及以上者应计算全面积；层高不足 2.20 m 者应计算 1/2 面积。

（8）建筑物间有围护结构的架空走廊，应按其围护结构外围水平面积计算。层高在 2.20 m 及以上者应计算全面积；层高不足 2.20 m 者应计算 1/2 面积。有永久性顶盖无围护结构的应按其结构底板水平面积的 1/2 计算。

（9）立体书库、立体仓库、立体车库，无结构层的应按一层计算，有结构层的应按其结构层面积分别计算。层高在 2.20 m 及以上者应计算全面积；层高不足 2.20 m 者应计算 1/2 面积。

注：立体车库、立体仓库、立体书库不规定是否有围护结构，均按是否有结构层计算，应区分不同的层高确定建筑面积计算的范围，改变过去按书架层和货架层计算面积的规定。

　　(10)有围护结构的舞台灯光控制室,应按其围护结构外围水平面积计算。层高在 2.20 m 及以上者应计算全面积;层高不足 2.20m 者应计算 1/2 面积。

　　(11)建筑物外有围护结构的落地橱窗、门斗、挑廊、走廊、檐廊,应按其围护结构外围水平面积计算。层高在 2.20 m 及以上者应计算全面积;层高不足 2.20 m 者应计算 1/2 面积。有永久性顶盖无围护结构的应按其结构底板水平面积的 1/2 计算。

　　(12)有永久性顶盖无围护结构的场馆看台应按其顶盖水平投影面积的 1/2 计算。

注:"场馆"实质上是指"场"(例如:足球场、网球场等)看台上有永久性顶盖部分。"馆"应是有永久性顶盖和围护结构的,应按单层或多层建筑相关规定计算面积。

　　(13)建筑物顶部有围护结构的楼梯间、水箱间、电梯机房等,层高在 2.20 m 及以上者应计算全面积;层高不足 2.20 m 者应计算 1/2 面积。

注:如遇建筑物屋顶的楼梯间是坡屋顶,应按坡屋顶的相关规定计算面积。

　　(14)设有围护结构不垂直于水平面而超出底板外沿的建筑物,应按其底板面的外围水平面积计算。层高在 2.20 m 及以上者应计算全面积;层高不足 2.20 m 者应计算 1/2 面积。

注:设有围护结构不垂直于水平面而超出底板外沿的建筑物是指向建筑物外倾斜的墙体,若遇有向建筑物内倾斜的墙体,应视为坡屋顶,应按坡屋顶有关规定计算面积。

　　(15)建筑物内的室内楼梯间、电梯井、观光电梯井、提物井、管道井、通风排气竖井、垃圾道、附墙烟囱应按建筑物的自然层计算。

注:室内楼梯间的面积计算,应按楼梯依附的建筑物的自然层数计算并在建筑物面积内。遇跃层建筑,其共用的室内楼梯应按自然层计算面积;上下两错层户室共用的室内楼梯,应选上一层的自然层计算面积,如图 2.4 所示。

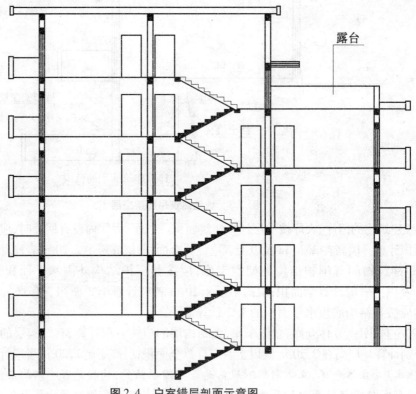

图 2.4　户室错层剖面示意图

(16)雨篷结构的外边线至外墙结构外边线的宽度超过 2.10 m 者,应按雨篷结构板水平投影面积的 1/2 计算。

注:雨篷均以其宽度超过 2.10 m 或不超过 2.10 m 衡量,超过 2.10 m 者应按雨篷的结构板水平投影面积的 1/2 计算。有柱雨篷和无柱雨篷计算应一致。

(17)有永久性顶盖的室外楼梯,应按建筑物自然层水平投影面积的 1/2 计算。

注:室外楼梯,最上层楼梯无永久性顶盖,或不能完全遮盖楼梯的雨篷,上层楼梯不计算面积,上层楼梯可视为下层楼梯的永久性顶盖,下层楼梯应计算面积。

(18)建筑物的阳台均应按其水平投影面积的 1/2 计算。

注:建筑物的阳台,不论是凹阳台、挑阳台、封闭阳台、不封闭阳台均按其水平投影面积的一半计算。

(19)有永久性顶盖无围护结构的车棚、货棚、站台、加油站、收费站等,应按其顶盖水平投影面积的 1/2 计算。

注:车棚、货棚、站台、加油站、收费站等的面积计算。由于建筑技术的发展,出现许多新型结构,如柱不再是单纯的直立的柱,而出现 Ⅴ 形柱、Λ 形柱等不同类型的柱,给面积计算带来许多争议。为此,《建筑工程建筑面积计算规范》(GB/T 50353—2005)中不以柱来确定面积的计算,而依据顶盖的水平投影面积计算。在车棚、货棚、站台、加油站、收费站内设有有围护结构的管理室、休息室等,另按相关规定计算面积。

(20)高低联跨的建筑物,应以高跨结构外边线为界分别计算建筑面积;其高低跨内部连通时,其变形缝应计算在低跨面积内。

(21)以幕墙作为围护结构的建筑物,应按幕墙外边线计算建筑面积。

(22)建筑物外墙外侧有保温隔热层的,应按保温隔热层外边线计算建筑面积。

(23)建筑物内的变形缝,应按其自然层合并在建筑物面积内计算。

注:此处所指建筑物内的变形缝是与建筑物相连通的变形缝,即暴露在建筑物内,在建筑物内可以看得见的变形缝。

(24)下列项目不应计算面积:

1)建筑物通道(骑楼、过街楼的底层)。

2)建筑物内设备管道夹层。

3)建筑物内分隔的单层房间,舞台及后台悬挂幕布、布景的天桥、挑台等。

4)屋顶水箱、花架、凉棚、露台、露天游泳池。

5)建筑物内的操作平台、上料平台、安装箱和罐体的平台。

6)勒脚、附墙柱、垛、台阶、墙面抹灰、装饰面、镶贴块料面层、装饰性幕墙、空调室外机搁板(箱)、飘窗、构件、配件、宽度在 2.10 m 及以内的雨篷,以及与建筑物内不相连通的装饰性阳台、挑廊。

注:突出墙外的勒脚、附墙柱垛、台阶、墙面抹灰、装饰面、镶贴块料面层、装饰性幕墙、空调室外机搁板(箱)、飘窗、构件、配件、宽度在 2.10 m 及以内的雨篷,以及与建筑物内不相连通的装饰性阳台、挑廊等均不属于建筑结构,不应计算建筑面积。

7)无永久性顶盖的架空走廊、室外楼梯和用于检修、消防等的室外钢楼梯、爬梯。

8)自动扶梯、自动人行道。

注:自动扶梯(斜步道滚梯),除两端固定在楼层板或梁之外,扶梯本身属于设备,为此扶梯不

宜计算建筑面积。水平步道(滚梯)属于安装在楼板上的设备,不应单独计算建筑面积。

9)独立烟囱、烟道、地沟、油(水)罐、气柜、水塔、贮油(水)池、贮仓、栈桥、地下人防通道、地铁隧道。

2.3.3　建筑面积计算实例

【例2.1】　如图2.5所示,有一240墙厚的两层楼平顶房屋,试计算建筑面积。

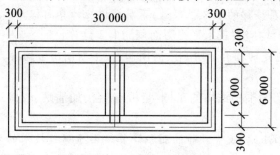

图2.5　平顶房屋平面图

【解】

建筑面积:F/m^2 = (中心线长 + 2×半砖墙厚) × (中心线宽 + 2×半砖厚) × 2层 =
　　　　(30 + 0.24) × (6.6 + 0.24) × 2 = 413.68

【例2.2】　如图2.6所示,某深基础做地下架空层,试计算其建筑面积。

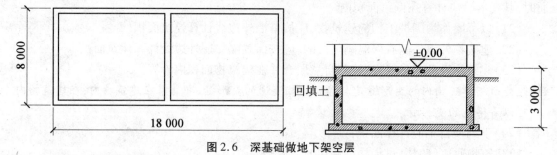

图2.6　深基础做地下架空层

【解】

用深基础做地下架空层(如图2.6)加以利用,其层高超过2.2 m的,按围护结构外围水平投影面积的一半计算建筑面积。

$$F/\text{m}^2 = (18.0 \times 8.0)/2 = 144.0/2 = 72.0$$

【例2.3】　某水位监测站的一座工作人员办公室,长8 600 mm,宽5 600 mm,层高为3 400 mm。该工作站设计图示高吊脚为圆形钢筋混凝土柱,室内底层为现浇120 mm钢筋混凝土,混凝土强度等级为C30,围护结构为C30钢筋混凝土,厚度为250 mm,围护墙上安装两个密闭玻璃窗,上层为卧室,下层为工作室,试计算该工作站的建筑面积。

【解】

其建筑面积计算如下:

$$F/\text{m}^2 = (8.6 + 2 \times 0.125) \times (5.6 + 2 \times 0.125) \times 2 =$$
$$8.85 \times 5.85 \times 2 = 103.55$$

【例2.4】　某加油站无围护结构顶盖直径为8.0 m,如图2.7所示,试计算其水平投影建筑面积。

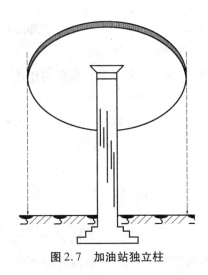

图 2.7　加油站独立柱

【解】

根据题意及计算规则,其投影面积应按 1/2 计算,如下:

$$F/\mathrm{m}^2 = \pi D^2/4 \times \frac{1}{2} = 3.141\,6 \times 8.0^2/4 \times \frac{1}{2} = 25.13$$

【例 2.5】　某建筑物尺寸如图 2.8 所示,计算该建筑物的建筑面积(墙厚为 240 mm)。

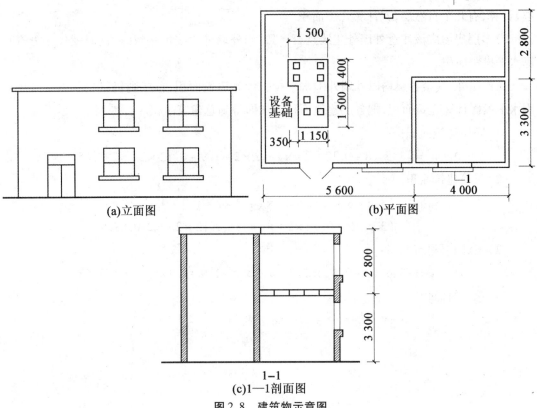

(a)立面图

(b)平面图

1—1

(c)1—1剖面图

图 2.8　建筑物示意图

【解】

二层及二层以上楼层部分建筑面积,仍按其二层以上外墙外围水平投影面积计算。带有部分楼层的单层建筑物的建筑面积的计算公式如下:

$$S = 底层建筑面积 + 部分楼层的建筑面积$$

(1)底层建筑面积:

$$S_1/m^2 = (5.6 + 4.0 + 0.24) \times (3.3 + 2.8 + 0.24) =$$
$$9.84 \times 6.34 = 62.39$$

(2)楼隔层建筑面积:

$$S_2/m^2 = (4.0 + 0.24) \times (3.3 + 0.24) = 15.01$$

(3)总建筑面积:

$$S/m^2 = 62.39 + 15.01 = 77.40$$

【例2.6】 某宾馆示意图如图2.9所示,计算该宾馆的建筑面积。

【解】

多层建筑物建筑面积,按各层建筑面积之和计算,其首层建筑面积按外墙勒脚以上结构的外围水平面积计算,二层及二层以上按外墙结构的外围水平投影面积计算。

这里应注意以下两点:

1)多层房屋的建筑面积应该按建筑的自然层数(指建筑设计层高超过2.2 m的空间层数)计算,有几个自然层,就计算几层面积。

2)多层房屋应该注意外墙外边线是否一致,当外墙外边线不一致时,这时就应该分开计算水平投影面积。

除首层外,其余各层均以外墙外围水平投影计算建筑面积,首层则仍以勒脚以上外墙外围水平投影计算建筑面积,把各层建筑面积叠加即得到总建筑面积。

(1)底层建筑面积:

$$S_1/m^2 = (3.5 \times 8 + 0.12 \times 2) \times (4.2 \times 2 + 1.9 + 0.12 \times 2) = 297.65$$

(2)二层建筑面积:

$$S_2/m^2 = (3.5 \times 8 + 0.12 \times 2) \times (4.2 \times 2 + 1.9 + 0.12 \times 2) -$$
$$(3.5 \times 2 - 0.12 \times 2) \times (4.2 - 0.12 \times 2) = 270.88$$

(3)三、四层建筑面积:

$$S_3^{'}/m^2 = (3.5 \times 8 + 0.12 \times 2) \times (4.2 \times 2 + 1.9 + 0.12 \times 2) = 297.65$$

(4)总建筑面积:

$$S/m^2 = 297.65 + 270.88 + 297.65 \times 2 = 1\,163.83$$

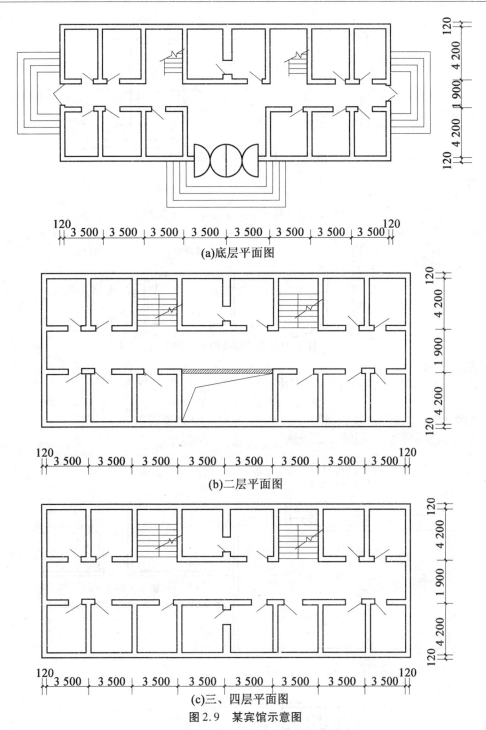

(a)底层平面图

(b)二层平面图

(c)三、四层平面图

图2.9 某宾馆示意图

【例2.7】 现有一独立柱雨篷,其平面示意图如图2.10所示,计算其建筑面积(F)。

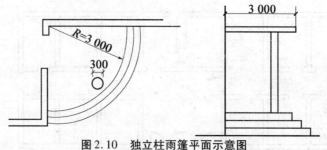

图 2.10　独立柱雨篷平面示意图

【解】

独立柱雨篷的建筑面积：

$$F/m^2 = 3.141\ 6 \times 3.0^2 \div 4 \div 2 = 3.53$$

【例 2.8】　某两个柱雨篷的尺寸如图 2.11 所示，计算其建筑面积：

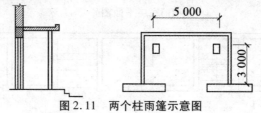

图 2.11　两个柱雨篷示意图

【解】

有两个柱的雨篷，按柱外围水平投影面积计算建筑面积。

$$F/m^2 = 5.0 \times 3.0 = 15.00$$

【例 2.9】　某地下建筑物如图 2.12 所示，试计算其建筑面积。

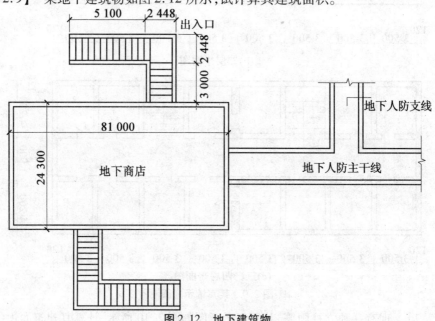

图 2.12　地下建筑物

【解】

地下商场按上口外墙外围水平投影面积计算建筑面积；地下出入口按上口外墙外围水平投影面积计算建筑面积；地下人防主干线、支干线按人防有关规定执行。

建筑面积：$F/m^2 = 81 \times 24.3 + (5.1 \times 2.448 + 5.448 \times 2.448) \times 2 = 2\ 019.94$

第3章 建筑工程工程量清单计价

3.1 工程量清单计价概述

3.1.1 基本概念

1. 工程量清单的概念

工程量清单是指表现拟建工程的分部分项工程项目、措施项目、其他项目、规费项目和税金项目的名称和相应数量的明细清单。它包括分部分项工程量清单、措施项目清单、其他项目清单、规费项目清单和税金项目清单。

2. 工程量清单计价的概念

工程量清单计价是指投标人完成由招标人提供的工程量清单所需的全部费用,包括分部分项工程费、措施项目费、其他项目费、规费和税金。

3.1.2 实行工程量清单计价的意义

(1)实行工程量清单计价,是我国工程造价管理深化改革与发展的需要。实行工程量清单计价,将改变以工程预算定额为计价依据的计价模式,适应工程招标投标和由市场竞争形成工程造价的需要,推进我国工程造价事业的发展。

(2)实行工程量清单计价,是整顿和规范建设市场秩序,适应社会主义市场经济发展的需要。

1)工程造价是工程建设的核心内容,也是建设市场运行的核心内容。实行工程量清单计价,是由市场竞争形成工程造价。工程量清单计价反映工程的个别成本,有利于企业自主报价和公平竞争,实现由政府定价到市场定价的转变;有利于规范业主在招标中的行为,有效纠正招标单位在招标中盲目压价的行为,避免工程招标中弄虚作假、暗箱操作等不规范行为,促进其提高管理水平,从而真正体现公开、公平、公正的原则,反映市场经济规律;有利于规范建设市场计价行为,从源头上遏制工程招投标中滋生的腐败,整顿建设市场的秩序,促进建设市场的有序竞争。

2)实行工程量清单计价,是适应我国社会主义市场经济发展的需要。市场经济的主要特点是竞争,建设工程领域的竞争主要体现在价格和质量上,工程量清单计价的本质是价格市场化。实行工程量清单计价,对于在全国建立一个统一、开放、健康、有序的建设市场,促进建设市场有序竞争和企业健康发展,都具有重要的作用。

(3)实行工程量清单计价,是适应我国工程造价管理政府职能转变的需求。

按照政府部门真正履行"经济调节、市场监管、社会管理和公共服务"的职能要求,政府对工程造价的管理,将推行政府宏观调控、企业自主报价、市场形成价格、社会全面监督的工程造价管理体制。实行工程量清单计价,有利于我国工程造价管理政府职能的转变,由过去行政直接干预转变为对工程造价依法监管,有效地强化政府对工程造价的宏观调控,以适应建设市场发展的需要。

(4)实行工程量清单计价,是我国建筑业发展适应国际惯例与国际接轨,融入世界大市场的需要。

在我国实行工程量清单计价,会为我国建设市场主体创造一个与国际惯例接轨的市场竞争环境,有利于进一步对外开放交流,有利于提高国内建设各方主体参与国际竞争的能力,有利于提高我国工程建设的管理水平。

3.1.3　工程量清单计价的影响因素

工程量清单报价中标的工程,无论采用何种计价方法,在正常情况下,基本说明工程造价已确定,只是当出现设计变更或工程量变动时,通过签证再结算调整另行计算。工程量清单工程成本要素的管理重点,是在既定收入的前提下,如何控制成本支出。

1. 对用工批量的有效管理

人工费支出约占建筑产品成本的 17%,并且随市场价格波动而不断变化。对人工单价在整个施工期间作出切合实际的预测,是控制人工费用支出的前提条件。

首先,应根据施工进度,月初依据工序合理做出用工数量,结合市场人工单价计算出本月控制指标。

其次,在施工过程中,依据工程分部分项,对每天用工数量连续记录,在完成一个分项后,就同工程量清单报价中的用工数量对比,进行横评找出存在问题,办理相应手续以便对控制指标加以修正。每月完成几个工程分项后各自同工程量清单报价中的用工数量对比,考核控制指标完成情况。通过这种控制节约用工数量,就意味着降低人工费支出,即增加了相应的效益。这种对用工数量控制的方法,最大优势在于不受任何工程结构形式的影响,分阶段加以控制,有很强的实用性。人工费用控制指标,主要是从量上加以控制。重点通过对在建工程过程控制,积累各类结构形式下实际用工数量的原始资料,以便形成企业定额体系。

2. 材料费用的管理

材料费用开支约占建筑产品成本的 63%,是成本要素控制的重点。材料费用因工程量清单报价形式不同,材料供应方式不同而有所不同。例如业主限价的材料价格,其主要问题可从施工企业采购过程降低材料单价来把握。首先,对本月施工分项所需材料用量下发采购部门,在保证材料质量前提下货比三家。采购过程以工程清单报价中材料价格为控制指标,确保采购过程产生收益。对业主供材供料,确保足斤足两,严把验收入库环节。其次,在施工过程中,严格执行质量方面的程序文件,做到材料堆放合理布局,减少二次搬运。具体操作依据工程进度实行限额领料,完成一个分项后,考核控制效果。最后,杜绝没有收入的支出,把返工损失降到最低限度。月末应把控制用量和价格同实际数量横向对比,考核实际效果,对超用材料数量落实清楚,是在哪个工程子项造成的? 原因是什么? 是否存在同业主计取材料差价的问题等。

3. 机械费用的管理

机械费的开支约占建筑产品成本的 7%,其控制指标,主要是根据工程量清单计算出使用的机械控制台班数。在施工过程中,每天做详细台班记录,是否存在维修、待班的台班。如存在现场停电超过合同规定时间,应在当天同业主做好待班现场签证记录,月末将实际使用台班同控制台班的绝对数进行对比,分析量差发生的原因。对机械费价格一般采取租赁协议,合同一般在结算期内不变动,所以,控制实际用量是关键。依据现场情况做到设备合理布局,充分利用,特别是要合理安排大型设备进出场时间,以降低费用。

4. 施工过程中水电费的管理

水作为人类生存最宝贵的资源,却没有在施工过程中予以重视起来。水电费的管理问题,在以往工程施工中一直被忽视。为便于施工过程支出的控制管理,应把控制用量计算到施工子项以便于水电费用控制。月末依据完成子项所需水电用量同实际用量对比,找出差距的出处,以便制定改正措施。总之施工过程中对水电用量控制不仅是一个经济效益的问题,还是一个合理利用宝贵资源的问题。

5. 对设计变更和工程签证的管理

在施工过程中,时常会遇到一些原设计未预料的实际情况或业主单位提出要求改变某些施工做法、材料代用等,引发设计变更;同样对施工图以外的内容及停水、停电,或因材料供应不及时造成停工、窝工等都需要办理工程签证。以上两部分工作,首先,应由负责现场施工的技术人员做好工程量的确认,若存在工程量清单不包括的施工内容,应及时通知技术人员,将需要办理工程签证的内容落实清楚;其次,工程造价人员审核变更或签证签字内容是否清楚完整、手续是否齐全。若手续不齐全,应在当天督促施工人员补办手续,变更或签证的资料应连续编号;最后,工程造价人员还应特别注意在施工方案中涉及的工程造价问题。在投标时工程量清单是依据以往的经验计价,建立在既定的施工方案基础上的。施工方案的改变便是对工程量清单造价的修正。变更或签证是工程量清单工程造价中所不包括的内容,但是在施工过程中费用已经发生,工程造价人员应及时地编制变更及签证后的变动价值。加强设计变更和工程签证工作是施工企业经济活动中的一个重要组成部分,它可防止应得效益的流失,反映工程真实造价构成,对施工企业各级管理者来说更显得重要。

6. 对其他成本要素的管理

成本要素除工料单价法包含的以外,还有管理费用、利润、临设费、税金、保险费等。这部分收入已分散在工程量清单的子项之中,中标后已成既定的数,所以,在施工过程中应注意以下几点:

(1)节约管理费用是重点,制定切实的预算指标,对每笔开支严格依据预算执行审批手续;提高管理人员的综合素质做到高效精干,提倡一专多能。对办公费用的管理,从节约一张纸、减少每次通话时间等方面着手,精打细算,控制费用支出。

(2)利润作为工程量清单子项收入的一部分,在成本不亏损的情况下,就是企业既定利润。

(3)临设费管理的重点是依据施工的工期以及现场情况合理布局临设。尽可能就地取材搭建临设,工程接近竣工时及时减少临设的占用。对购买的彩板房每次安、拆要高抬轻放,延长使用次数。日常使用及时维护易损部位,延长使用寿命。

(4)对税金、保险费的管理重点是一个资金问题,依据施工进度及时拨付工程款,确保按国家规定的税金及时上缴。

以上六个方面是施工企业的成本要素,针对工程量清单形式带来的风险性,施工企业要从加强过程控制的管理入手,才能将风险降到最低点。积累各种结构形式下成本要素的资料,逐步形成科学、合理的,具有代表人力、财力、技术力量的企业定额体系。这样可以避免一味过低或过高报价所形成的亏损、废标,以应付复杂激烈的市场竞争。

3.1.4　工程量清单计价与定额计价的差别

1. 编制工程量的单位不同

传统定额预算计价法是建设工程的工程量分别由招标单位和投标单位分别按图计算。工程量清单计价法是工程量由招标单位统一计算或委托有工程造价咨询资质单位统一计算,"工程量清单"是招标文件的重要组成部分,各投标单位根据招标人提供的"工程量清单",根据自身的技术装备、施工经验、企业成本、企业定额、管理水平自主填写报单价。

2. 编制工程量清单时间不同

传统的定额预算计价法是在发出招标文件后编制(招标与投标人同时编制或投标人编制在前,招标人编制在后)。工程量清单报价法必须在发出招标文件前编制。

3. 表现形式不同

采用传统的定额预算计价法一般是总价形式。工程量清单报价法采用综合单价形式,综合单价包括人工费、材料费、机械使用费、管理费、利润,并考虑风险因素。工程量清单报价具有直观、单价相对固定的特点,工程量发生变化时,单价一般不作调整。

4. 编制依据不同

传统的定额预算计价法依据图纸;人工、材料、机械台班消耗量依据建设行政主管部门颁发的预算定额;人工、材料、机械台班单价依据工程造价管理部门发布的价格信息进行计算。工程量清单报价法,根据原建设部第107号令规定,标底的编制根据招标文件中的工程量清单和有关要求、施工现场情况、合理的施工方法以及按建设行政主管部门制定的有关工程造价计价办法编制。企业的投标报价则根据企业定额和市场价格信息,或参照建设行政主管部门发布的社会平均消耗量定额编制。

5. 费用组成不同

传统预算定额计价法的工程造价由直接工程费、措施费、间接费、利润、税金组成。工程量清单计价法工程造价包括分部分项工程费、措施项目费、其他项目费、规费、税金;包括完成每项工程包含的全部工程内容的费用;包括完成每项工程内容所需的费用(规费、税金除外);包括工程量清单中没有体现的,施工中又必须发生的工程内容所需费用,包括风险因素而增加的费用。

6. 评标所用的方法不同

传统预算定额计价投标一般采用百分制评分法。采用工程量清单计价法投标,一般采用合理低报价中标法,既要对总价进行评分,还要对综合单价进行分析评分。

7. 项目编码不同

采用传统的预算定额项目编码,全国各省市采用不同的定额子目。采用工程量清单计价全国实行统一编码,项目编码采用十二位阿拉伯数字表示。一到九位为统一编码,其中,一、二位为附录顺序码,三、四位为专业工程顺序码,五、六位为分部工程顺序码。七、八、九位为分项工程项目名称顺序码,十到十二位为清单项目名称顺序码。前九位码不能变动,后三位码,由清单编制人根据项目设置的清单项目编制。

8. 合同价调整方式不同

传统的定额预算计价合同价调整方式有:变更签证、定额解释、政策性调整。工程量清单计价法合同价调整方式主要是索赔。工程量清单的综合单价一般通过招标中报价的形式体现,一旦中标,报价作为签订施工合同的依据相对固定下来,工程结算按承包商实际完成工程量乘以清单中相应的单价计算。减少了调整活口。采用传统的预算定额经常有定额解释及定额规定,结算中又有政策性文件调整。工程量清单计价单价不能随意调整。

9. 工程量计算时间前置

工程量清单,在招标前由招标人编制。也可能业主为了缩短建设周期,通常在初步设计完成后就开始施工招标,在不影响施工进度的前提下陆续发放施工图纸,所以承包商据以报价的工程量清单中各项工作内容下的工程量一般为概算工程量。

10. 投标计算口径达到了统一

因为各投标单位都根据统一的工程量清单报价,达到了投标计算口径统一。不再是传统预算定额招标,各投标单位各自计算工程量,各投标单位计算的工程量均不一致。

11. 索赔事件增加

因承包商对工程量清单单价包含的工作内容一目了然,所以凡建设方不按清单内容施工的,任意要求修改清单的,都会增加施工索赔的因素。

3.2　工程量清单的编制

3.2.1　基本规定

(1)工程量清单应由具有编制能力的招标人或受其委托,具有相应资质的工程造价咨询人编制。

(2)采用工程量清单方式招标,工程量清单必须作为招标文件的组成部分,其准确性和完整性由招标人负责。

(3)工程量清单是工程量清单计价的基础,应作为编制招标控制价、投标报价、计算工程量、支付工程款、调整合同价款、办理竣工结算以及工程索赔等的依据。

(4)工程量清单应由分部分项工程量清单、措施项目清单、其他项目清单、规费项目清单、税金项目清单组成。

(5)编制工程量清单的依据如下:

1)《建设工程工程量清单计价规范》(GB 50500—2008)。

2)国家或省级、行业建设主管部门颁发的计价依据和办法。

3)建设工程设计文件。

4)与建设工程项目有关的标准、规范、技术资料。

5)招标文件及补充通知、答疑纪要。

6)施工现场情况、工程特点及常规施工方案。

7)其他相关资料。

3.2.2　分部分项工程量清单

（1）分部分项工程量清单应包括项目编码、项目名称、项目特征、计量单位和工程量。

（2）分部分项工程量清单应根据《建设工程工程量清单计价规范》（GB 50500—2008）附录规定的项目编码、项目名称、项目特征、计量单位和工程量计算规则进行编制。

（3）分部分项工程量清单的项目编码，应采用十二位阿拉伯数字表示。一至九位应按《建设工程工程量清单计价规范》（GB 50500—2008）附录的规定设置，十至十二位应根据拟建工程的工程量清单项目名称设置，同一招标工程的项目编码不得有重码。

（4）分部分项工程量清单的项目名称应按《建设工程工程量清单计价规范》（GB 50500—2008）附录的项目名称结合拟建工程的实际确定。

（5）分部分项工程量清单中所列工程量应按《建设工程工程量清单计价规范》（GB 50500—2008）附录中规定的工程量计算规则计算。

（6）分部分项工程量清单的计量单位应按《建设工程工程量清单计价规范》（GB 50500—2008）附录中规定的计量单位确定。

（7）分部分项工程量清单项目特征应按《建设工程工程量清单计价规范》（GB 50500—2008）附录中规定的项目特征，结合拟建工程项目的实际予以描述。

（8）编制工程量清单出现《建设工程工程量清单计价规范》（GB 50500—2008）附录中未包括的项目，编制人应作补充，并报省级或行业工程造价管理机构备案，省级或行业工程造价管理机构应汇总报往住房和城乡建设部标准定额研究所。

补充项目的编码由《建设工程工程量清单计价规范》（GB 50500—2008）附录的顺序码与B和三位阿拉伯数字组成，并应从×B001起顺序编制，同一招标工程的项目不得有重码。工程量清单中需附有补充项目的名称、项目特征、计量单位、工程量计算规则、工程内容。

3.2.3　措施项目清单

（1）措施项目清单应根据拟建工程的实际情况列项。通用措施项目可按表3.1选择列项，专业工程的措施项目可按《建设工程工程量清单计价规范》（GB 50500—2008）附录中规定的项目选择列项。若出现未列的项目，可根据工程实际情况补充。

表 3.1　通用措施项目一览表

序号	项目名称
1	安全文明施工（含环境保护、文明施工、安全施工、临时设施）
2	夜间施工
3	二次搬运
4	冬雨季施工
5	大型机械设备进出场及安拆
6	施工排水
7	施工降水
8	地上、地下设施，建筑物的临时保护设施
9	已完工程及设备保护

（2）措施项目中可以计算工程量的项目清单宜采用分部分项工程量清单的方式编制，列出项目编码、项目名称、项目特征、计量单位和工程量计算规则；不能计算工程量的项目清单，以"项"为计量单位。

3.2.4　其他项目清单

（1）其他项目清单宜按照下列内容列项：

1）暂列金额。

2）暂估价：包括材料暂估价、专业工程暂估价。

3）计日工。

4）总承包服务费。

（2）出现第（1）条未列的项目，可根据工程实际情况补充。

3.2.5　规费项目清单

（1）规费项目清单应按照下列内容列项：

1）工程排污费。

2）工程定额测定费。

3）社会保障费：包括养老保险费、失业保险费、医疗保险费。

4）住房公积金。

5）危险作业意外伤害保险。

（2）出现第（1）条未列的项目，应根据省级政府或省级有关权力部门的规定列项。

3.2.6　税金项目清单

（1）税金项目清单应包括下列内容：

1）营业税。

2）城市维护建设税。

3）教育费附加。

（2）出现第（1）条未列的项目，应根据税务部门的规定列项。

3.3　工程量清单计价的编制

3.3.1　基本规定

（1）采用工程量清单计价，建设工程造价由分部分项工程费、措施项目费、其他项目费、规费和税金组成。

（2）分部分项工程量清单应采用综合单价计价。

（3）招标文件中的工程量清单标明的工程量是投标人投标报价的共同基础，竣工结算的工程量按发、承包双方在合同中约定应予计量且实际完成的工程量确定。

（4）措施项目清单计价应根据拟建工程的施工组织设计，可以计算工程量的措施项目，应按分部分项工程量清单的方式采用综合单价计价；其余的措施项目可以"项"为单位的方式计价,应包括除规费、税金外的全部费用。

(5)措施项目清单中的安全文明施工费应按照国家或省级、行业建设主管部门的规定计价,不得作为竞争性费用。

(6)其他项目清单应根据工程特点和3.3.2招标控制价中的第(6)条、3.3.3投标价中的第(6)条、3.3.8竣工结算中的第(6)条的规定计价。

(7)招标人在工程量清单中提供了暂估价的材料和专业工程属于依法必须招标的,由承包人和招标人共同通过招标确定材料单价与专业工程分包价。

若材料不属于依法必须招标的,经发、承包双方协商确认单价后计价。

若专业工程不属于依法必须招标的,由发包人、总承包人与分包人按有关计价依据进行计价。

(8)规费和税金应按国家或省级、行业建设主管部门的规定计算,不得作为竞争性费用。

(9)采用工程量清单计价的工程,应在招标文件或合同中明确风险内容及范围(幅度),不得采用无限风险、所有风险或类似语句规定风险内容及范围(幅度)。

3.3.2　招标控制价

(1)国有资金投资的工程建设项目应实行工程量清单招标,并应编制招标控制价。招标控制价超过批准的概算时,招标人应将其报原概算审批部门审核。投标人的投标报价高于招标控制价的,其投标应予以拒绝。

(2)招标控制价应由具有编制能力的招标人,或受其委托具有相应资质的工程造价咨询人编制。

(3)招标控制价应根据下列依据编制:

1)《建设工程工程量清单计价规范》(GB 50500—2008)。

2)国家或省级、行业建设主管部门颁发的计价定额和计价办法。

3)建设工程设计文件及相关资料。

4)招标文件中的工程量清单及有关要求。

5)与建设项目相关的标准、规范、技术资料。

6)工程造价管理机构发布的工程造价信息;工程造价信息没有发布的参照市场价。

7)其他的相关资料。

(4)分部分项工程费应根据招标文件中的分部分项工程量清单项目的特征描述及有关要求,按上述第(3)条的规定确定综合单价计算。

综合单价中应包括招标文件中要求投标人承担的风险费用。

招标文件提供了暂估单价的材料,按暂估的单价计入综合单价。

(5)措施项目费应根据招标文件中的措施项目清单按3.3.1基本规定中的第(4)、(5)条和3.3.2招标控制价中的第(3)条的规定计价。

(6)其他项目费应按下列规定计价:

1)暂列金额应根据工程特点,按有关计价规定估算。

2)暂估价中的材料单价应根据工程造价信息或参照市场价格估算;暂估价中的专业工程金额应分不同专业,按有关计价规定估算。

3)计日工应根据工程特点和有关计价依据计算。

4)总承包服务费应根据招标文件列出的内容和要求估算。

(7)规费和税金应按 3.3.1 基本规定中的第(8)条的规定计算。

(8)招标控制价应在招标时公布,不应上调或下浮,招标人应将招标控制价及有关资料报送工程所在地工程造价管理机构备查。

(9)投标人经复核认为招标人公布的招标控制价未按照本规范的规定进行编制的,应在开标前 5 d 向招投标监督机构或(和)工程造价管理机构投诉。

招投标监督机构应会同工程造价管理机构对投诉进行处理,发现确有错误的,应责成招标人修改。

3.3.3　投标价

(1)除《建设工程工程量清单计价规范》(GB 50500—2008)强制性规定外,投标价由投标人自主确定,但不得低于成本。

投标价应由投标人或受其委托具有相应资质的工程造价咨询人编制。

(2)投标人应按招标人提供的工程量清单填报价格。填写的项目编码、项目名称、项目特征、计量单位、工程量必须与招标人提供的一致。

(3)投标报价应根据下列依据编制:

1)《建设工程工程量清单计价规范》(GB 50500—2008)。

2)国家或省级、行业建设主管部门颁发的计价办法。

3)企业定额,国家或省级、行业建设主管部门颁发的计价定额。

4)招标文件、工程量清单及补充通知、答疑纪要。

5)建设工程设计文件及相关资料。

6)施工现场情况、工程特点及拟定的投标施工组织设计或施工方案。

7)与建设项目相关的标准、规范等技术资料。

8)市场价格信息或工程造价管理机构发布的工程造价信息。

9)其他的相关资料。

(4)分部分项工程费应依据《建设工程工程量清单计价规范》(GB 50500—2008)综合单价的组成内容,按招标文件中分部分项工程量清单项目的特征描述确定综合单价计算。

综合单价中应考虑招标文件中要求投标人承担的风险费用。

招标文件中提供了暂估单价的材料,按暂估的单价计入综合单价。

(5)投标人可根据工程实际情况结合施工组织设计,对招标人所列的措施项目进行增补。

措施项目费应根据招标文件中的措施项目清单及投标时拟定的施工组织设计或施工方案按 3.3.1 基本规定中的第(4)条的规定自主确定。其中安全文明施工费应按照 3.3.1 基本规定中的第(5)条的规定确定。

(6)其他项目费应按下列规定报价:

1)暂列金额应按招标人在其他项目清单中列出的金额填写。

2)材料暂估价应按招标人在其他项目清单中列出的单价计入综合单价;专业工程暂估

价应按招标人在其他项目清单中列出的金额填写。

3）计日工按招标人在其他项目清单中列出的项目和数量,自主确定综合单价并计算计日工费用。

4）总承包服务费根据招标文件中列出的内容和提出的要求自主确定。

（7）规费和税金应按3.3.1基本规定中的第（8）条的规定确定。

（8）投标总价应当与分部分项工程费、措施项目费、其他项目费和规费、税金的合计金额一致。

3.3.4　工程合同价款的约定

（1）实行招标的工程合同价款应在中标通知书发出之日起30 d内,由发、承包双方依据招标文件和中标人的投标文件在书面合同中约定。

不实行招标的工程合同价款,在发、承包双方认可的工程价款基础上,由发、承包双方在合同中约定。

（2）实行招标的工程,合同约定不得违背招、投标文件中关于工期、造价、质量等方面的实质性内容。招标文件与中标人投标文件不一致的地方,以投标文件为准。

（3）实行工程量清单计价的工程,宜采用单价合同。

（4）发、承包双方应在合同条款中对下列事项进行约定;合同中没有约定或约定不明的,由双方协商确定;协商不能达成一致的,按《建设工程工程量清单计价规范》（GB 50500—2008）执行。

1）预付工程款的数额、支付时间及抵扣方式。

2）工程计量与支付工程进度款的方式、数额及时间。

3）工程价款的调整因素、方法、程序、支付及时间。

4）索赔与现场签证的程序、金额确认与支付时间。

5）发生工程价款争议的解决方法及时间。

6）承担风险的内容、范围以及超出约定内容、范围的调整办法。

7）工程竣工价款结算编制与核对、支付及时间。

8）工程质量保证（保修）金的数额、预扣方式及时间。

9）与履行合同、支付价款有关的其他事项等。

3.3.5　工程计量与价款支付

（1）发包人应按照合同约定支付工程预付款。支付的工程预付款,按照合同约定在工程进度款中抵扣。

（2）发包人支付工程进度款,应按照合同约定计量和支付,支付周期同计量周期。

（3）工程计量时,若发现工程量清单中出现漏项、工程量计算偏差,以及工程变更引起工程量的增减,应按承包人在履行合同义务过程中实际完成的工程量计算。

（4）承包人应按照合同约定,向发包人递交已完工程量报告。发包人应在接到报告后按合同约定进行核对。

（5）承包人应在每个付款周期末,向发包人递交进度款支付申请,并附相应的证明文件。

除合同另有约定外,进度款支付申请应包括下列内容:

1)本周期已完成工程的价款。

2)累计已完成的工程价款。

3)累计已支付的工程价款。

4)本周期已完成计日工金额。

5)应增加和扣减的变更金额。

6)应增加和扣减的索赔金额。

7)应抵扣的工程预付款。

8)应扣减的质量保证金。

9)根据合同应增加和扣减的其他金额。

10)本付款周期实际应支付的工程价款。

(6)发包人在收到承包人递交的工程进度款支付申请及相应的证明文件后,发包人应在合同约定时间内核对和支付工程进度款。发包人应扣回的工程预付款,与工程进度款同期结算抵扣。

(7)发包人未在合同约定时间内支付工程进度款,承包人应及时向发包人发出要求付款的通知,发包人收到承包人通知后仍不按要求付款,可与承包人协商签订延期付款协议,经承包人同意后延期支付。协议应明确延期支付的时间和从付款申请生效后按同期银行贷款利率计算应付款的利息。

(8)发包人不按合同约定支付工程进度款,双方又未达成延期付款协议,导致施工无法进行时,承包人可停止施工,由发包人承担违约责任。

3.3.6　索赔与现场签证

(1)合同一方向另一方提出索赔时,应有正当的索赔理由和有效证据,并应符合合同的相关约定。

(2)若承包人认为非承包人原因发生的事件造成了承包人的经济损失,承包人应在确认该事件发生后,按合同约定向发包人发出索赔通知。

发包人在收到最终索赔报告后并在合同约定时间内,未向承包人做出答复,视为该项索赔已经认可。

(3)承包人索赔按下列程序处理:

1)承包人在合同约定的时间内向发包人递交费用索赔意向通知书。

2)发包人指定专人收集与索赔有关的资料。

3)承包人在合同约定的时间内向发包人递交费用索赔申请表。

4)发包人指定的专人初步审查费用索赔申请表,符合上述第(1)条规定的条件时予以受理。

5)发包人指定的专人进行费用索赔核对,经造价工程师复核索赔金额后,与承包人协商确定并由发包人批准。

6)发包人指定的专人应在合同约定的时间内签署费用索赔审批表,或发出要求承包人提交有关索赔的进一步详细资料的通知,待收到承包人提交的详细资料后,按本条第4)、5)

款的程序进行。

（4）若承包人的费用索赔与工程延期索赔要求相关联时，发包人在作出费用索赔的批准决定时，应结合工程延期的批准，综合作出费用索赔和工程延期的决定。

（5）若发包人认为由于承包人的原因造成额外损失，发包人应在确认引起索赔的事件后，按合同约定向承包人发出索赔通知。

承包人在收到发包人索赔通知后并在合同约定时间内，未向发包人作出答复，视为该项索赔已经认可。

（6）承包人应发包人要求完成合同以外的零星工作或非承包人责任事件发生时，承包人应按合同约定及时向发包人提出现场签证。

（7）发、承包双方确认的索赔与现场签证费用与工程进度款同期支付。

3.3.7　工程价款调整

（1）招标工程以投标截止日前 28 d，非招标工程以合同签订前 28 d 为基准日，其后国家的法律、法规、规章和政策发生变化影响工程造价的，应按省级或行业建设主管部门或其授权的工程造价管理机构发布的规定调整合同价款。

（2）若施工中出现施工图纸（含设计变更）与工程量清单项目特征描述不符的，发、承包双方应按新的项目特征确定相应工程量清单项目的综合单价。

（3）因分部分项工程量清单漏项或非承包人原因的工程变更，造成增加新的工程量清单项目，其对应的综合单价按下列方法确定：

1）合同中已有适用的综合单价，按合同中已有的综合单价确定。

2）合同中有类似的综合单价，参照类似的综合单价确定。

3）合同中没有适用或类似的综合单价，由承包人提出综合单价，经发包人确认后执行。

（4）因分部分项工程量清单漏项或非承包人原因的工程变更，引起措施项目发生变化，造成施工组织设计或施工方案变更，原措施费中已有的措施项目，按原措施费的组价方法调整；原措施费中没有的措施项目，由承包人根据措施项目变更情况，提出适当的措施费变更，经发包人确认后调整。

（5）因非承包人原因引起的工程量增减，该项工程量变化在合同约定幅度以内的，应执行原有的综合单价；该项工程量变化在合同约定幅度以外的，其综合单价及措施项目费应予以调整。

（6）若施工期内市场价格波动超出一定幅度时，应按合同约定调整工程价款；合同没有约定或约定不明确的，应按省级或行业建设主管部门或其授权的工程造价管理机构的规定调整。

（7）因不可抗力事件导致的费用，发、承包双方应按以下原则分别承担并调整工程价款：

1）工程本身的损害、因工程损害导致第三方人员伤亡和财产损失以及运至施工场地用于施工的材料和待安装的设备的损害，由发包人承担。

2）发包人、承包人人员伤亡由其所在单位负责，并承担相应费用。

3）承包人的施工机械设备损坏及停工损失，由承包人承担。

4）停工期间，承包人应发包人要求留在施工场地的必要的管理人员及保卫人员的费用，由发包人承担。

5)工程所需清理、修复费用,由发包人承担。

(8)工程价款调整报告应由受益方在合同约定时间内向合同的另一方提出,经对方确认后调整合同价款。受益方未在合同约定时间内提出工程价款调整报告的,视为不涉及合同价款的调整。

收到工程价款调整报告的一方应在合同约定时间内确认或提出协商意见,否则,视为工程价款调整报告已经确认。

(9)经发、承包双方确定调整的工程价款,作为追加(减)合同价款与工程进度款同期支付。

3.3.8 竣工结算

(1)工程完工后发、承包双方应在合同约定时间内办理工程竣工结算。

(2)工程竣工结算由承包人或受其委托具有相应资质的工程造价咨询人编制,由发包人或受其委托具有相应资质的工程造价咨询人核对。

(3)工程竣工结算应依据下列内容:

1)《建设工程工程量清单计价规范》(GB 50500—2008)。

2)施工合同。

3)工程竣工图纸及资料。

4)双方确认的工程量。

5)双方确认追加(减)的工程价款。

6)双方确认的索赔、现场签证事项及价款。

7)投标文件。

8)招标文件。

9)其他依据。

(4)分部分项工程费应依据双方确认的工程量、合同约定的综合单价计算;如发生调整的,以发、承包双方确认调整的综合单价计算。

(5)措施项目费应依据合同约定的项目和金额计算;如发生调整的,以发、承包双方确认调整的金额计算,其中安全文明施工费应按 3.3.1 基本规定中的第(5)条的规定计算。

(6)其他项目费用应按下列规定计算:

1)计日工应按发包人实际签证确认的事项计算。

2)暂估价中的材料单价应按发、承包双方最终确认价在综合单价中调整;专业工程暂估价应按中标价或发包人、承包人与分包人最终确认价计算。

3)总承包服务费应依据合同约定金额计算,如发生调整的,以发、承包双方确认调整的金额计算。

4)索赔费用应依据发、承包双方确认的索赔事项和金额计算。

5)现场签证费用应依据发、承包双方签证资料确认的金额计算。

6)暂列金额应减去工程价款调整与索赔、现场签证金额计算,如有余额归发包人。

(7)规费和税金应按 3.3.1 基本规定中的第(8)条的规定计算。

(8)承包人应在合同约定时间内编制完成竣工结算书,并在提交竣工验收报告的同时递交给发包人。承包人未在合同约定时间内递交竣工结算书,经发包人催促后仍未提供或没有明确答复的,发包人可以根据已有资料办理结算。

(9)发包人在收到承包人递交的竣工结算书后,应按合同约定时间核对。同一工程竣工结算核对完成,发、承包双方签字确认后,禁止发包人又要求承包人与另一个或多个工程造价咨询人重复核对竣工结算。

(10)发包人或受其委托的工程造价咨询人收到承包人递交的竣工结算书后,在合同约定时间内,不核对竣工结算或未提出核对意见的,视为承包人递交的竣工结算书已经认可,发包人应向承包人支付工程结算价款。

承包人在接到发包人提出的核对意见后,在合同约定时间内,不确认也未提出异议的,视为发包人提出的核对意见已经认可,竣工结算办理完毕。

(11)发包人应对承包人递交的竣工结算书签收,拒不签收的,承包人可以不交付竣工工程。承包人未在合同约定时间内递交竣工结算书的,发包人要求交付竣工工程,承包人应当交付。

(12)竣工结算办理完毕,发包人应将竣工结算书报送工程所在地工程造价管理机构备案。竣工结算书作为工程竣工验收备案、交付使用的必备文件。

(13)竣工结算办理完毕,发包人应根据确认的竣工结算书在合同约定时间内向承包人支付工程竣工结算价款。

(14)发包人未在合同约定时间内向承包人支付工程结算价款的,承包人可催告发包人支付结算价款。如达成延期支付协议的,发包人应按同期银行同类贷款利率支付拖欠工程价款的利息。如未达成延期支付协议,承包人可以与发包人协商将该工程折价,或申请人民法院将该工程依法拍卖,承包人就该工程折价或者拍卖的价款优先受偿。

3.3.9 工程计价争议处理

(1)在工程计价中,对工程造价计价依据、办法以及相关政策规定发生争议事项的,由工程造价管理机构负责解释。

(2)发包人以对工程质量有异议,拒绝办理工程竣工结算的,已竣工验收或已竣工未验收但实际投入使用的工程,其质量争议按该工程保修合同执行,竣工结算按合同约定办理;已竣工未验收且未实际投入使用的工程以及停工、停建工程的质量争议,双方应就有争议的部分委托有资质的检测鉴定机构进行检测,根据检测结果确定解决方案,或按工程质量监督机构的处理决定执行后办理竣工结算,无争议部分的竣工结算按合同约定办理。

(3)发、承包双方发生工程造价合同纠纷时,应通过下列办法解决:

1)双方协商。

2)提请调解,工程造价管理机构负责调解工程造价问题。

3)按合同约定向仲裁机构申请仲裁或向人民法院起诉。

(4)在合同纠纷案件处理中,需作工程造价鉴定的,应委托具有相应资质的工程造价咨询人进行。

3.4　工程量清单计价实例

_____×× 楼建筑_____ 工程

工　程　量　清　单　计　价　表

招标人:×× 市房地产开发公司　　　　工程造价
　　　　（单位盖章）　　　　　　　　咨　询　人:____×××____
　　　　　　　　　　　　　　　　　　　　　　（单位资质专用章）
法定代表人　　　　　　　　　　　　法定代表人
或其授权人:____×××____　　　　　或其授权人:____×××____
　　　　（签字或盖章）　　　　　　　　（签字或盖章）
编　制　人:____×××____　　　　　复　核　人:____×××____
　（造价人员签字盖专用章）　　　　（造价工程师签字盖专用章）
编制时间:2012 年 9 月 20 日　　　　复核时间:2012 年 10 月 25 日

　　　　　　　　　　　　　　　　　　　　　　　　　　　封—1

投　标　总　价

招　　标　　人:_____×× 市房地产开发公司_____
工　程　名　称:_____×× 楼建筑工程_____
投标总价(小写):225 032.46 元_____
　　　　(大写):贰拾贰万伍仟零叁拾贰元肆角陆分_____
投　　标　　人:_____×× 建筑公司_____
　　　　　　　（单位盖章）
法定代表人
或其授权人:_____×××_____
　　　　　（签字或盖章）
编　制　人:_____×××_____
　　（造价人员签字盖专用章）
编制时间:2012 年 10 月 25 日

　　　　　　　　　　　　　　　　　　　　　　　　　　　封—2

表3.2　总说明

工程名称:××楼建筑工程　　　　　　　　　　　　　　　　　　　　　第　页　共　页

(1)工程概况:该工程建筑面积500 m²、其主要适用功能为商住楼;层数三层,混合结构,建筑高度10.8 m,基础为钢筋混凝土独立基础和条型钢筋混凝土基础。屋面为刚柔防水。

(2)招标范围:土建工程。

(3)工程质量要求:优良工程。

(4)工期:150 d。

(5)编制依据:

1)由××市建筑工程设计事务所设计的施工图1套。

2)由××房地产开发公司编制的《××楼建筑工程施工招标书》、《××楼建筑工程招标答疑》。

3)工程量清单计量依据《建设工程工程量清单计价规范》(GB 50500—2008)。

4)工程量清单计价中的工、料、机数量参考当地建筑工程、水电安装工程定额;其工、料、机的价格参考省、市造价管理部门有关文件或近期发布的材料价格,并调查市场价格后取定。

5)工程量清单计费列表参考如下:

序号	工程名称	费率名称/%				
		规费			措施费	
		不可竞争费	养老保险	安全文明费	临时设施费	冬雨期施工增加费
1	建筑	2.22	3.50	0.98	2.20	1.80

注:规费为施工企业规定必须收取的费用,其中不可预见费项目有:工程排污费、工程定额测编费、工会经费、职工教育经费、危险作业意外伤害保险费、职工失业保险费、职工医疗保险费等。

6)税金按3.413%计取。

7)垂直运输机械采用卷扬机,费用按××省定额估价表中的规定计费。未考虑卷扬机进出场费。

8)脚手架采用钢脚手架。

9)模板中人工、材料用量按当地土建工程定额用量计算。如当地定额中模板制作、安装与混凝土捣制合在一个定额子目内,则参照《全国统一建筑工程预算工程量计算规则》(GJDGZ—101—1995)执行。

表3.3　单位工程费汇总表

工程名称:××楼建筑工程　　　　　　　　　　　　　　　　　　　　　第　页　共　页

序号	单项工程名称	金额/元
1	分部分项工程费	153 319.15
2	措施项目费	50 622.35
3	其他项目费	—
4	规费	13 664.08
5	税前造价	217 605.58
6	税金	7 426.88
	合　计	225 032.46

表 3.4　分部分项工程量清单与计价表

工程名称:××楼建筑工程　　　　　　　　　　　　　　　　　　　　　第　页　共　页

序号	项目编码	项目名称	项目特征描述	计量单位	工程量	金额/元		
						综合单价	合价	其中:暂估价
			A.1　土(石)方工程					
1	010101001001	平整场地	二类土,5 m 运距	m²	150.000	1.60	240.00	—
2	010101003001	挖基础土方	J—1,二类土,挖土深度 0.70 m,垫层底面积 2.89 m²,弃土 5 m 以内	m³	11.872	15.84	188.05	—
3	010101003002	挖基础土方	J—2,二类土,挖土深度 0.70 m,垫层底面积 1.36 m²,弃土 5 m 以内	m³	3.750	17.57	65.89	—
4	010101003003	挖基础土方	DL—1,二类土,挖土深度 0.70 m,垫层底宽 0.70 m,弃土 5 m 以内	m³	24.382	15.04	366.71	—
5	010101003004	挖基础土方	DL—2,二类土,挖土深度 0.70 m,垫层底宽 0.80 m,弃土 5 m 以内	m³	6.250	15.48	96.75	—
6	010101003005	挖基础土方	DL—3,二类土,挖土深度 0.55 m,垫层底宽 0.35 m,弃土 5 m 以内	m³	0.218	12.53	2.73	—
7	010101003006	挖基础土方	DL—4,二类土,挖土深度 0.60 m,垫层底宽 0.35 m,弃土 5 m 以内	m³	0.416	13.25	5.51	—
8	010101003007	挖基础土方	土方外运 50 m	m³	37.253	5.84	217.56	—
9	010103001001	土(石)方回填	人工夯填,运距 5 m,挖二类土	m³	12.017	9.38	112.72	—
			A.2　桩与地基基础工程					
10	010201003001	混凝土灌注桩	桩间净距小于 4 倍桩径,人工成孔桩桩径 300 mm,三类土,55 根	m²	250.300	33.25	8 322.48	—
11	010201003002	混凝土灌注桩	桩间净距大于 4 倍桩径,人工成孔桩桩径 300 mm,三类土,6 根	m³	28.400	31.18	885.51	—
			A.3　砌筑工程					
12	010301001001	砖基础	C10 混凝土垫层,MU10 黏土砖,M10 水泥砂浆,$H = 0.65$ m	m³	12.310	183.57	2 259.75	—
13	010302001001	实心砖墙	一、二层一砖墙,MU10 黏土砖,M7.5 混合砂浆,$H = 3.6$ m	m³	91.750	188.77	17 319.65	—

续表 3.4

序号	项目编码	项目名称	项目特征描述	计量单位	工程量	金额/元		
						综合单价	合价	其中:暂估价
14	010302001002	实心砖墙	三层一砖墙,MU10 黏土砖,M7.5 混合砂浆,$H=3.3$ m	m³	50.473	188.77	9 527.79	
15	010302001003	实心砖墙	屋面一砖墙,MU10 黏土砖,M7.5 混合砂浆,$H=1.22$ m	m³	26.746	188.77	5 048.84	—
16	010302001004	实心砖墙	一、二层 1/2 砖墙,MU10 黏土砖,M7.5 混合砂浆,$H=3.6$ m	m³	1.863	205.11	382.12	—
17	010302001005	实心砖墙	三层 1/2 砖墙,MU10 黏土砖,M7.5 混合砂浆,$H=3.3$ m	m³	0.806	205.11	165.32	—
18	010303004001	砖水池、化粪池	垫层 C25(0.2m 厚),MU10 黏土砖,M7.5 混合砂浆,$H=1.5$ m	座	1.000	3 010.57	3 010.57	—
19	010306002001	砖地沟、明沟	沟截面尺寸 0.19 m×0.15 m,垫层 C10(0.1 m 厚),MU10 黏土砖,M7.5 混合砂浆	m	31.080	31.09	966.28	
A.4 混凝土及钢筋混凝土工程								
20	010401001001	带形基础	DL—1、DL—2,C20 砾 40,C10 混凝土垫层	m³	16.310	243.17	3 966.10	—
21	010401001002	带形基础	DL—3、DL—4,基层梯口梁,C20 砾 40,C10 混凝土垫层	m³	0.346	372.48	128.88	—
22	010401001001	独立基础	C20 砾 40,C10 混凝土垫层	m³	5.786	239.89	1 388.00	—
23	010402001001	矩形框架柱	截面尺寸:0.40 m×0.30 m,$H=11.03$ m,C25 砾 40	m³	4.987	251.77	1 255.58	—
24	010402001002	矩形独立柱	截面尺寸:0.30 m×0.30 m,$H=4.22$ m,C25 砾 40	m³	1.706	276.20	471.20	—
25	010402001003	构造柱	两边有墙,截面尺寸:0.24 m×0.24 m,$H=11.03\sim13.31$ m,C20 砾 40	m³	5.164	241.74	1 248.35	—
26	010402001004	构造柱	三边有墙,截面尺寸:0.24 m×0.24 m,$H=11.03\sim13.31$ m,C20 砾 40	m³	3.470	241.71	838.73	—
27	010403002001	矩形梁	二层单梁,截面尺寸:0.25 m×(0.30~0.60)m,梁底标高平均 3.17 m,C20 砾 40	m³	1.253	245.21	307.25	—
28	010403002002	矩形梁	三层单梁,截面尺寸:0.25 m×(0.30~0.60)m,梁底标高平均 3.17 m,C20 砾 40	m³	5.146	245.21	1 261.85	—

续表 3.4

序号	项目编码	项目名称	项目特征描述	计量单位	工程量	金额/元		
						综合单价	合价	其中:暂估价
29	010403002003	矩形梁	屋面单梁,截面尺寸:0.25 m×(0.30~0.40)m	m³	5.570	245.21	1 365.82	—
30	010403004001	圈梁	二层,截面尺寸:0.24 m×0.24 m,梁底标高平均3.23 m,C20 砾40	m³	2.216	259.33	574.68	—
31	010403004002	圈梁	三层,截面尺寸:0.24 m×0.24 m,梁底标高平均6.93 m,C20 砾40	m³	2.932	259.33	760.36	—
32	010403004003	圈梁	层面,截面尺寸:0.24 m×0.24 m,梁底标高平均10.23 m,C20 砾40	m³	15.153	232.96	3 530.04	—
33	010405001001	有梁板	二层,板厚0.10 m,板底标高3.36 m,C20 砾40	m³	15.153	232.96	3 530.04	—
34	010405001002	有梁板	三层,板厚0.10 m,板底标高7.06 m,C20 砾40	m³	0.803	232.96	187.07	—
35	010405001003	有梁板	屋面,板厚0.10 m,板底标高10.37 m,C20 砾40	m³	3.130	232.96	729.16	—
36	010405003001	平板	二层7~8轴/A~D轴,板厚0.10 m 以内,板底标高3.36 m,C20 砾40	m³	1.530	237.25	362.99	—
37	010405007001	天沟板	C20 砾40	m³	2.148	291.63	626.42	—
38	010405008001	雨篷、阳台板	C20 砾40	m³	2.940	249.11	732.38	—
39	010405009001	其他板	预制板间现浇板带,C20 砾40	m³	1.325	196.08	259.81	—
40	010406001001	直形楼梯	C20 砾40	m³	14.950	55.41	828.38	—
41	010407001001	其他构件	YP—1 上小方桩,0.10 m 长×0.10 m 宽×0.20 m 高,C20 砾40	m³	0.030	315.67	9.47	—
42	010407001002	其他构件	现浇 YP—1 压顶,0.15 m 宽×0.10 m 厚,C20 砾40	m³	13.980	3.39	47.39	—
43	010407001003	其他构件	现浇屋顶压顶,0.24 m 宽×0.12 m 厚,C20 砾40	m³	38.145	4.10	156.39	—
44	010407001004	其他构件	屋面出入孔现浇钢筋混凝土,C20 砾40	m³	0.050	315.80	15.79	—
45	010407001005	其他构件	屋顶水箱,2.84 m 长×3.30 m宽×0.95 m 高,C30 防水混凝土,抗渗强度等级 P8	m³	4.365	276.93	1 208.80	—
46	010407002001	散水	混凝土 C10 砾40,厚0.06 m,面层水泥砂浆1:2.5,厚0.02 m	m³	22.734	21.25	483.10	—

续表 3.4

序号	项目编码	项目名称	项目特征描述	计量单位	工程量	综合单价	合价	其中:暂估价
47	010410003001	过梁	C20 砾 40	m³	1.670	230.30	384.60	—
48	010412002001	空心板	C30 砾 10	m³	15.298	448.73	6 864.67	—
49	010412008001	沟盖板	C20 砾 20,0.49 m 长×0.32 m 宽×0.05 m 厚	m³	0.753	205.43	154.69	—
50	010414002001	其他构件(污水池)	C20 砾 10,0.50 m 长×0.50 m 宽×0.50 m 高×0.04 m厚	m³	0.143	688.01	98.39	—
51	010414002002	其他构件(镂空花格)	C20 砾 10,0.30 m 长×0.30 m宽×0.06 m 厚	m³	0.040	1 012.75	40.51	—
52	010416001001	现浇混凝土钢筋	—	t	10.532	3 804.03	40 064.04	—
53	010416002001	预制构件钢筋	—	t	0.115	4 023.14	462.66	—
54	010416004001	钢筋笼	—	t	1.518	4 251.41	6 453.64	—
55	010416005001	先张法预应力钢筋	—	t	0.495	4 792.77	2 372.42	—
A.6　金属结构工程								
56	010606012001	零星钢构件	楼梯预埋铁	t	0.044	4 987.11	219.43	—
A.7 屋面及防水工程								
57	010701001001	瓦屋面,木檩条	Φ120 杉原木,小波石棉瓦	m²	123.260	36.93	4 551.99	—
58	010702002001	屋面刚性防水	1:2.5 水泥砂浆找平 2 次,C20 砾 10 混凝土,厚 40 mm,涂膜防水 1.5 mm 厚	m²	112.750	83.07	9 366.14	—
59	010702004001	屋面排水管	PVC 排水管 Φ110,雨水斗,雨水口各 6 个	m	51.740	33.71	1 744.16	—
60	010702005001	屋面天沟	宽 0.60 m,细石混凝土找坡平均厚度 0.039 m,聚氨酯涂膜防水 1.5 mm 厚	m²	42.330	108.84	4 607.20	—
61	010703003001	砂浆防水	水箱内抹防水砂浆,厚 0.02 m,水泥砂浆 1:2,掺 6%防水粉	m²	24.780	8.99	222.77	—
62	010703004001	木檩与墙交接处变形缝	1:1:4 水泥、石灰、麻刀浆	m	32.140	7.89	253.58	—
合　计							153 319.15	

表 3.5　工程量清单综合单价分析表

工程名称：××楼建筑工程

项目编码	010101003001		项目名称		挖基础土方 J—1		计量单位		m³
清单综合单价组成明细									
定额编号	定额名称	定额单位	数量	单价/元			合价/元			
				人工费	材料费	机械费	人工费	材料费	机械费	管理费和利润
—	人工挖土二类土	100 m³	0.118	1 064.25	—	—	125.58	—	—	16.95
—	凿桩头	10 m³	0.023	1 741.52			40.05	—	—	5.40
人工单价			小　计				165.63	—	—	22.42
30 元/工日		未计价材料费					—			
清单项目综合单价/元							15.84			

表 3.6　工程量清单综合单价分析表

工程名称：××楼建筑工程

项目编码	010302001001		项目名称		一、二层一砖墙		计量单位		m³
清单综合单价组成明细									
定额编号	定额名称	定额单位	数量	单价/元			合价/元			
				人工费	材料费	机械费	人工费	材料费	机械费	管理费和利润
—	一砖墙 M7.5 混合砂浆	10 m³	9.175	353.76	1 139.81	159.48	3 245.75	10 457.76	1 463.23	2 152.91
人工单价			小　计				3 245.75	10 457.76	1 463.23	2 152.91
30 元/工日		未计价材料费					—			
清单项目综合单价/元							188.77			

表 3.7　工程量清单综合单价分析表

工程名称：××楼建筑工程

项目编码	010405001001		项目名称		二层有梁板		计量单位		m³
清单综合单价组成明细									
定额编号	定额名称	定额单位	数量	单价/元			合价/元			
				人工费	材料费	机械费	人工费	材料费	机械费	管理费和利润
—	有梁板厚 10 cm 以内	10 m³	1.515	611.93	1 408.28	56.20	927.07	2 133.54	85.14	384.29
人工单价			小　计				927.07	2 133.54	85.14	384.29
30 元/工日		未计价材料费					—			
清单项目综合单价/元							232.96			

表 3.8　工程量清单综合单价分析表

工程名称：××楼建筑工程

项目编码	010410003001		项目名称		预制过梁		计量单位	m³
清单综合单价组成明细								

定额编号	定额名称	定额单位	数量	单价/元			合价/元			
				人工费	材料费	机械费	人工费	材料费	机械费	管理费和利润
—	预制过梁现场制作	10 m³	0.168	210.34	1 431.76	75.93	35.34	240.54	12.76	35.48
—	过梁安装不焊接	10 m³	0.168	104.87	30.32	—	17.62	5.09	—	2.72
—	过梁接头灌缝	10 m³	0.167	57.86	125.11	4.54	9.66	20.89	0.76	3.74
人工单价			小　计				62.62	266.52	13.52	41.94
30 元/工日			未计价材料费				—			
清单项目综合单价/元							230.30			

表 3.9　工程量清单综合单价分析表

工程名称：××楼建筑工程

项目编码	010702002001		项目名称		刚性防水屋面		计量单位	m²
清单综合单价组成明细								

定额编号	定额名称	定额单位	数量	单价/元			合价/元			
				人工费	材料费	机械费	人工费	材料费	机械费	管理费和利润
—	20 厚 1:2 水泥砂浆找平	100 m²	2.256	171.60	451.81	77.50	387.13	1 019.28	174.84	188.56
—	40 厚细石混凝土找平层	100 m²	1.128	240.68	680.23	140.27	271.49	767.30	158.22	142.74
—	聚氨酯涂膜防水屋面	100 m²	1.128	112.20	4 714.16	129.31	126.56	5 317.57	145.86	666.59
人工单价			小　计				785.18	7 104.15	478.92	997.89
30 元/工日			未计价材料费				—			
清单项目综合单价/元							83.07			

表 3.10　措施项目清单与计价表

工程名称：××楼建筑工程

序号	项目名称	金额/元
1	综合脚手架多层建筑物(层高在 3.6 m 以内)檐口高度在 20 m 以内	3 586.99
2	综合脚手架外墙脚手架翻挂安全网增加费用	574.56
3	安全过道	1 391.47
4	垫层混凝土基础垫层模板摊销	422.05
5	现浇矩形支模超高增加费超过 3.6 m,每增加 3 m	13.54
6	现浇有梁板支模超高增加费超过 3.6 m,每增加 3 m	88.45
7	现浇平板、无梁板支模超高增加费超过 3.6 m,每增加 3 m	1 023.12
8	现浇平板、无梁板支模超高增加费超过 3.6 m,每增加 3 m	110.34

续表 3.10

序号	项目名称	金额/元
9	桩试压 2根	3360
10	混凝土构件模板费用	24 471.70
11	混凝土构件垂直运输机械(卷扬机)	2 537.99
12	冬雨期施工费	5 868.96
13	临时设施费	7 173.18
	合　计	50 622.35

表 3.11　其他项目清单计价表

工程名称:××楼建筑工程

序号	项目名称	金额/元
1	招标人部分	
1.1	暂列金额	
1.2	材料暂估单价	
	小　计	
2	投标人部分	
2.1	总承包服务费	
2.2	计日工	
	小　计	
	小　计	
	合　计	

表 3.12　计日工表

工程名称:××楼建筑工程

序号	名称	计量单位	数量	金额/元	
				综合单价	合价
1	人工				
1.1	计日工				
	小　计				
2	材料				
2.1					
	小　计				
3	机械				
3.1					
	小　计				
	合　计				

表 3.13　主要材料价格表

工程名称：××楼建筑工程

序号	材料名称	单位	数量	单价/元	合价/元
1	圆钢 φ10 以内	kg	3 578.208	2.69	9 625.38
2	圆钢 φ10 以上	kg	4 267.16	2.70	11 521.33
3	冷拔低碳钢丝	kg	684.206	3.30	2 257.88
4	水泥 32.5	kg	208 127.15	0.29	60 356.87
5	水泥 42.5	kg	4 672.20	0.36	1 681.99
6	红青砖 240×115×53	千块	101.381	161.00	16 322.34
7	水泥石棉小波瓦 1 820×725	块	122.342	14.00	1 712.79
8	水泥石棉脊瓦 850×360	块	17.489	3.33	58.24
9	粗净砂	m³	0.069	35.79	2.47
10	粗净砂（过筛）	m³	46.398	35.79	1 660.58
11	绿豆砂 3~5 mm	m³	0.337	44.00	14.83
12	中、粗砂（天然砂综合）	m³	0.144	30.51	4.39
13	中净砂（过筛）	m³	100.679	34.99	3 522.76
14	砾石　最大粒径 10 mm	m³	12.054	41.00	494.21
15	砾石　最大粒径 20 mm	m³	0.626	35.00	21.91
16	砾石　最大粒径 40 mm	m³	82.249	35.02	2 880.36
17	生石灰	kg	187.452	0.17	31.87
18	石灰膏	m³	8.693	132.92	1 155.47
19	铁件	kg	37.370	3.60	134.53
20	定型钢模	kg	0.019	7.20	0.14
21	组合钢模板	kg	7.747	3.95	30.60
22	支撑件（支撑钢管及扣件）	kg	57.098	3.80	216.97
23	直角扣件	kg	64.448	3.20	206.23
24	对接扣件	kg	10.710	3.20	34.27
25	回转扣件	kg	12.053	3.20	38.57
26	水	t	109.632	1.02	111.82
27	竹架板（侧编）	m²	41.415	11.50	476.27
28	竹架板（平编竹笆）	m²	50.003	3.60	180.01
29	镀锌铁皮 0.55 mm 厚(26#)	m²	2.247	22.97	51.61
30	螺纹钢 HRB335 级 12	kg	521.220	2.73	1 422.93
31	螺纹钢 HRB335 级 14	kg	321.300	2.73	877.15
32	螺纹钢 HRB335 级 16	kg	1 462.680	2.71	3 963.86
33	螺纹钢 HRB335 级 18	kg	1 303.560	2.71	3 532.65
34	螺纹钢 HRB335 级 20	kg	652.800	2.71	1 769.09
35	螺纹钢 HRB335 级 22	kg	483.480	2.71	1 310.23
36	SBS 改性沥青卷材	m²	47.769	28.00	1 337.53
37	石油沥青油毡 350 g	m²	5.440	3.20	17.41
38	石油沥青 30#	kg	52.194	1.67	87.16

第4章 建筑工程清单项目设置及工程量计算

4.1 土石方工程

4.1.1 工程量清单项目设置及工程量计算规则

1. 土方工程

工程量清单项目设置及工程量计算规则,应按表 4.1 的规定执行。

表 4.1　土方工程(010101)

项目编码	项目名称	项目特征	计量单位	工程量计算规则	工程内容
010101001	平整场地	1. 土壤类别 2. 弃土运距 3. 取土运距	m²	按设计图示尺寸以建筑物首层面积计算	1. 土方挖填 2. 场地找平 3. 运输
010101002	挖土方	1. 土壤类别 2. 挖土平均厚度 3. 弃土运距	m³	按设计图示尺寸以体积计算	1. 排地表水 2. 土方开挖 3. 挡土板支拆 4. 截桩头 5. 基底钎探 6. 运输
010101003	挖基础土方	1. 土壤类别 2. 基础类型 3. 垫层底宽、底面积 4. 挖土深度 5. 弃土运距		按设计图示尺寸以基础垫层底面积乘以挖土深度计算	
010101004	冻土开挖	1. 冻土厚度 2. 弃土运距		按设计图示尺寸开挖面积乘以厚度以体积计算	1. 打眼、装药、爆破 2. 开挖 3. 清理 4. 运输
010101005	挖淤泥、流砂	1. 挖掘深度 2. 弃淤泥、流砂距离		按设计图示位置、界限以体积计算	1. 挖淤泥、流砂 2. 弃淤泥、流砂
010101006	管沟土方	1. 土壤类别 2. 管外径 3. 挖沟平均深度 4. 弃土运距 5. 回填要求	m	按设计图示以管道中心线长度计算	1. 排地表水 2. 土方开挖 3. 挡土板支拆 4. 运输 5. 回填

2. 石方工程

工程量清单项目设置及工程量计算规则,应按表 4.2 的规定执行。

表 4.2　石方工程(010102)

项目编码	项目名称	项目特征	计量单位	工程量计算规则	工程内容
010102001	预裂爆破	1.岩石类别 2.单孔深度 3.单孔装药量 4.炸药品种、规格 5.雷管品种、规格	m	按设计图示以钻孔总长度计算	1.打眼、装药、放炮 2.处理渗水、积水 3.安全防护、警卫
010102002	石方开挖	1.岩石类别 2.开凿深度 3.弃碴运距 4.光面爆破要求 5.基底摊座要求 6.爆破石块直径要求	m³	按设计图示尺寸以体积计算	1.打眼、装药、放炮 2.处理渗水、积水 3.解小 4.岩石开凿 5.摊座 6.清理 7.运输 8.安全防护、警卫
010102003	管沟石方	1.岩石类别 2.管外径 3.开凿深度 4.弃碴运距 5.基底摊座要求 6.爆破石块直径要求	m	按设计图示以管道中心线长度计算	1.石方开凿、爆破 2.处理渗水、积水 3.解小 4.摊座 5.清理、运输、回填 6.安全防护、警卫

3.土石方运输与回填

工程量清单项目设置及工程量计算规则,应按表 4.3 的规定执行。

表 4.3　土石方回填(编码:010103)

项目编码	项目名称	项目特征	计量单位	工程量计算规则	工程内容
010103001	土(石)方回填	1.土质要求 2.密实度要求 3.粒径要求 4.夯填(碾压) 5.松填 6.运输距离	m³	按设计图示尺寸体积计算 注:1.场地回填:回填面积乘以平均回填厚度 2.室内回填:主墙间净面积乘以回填厚度 3.基础回填:挖方体积减去设计室外地坪以下埋设的基础体积(包括基础垫层及其他构筑物)	1.挖土(石)方 2.装卸、运输 3.回填 4.分层碾压、夯实

4.其他相关问题

其他相关问题应按下列规定处理:

(1)土壤及岩石的分类应按表 4.4 确定。

表 4.4　土壤及岩石(普氏)分类表

定额分类	普氏分类	土壤及岩石名称	天然湿度下平均容重/ $(kg \cdot m^{-3})$	极限压碎强度/ $(kg \cdot cm^{-2})$	用轻钻孔机钻进 1 m 耗时/min	开挖方法及工具	紧固系数 f
一、二类土壤	I	砂	1 500	—	—	用尖锹开挖	0.5 ~ 0.6
		砂壤土	1 600				
		腐殖土	1 200				
		泥炭	600				
	II	轻壤和黄土类土	1 600	—	—	用锹开挖并少数用镐开挖	0.6 ~ 0.8
		潮湿而松散的黄土,软的盐渍土和碱土	1 600				
		平均 15 mm 以内的松散而软的砾石	1 700				
		含有草根的实心密实腐殖土	1 400				
		含有直径在 30 mm 以内根类的泥炭和腐殖土	1 100				
		掺有卵石、碎石和石屑的砂和腐殖土	1 650				
		含有卵石或碎石杂质的胶结成块的填土	1 750				
		含有卵石、碎石和建筑料杂质的砂壤土	1 900				
三类土壤	III	肥黏土其中包括石炭纪、侏罗纪的黏土和冰黏土	1 800	—	—	用尖锹并同时用镐开挖(30%)	0.8 ~ 1.0
		重壤土、粗砾石,粒径为 15 ~ 40 mm 的碎石和卵石	1 750				
		干黄土和掺有碎石或卵石的自然含水量黄土	1 790				
		含有直径大于 30 mm 根类的腐殖土或泥炭	1 400				
		掺有碎石或卵石和建筑碎料的土壤	1 900				
四类土壤	IV	土含碎石重黏土其中包括侏罗纪和石英纪的硬黏土	1 950	—	—	用尖锹并同时用镐和撬棍开挖(30%)	1.0 ~ 1.5
		含有碎石、卵石、建筑碎料和重达 25 kg 的顽石(总体积 10% 以内)等杂质的肥黏土和重壤土	1 950				
		冰渍黏土,含有重量在 50 kg 以内的巨砾,其含量为总体积 10% 以内	2 000				
		泥板岩	2 000				
		不含或含有重达 10 kg 的顽石	1 950				

续表 4.4

定额分类	普氏分类	土壤及岩石名称	天然湿度下平均容重/$(kg \cdot m^{-3})$	极限压碎强度/$(kg \cdot cm^{-2})$	用轻钻孔机钻进 1 m 耗时/min	开挖方法及工具	紧固系数 f
松石	V	含有重量在 50 kg 以内的巨砾（占体积 10% 以上）的冰渍石	2 100	小于 200	小于 3.5	部分用手凿工具，部分用爆破来开挖	1.5~2.0
		矽藻岩和软白垩岩	1 800				
		胶结力弱的砾岩	1 900				
		各种不坚实的片岩	2 600				
		石膏	2 200				
次坚石	VI	凝灰岩和浮石	1 100	200~400	3.5	用风镐和爆破法开挖	2~4
		松软多孔和裂隙严重的石灰岩和介质石灰岩	1 200				
		中等硬变的片岩	2 700				
		中等硬变的泥灰岩	2 300				
次坚石	VII	石灰石胶结的带有卵石和沉积岩的砾石	2 200	400~600	6.0	用爆破方法开挖	4~6
		风化的和有大裂缝的黏土质砂岩	2 000				
		坚实的泥板岩	2 800				
		坚实的泥灰岩	2 500				
	VIII	砾质花岗岩	2 300	600~800	8.5		6~8
		泥灰质石灰岩	2 300				
		黏土质砂岩	2 200				
		砂质云母片岩	2 300				
		硬石膏	2 900				
普坚石	IX	严重风化的软弱的花岗岩、片麻岩和正长岩	2 500	800~1 000	11.5	用爆破方法开挖	8~10
		滑石化的蛇纹岩	2 400				
		致密的石灰岩	2 500				
		含有卵石、沉积岩的渣质胶结的砾岩	2 500				
		砂岩	2 500				
		砂质石灰质片岩	2 500				
		菱镁矿	3 000				
	X	白云石	2 700	1 000~1 200	15.0		10~12
		坚固的石灰岩	2 700				
		大理石	2 700				
		石灰胶结的致密砾石	2 600				
		坚固砂质片岩	2 600				

续表4.4

定额分类	普氏分类	土壤及岩石名称	天然湿度下平均容重/$(kg \cdot m^{-3})$	极限压碎强度/$(kg \cdot cm^{-2})$	用轻钻孔机钻进1m耗时/min	开挖方法及工具	紧固系数f
特坚石	XI	粗花岗岩	2 800	1 200~1 400	18.5	用爆破方法开挖	12~14
		非常坚硬的白云岩	2 900				
		蛇纹岩	2 600				
		石灰质胶结的含有火成岩之卵石的砾石	2 800				
		石英胶结的坚固砂岩	2 700				
		粗粒正长岩	2 700				
	XII	具有风化痕迹的安山岩和玄武岩	2 700	1 400~1 600	22.0		14~16
		片麻岩	2 600				
		非常坚固的石灰岩	2 900				
		硅质胶结的含有火成岩之卵石的砾石	2 900				
		粗石岩	2 600				
	XIII	中粒花岗岩	3 100	1 600~1 800	27.5		16~18
		坚固的片麻岩	2 800				
		辉绿岩	2 700				
		玢岩	2 500				
		坚固的粗面岩	2 800				
		中粒正长岩	2 800				
	XIV	非常坚硬的细粒花岗岩	3 300	1 800~2 000	32.5		18~20
		花岗岩麻岩	2 900				
		闪长岩	2 900				
		高硬度的石灰岩	3 100				
	XV	坚固的玢岩	2 700	2 000~2 500	46.0		20~25
		安山岩、玄武岩、坚固的角页岩	3 100				
		高硬度的辉绿岩和闪长岩	2 900				
		坚固的辉长岩和石英岩	2 800				
	XVI	拉长玄武岩和橄榄玄武岩	3 300	大于2 500	大于60		大于25

(2)土石方体积应按挖掘前的天然密实体积计算。如需按天然密实体积折算时,应按表4.5系数计算。

表4.5 土方体积折算表

天然密实度体积	虚方体积	夯实后体积	松填体积
1.00	1.30	0.87	1.08
0.77	1.00	0.67	0.83
1.15	1.49	1.00	1.24
0.93	1.20	0.81	1.00

（3）挖土方平均厚度应按自然地面测量标高至设计地坪标高间的平均厚度确定。基础土方、石方开挖深度应按基础垫层底表面标高至交付施工场地标高确定，无交付施工场地标高时，应按自然地面标高确定。

（4）建筑物场地厚度在±30 cm以内的挖、填、运、找平，应按表4.1中平整场地项目编码列项。±30 cm以外的竖向布置挖土或山坡切土，应按表4.1中挖土方项目编码列项。

（5）挖基础土方包括带形基础、独立基础、满堂基础（包括地下室基础）及设备基础、人工挖孔桩等的挖方。带形基础应按不同底宽和深度，独立基础和满堂基础应按不同底面积和深度分别编码列项。

（6）管沟土（石）方工程量应按设计图示尺寸以长度计算。有管沟设计时，平均深度以沟垫层底表面标高至交付施工场地标高计算；无管沟设计时，直埋管深度应按管底外表面标高至交付施工场地标高的平均高度计算。

（7）设计要求采用减震孔方式减弱爆破震动波时，应按表4.2中预裂爆破项目编码列项。

（8）湿土的划分应按地质资料提供的地下常水位为界，地下常水位以下为湿土。

（9）挖方出现流砂、淤泥时，可根据实际情况由发包人与承包人双方认证。

4.1.2　工程量计算常用数据

1.大型土（石）方工程工程量计算

（1）大型土（石）方工程工程量横截面计算法。横截面计算方法适用于地形起伏变化较大或形状狭长地带。首先，根据地形图以及总平面图，将要计算的场地划分成若干个横截面，相邻两个横截面距离视地形变化而定。在起伏变化大的地段，布置密一些（即距离短一些），反之则可适当长一些。变化大的地段再加测断面，然后，实测每个横截面特征点的标高，量出各点之间距离（若测区已有比较精确的大比例尺地形图，也可在图上设置横截面，用比例尺直接量取距离，按等高线求算高程，方法简捷，但是其精度没有实测的高），按比例尺把每个横截面绘制到厘米方格纸上，并且套上相应的设计断面，则自然地面和设计地面两轮廓线之间的部分，就是需要计算的施工部分。

具体的计算步骤如下：

1）划分横截面：根据地形图（或直接测量）以及竖向布置图，将要计算的场地划分横截面A—A′,B—B′,C—C′…划分原则为取垂直等高线或垂直主要建筑物边长，横截面之间的间距可不等，地形变化复杂的间距宜小，反之宜大一些，但是不宜超过100 m。

2）划截面图形：按比例划制每个横截面自然地面和设计地面的轮廓线。设计地面轮廓线之间的部分，就是填方和挖方的截面。

3）计算横截面面积：按照表4.6中的面积计算公式，计算每个截面的填方或挖方截面积。

表 4.6　常用横截面计算公式

图示	面积计算公式
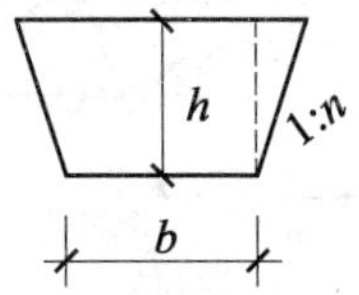	$F = h(b + nh)$
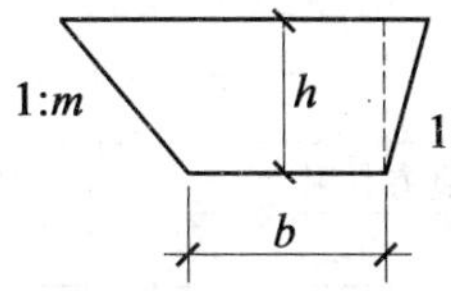	$F = h \left[b + \dfrac{h(m+n)}{2} \right]$
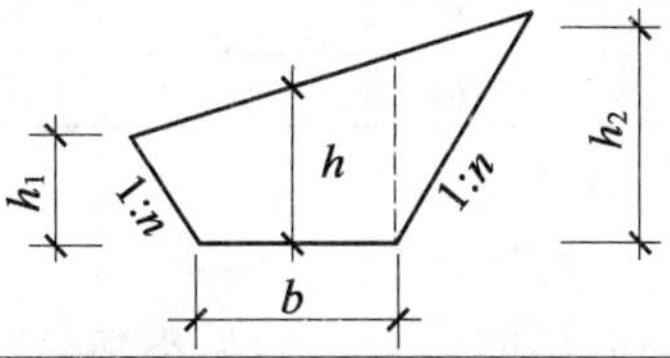	$F = b \dfrac{h_1 + h_2}{2} n h_1 h_2$
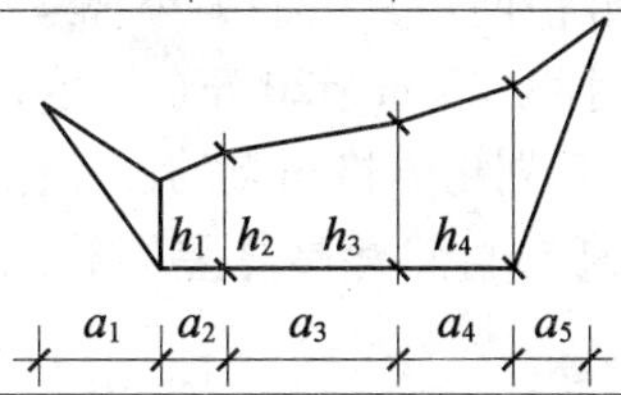	$F = h_1 \dfrac{a_1 + a_2}{2} + h_2 \dfrac{a_2 + a_3}{2} + h_3 \dfrac{a_3 + a_4}{2} + h_4 \dfrac{a_4 + a_5}{2}$
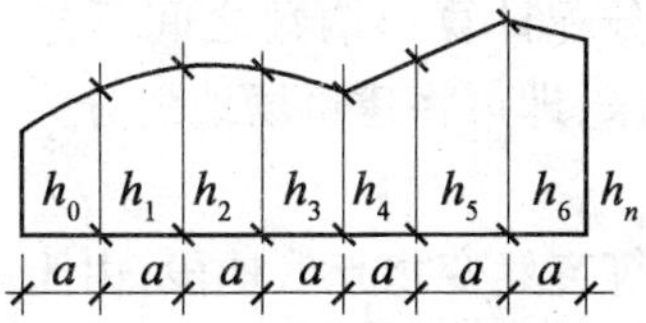	$F = \dfrac{1}{2} a(h_0 + 2h + h_n)$ $h = h_1 + h_2 + h_3 + \cdots + h_n$

4)根据截面面积计算土方量,计算公式如下:

$$V = \frac{1}{2}(F_1 + F_2) \times L$$

式中　V——相邻两截面间的土方量(m^3);

　　　F_1、F_2——相邻两截面的挖(填)方截面积(m^2);

　　　L——相邻两截面间的间距(m)。

5)按土方量汇总见表 4.7:图 4.1 中截面 A—A′所示,设桩号 0 + 0.000 的填方横截面积为 2.70 m^2,挖方横截面积为 3.80 m^2;截面 B—B′,桩号 0 + 0.200 的填方横断面积为 2.25 m^3,挖方横截面面积为 6.65 m^2,两桩间的距离为 30 m,则其挖填方量各为

$$V_{挖方}/\mathrm{m}^3 = \frac{1}{2} \times (3.80 + 6.65) \times 30 = 156.75$$

$$V_{填方}/\mathrm{m}^3 = \frac{1}{2} \times (2.70 + 2.25) \times 30 = 74.25$$

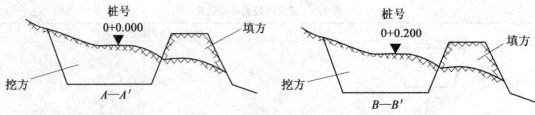

图 4.1　相邻两截面示意图

表 4.7　土方量汇总

断面	填方面积/m²	挖方面积/m²	截面间距/m	填方体积/m³	挖方体积/m³
A—A′	2.70	3.80	30	40.5	57
B—B′	2.25	6.65	30	33.75	99.75
合计				74.25	156.75

（2）大型土（石）方工程工程量方格网计算法。

1）根据需要平整区域的地形图（或直接测量地形）划分方格网。方格的大小视地形变化的复杂程度以及计算要求的精度不同而异，通常方格的大小为 20 m × 20 m（也可 10 m × 10 m）。然后按照设计（总图或竖向布置图）要求，在方格网上套划出方格角点的设计标高（即施工后需达到的高度）和自然标高（原地形高度）。设计标高与自然标高之差即施工高度，"－"表示挖方，"＋"表示填方。

2）若方格内相邻两角一为填方、一为挖方，则按比例分配计算出两角之间不挖不填的"零"点位置，并标于方格边上。再将各"零"点用直线连起来，即可将建筑场地划分为填方区和挖方区。

3）土石方工程量的计算公式可参照表 4.8。若遇陡坡等突然变化起伏地段，由于高低悬殊，需视具体情况另行补充计算。

表 4.8　方格网点常用计算公式

序号	图示	计算方式
1		方格内四角全为挖方或填方 $$V = \frac{a^2}{4}(h_1 + h_2 + h_3 + h_4)$$
2		三角锥体，当三角锥体全为挖方或填方 $$F = \frac{a^2}{2}$$ $$V = \frac{a^2}{6}(h_1 + h_2 + h_3)$$
3		方格网内，一对角线为零线，另两角点一为挖方一为填方 $$F_挖 = F_填 = \frac{a^2}{2}$$ $$V_挖 = \frac{a^2}{6}h_1 ; V_填 = \frac{a^2}{6}h_2$$

续表4.8

序号	图示	计算方式
4		方格网内，三角为挖(填)方，一角为填(挖)方 $$b = \frac{ah_4}{h_1 + h_4}; c = \frac{ah_4}{h_3 + h_4}$$ $$F_填 = \frac{1}{2}bc; F_挖 = a^2 - \frac{1}{2}bc$$ $$V_填 = \frac{h_4}{6}bc = \frac{a^2 h_4^3}{6(h_1 + h_4)(h_3 + h_4)}$$ $$V_挖 = \frac{a^2}{6}(2h_1 + h_2 + 2h_3 - h_4) + V_填$$
5		方格网内，两角为挖，两角为填 $$b = \frac{ah_1}{h_1 + h_4}; c = \frac{ah_2}{h_2 + hS_3} \quad d = a - b; c = a - c$$ $$F_挖 = \frac{1}{2}(b + c)a; F_填 = \frac{1}{2}(d + e)a;$$ $$V_挖 = \frac{a}{4}(h_1 + h_2)\frac{b + c}{2} = \frac{a}{8}(b + c)(h_1 + h_2);$$ $$V_填 = \frac{a}{4}(h_3 + h_4)\frac{d + e}{2} = \frac{a}{8}(d + e)(h_3 + h_4)$$

4)将挖方区、填方区的所有方格计算出的工程量列表汇总，即为建筑场地的土石挖、填方工程总量。

2. 挖沟槽土石方工程量计算

外墙沟槽：$V_挖 = S_断 \times L_{外中}$

内墙沟槽：$V_挖 = S_断 \times L_{基底净长}$

管道沟槽：$V_挖 = S_断 \times L_中$

其中沟槽断面包括以下几种形式：

(1)钢筋混凝土基础有垫层时：

1)两面放坡，如图4.2(a)所示：
$$S_断 = (b + 2c + mh) \times h + (b' + 2 \times 0.1) \times h'$$

2)不放坡无挡土板，如图4.2(b)所示：
$$S_断 = (b + 2c) \times h + (b' + 2 \times 0.1) \times h'$$

3)不放坡加两面挡土板，如图4.2(c)所示：
$$S_断 = (b + 2c + 2 \times 0.1) \times h + (b' + 2 \times 0.1) \times h'$$

4)一面放坡一面挡土板，如图4.2(d)所示：
$$S_断 = (b + 2c + 0.1 + 0.5mh) \times h + (b' + 2 \times 0.1) \times h'$$

(2)基础有其他垫层时。

1)两面放坡，如图4.2(e)所示：
$$S_断 = (b' + mh) \times h + b' \times h'$$

2)不放坡无挡土板，如图4.2(f)所示：
$$S_断 = b' \times (h + h')$$

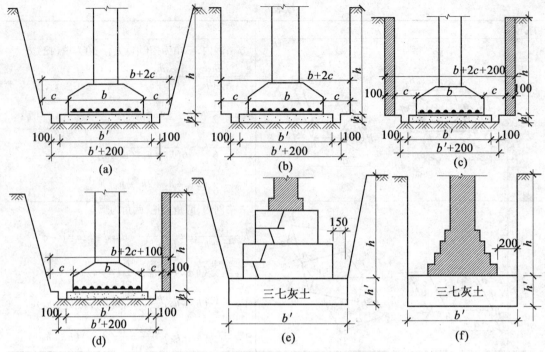

图4.2　基础有垫层时沟槽断面示意图

（3）基础无垫层时。

1）两面放坡，如图4.3（a）所示：

$$S_{断} = [(b + 2c) + mh] \times h$$

2）不放坡无挡土板，如图4.3（b）所示：

$$S_{断} = (b + 2c) \times h$$

3）不放坡加两面挡土板，如图4.3（c）所示：

$$S_{断} = (b + 2c + 2 \times 0.1) \times h$$

4）一面放坡一面挡土板，如图4.3（d）所示：

$$S_{断} = (b + 2c + 0.1 + 0.5mh) \times h$$

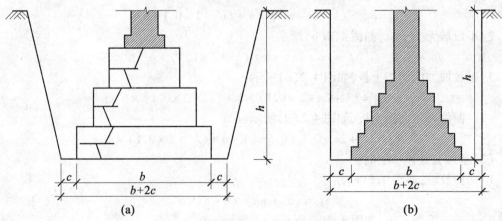

图4.3　基础无垫层时沟槽断面示意图

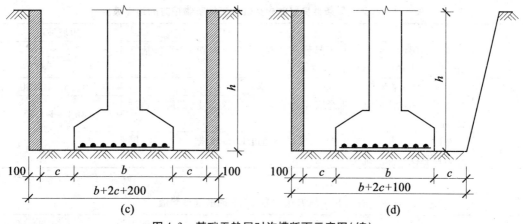

图 4.3　基础无垫层时沟槽断面示意图(续)

式中　$S_{断}$——沟槽断面面积;

　　　m——放坡系数;

　　　c——工作面宽度;

　　　h——从室外设计地面至基底深度,即垫层上基槽开挖深度;

　　　h'——基础垫层高度;

　　　b——基础底面宽度;

　　　b'——垫层宽度。

3. 边坡土方工程量计算

为了保持土体的稳定和施工安全,挖方和填方周边都应该修筑适当的边坡。若已知边坡高度 h,所需边坡底宽 b,即等于 mh(m 为坡度系数)。若边坡高度较大,可在满足土体稳定的条件下,根据不同的土层及其所受的压力,将边坡修成折线形,以减小土方工程量,如图 4.4 所示。

边坡的坡度系数(边坡宽度:边坡高度)根据不同的填挖高度(深度)、土的物理性质和工程重要性,在设计文件中应明确规定。常用的挖方边坡坡度和填方高度限值,见表 4.9 和表 4.10。

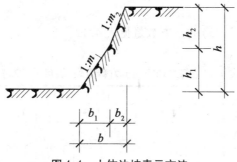

图 4.4　土体边坡表示方法

表 4.9　水文地质条件良好时永久性土工构筑物挖方的边坡坡度

项次	挖方性质	边坡坡度
1	在天然湿度、层理均匀、不易膨胀的黏土、粉土和砂土(不包括细砂、粉砂)内挖方,深度不超过 3 m	1:1 ~ 1:1.25
2	土质同上,深度为 3 ~ 12 m	1:1.25 ~ 1:1.50
3	干燥地区内土质结构未经破坏的干燥黄土及类黄土,深度不超过 12 m	1:0.1 ~ 1:1.25
4	在碎石和泥灰岩土内的挖方,深度不超过 12 m,根据土的性质、层理特性和挖方深度确定	1:0.5 ~ 1:1.5

表 4.10　填方边坡为 1:1.5 时的高度限值

项次	土的种类	填方高度/m	项次	土的种类	填方高度/m
1	黏土类土、黄土、类黄土	6	4	中砂和组砂	10
2	粉质黏土、泥灰岩土	6 ~ 7	5	砾石和碎石土	10 ~ 12
3	粉土	6 ~ 8	6	易风化的岩石	12

4.石方开挖爆破每立方米耗炸药量

石方开挖爆破每立方米耗炸药量见表 4.11。

表 4.11　石方开挖爆破每立方米耗炸药量表　　　　　　　　kg

炮眼种类		炮眼耗药量				平眼及隧洞耗药量			
炮眼深度		1 ~ 1.5 m		1.5 ~ 2.5 m		1 ~ 1.5 m		1.5 ~ 2.5 m	
岩石种类		软石	坚石	软石	坚石	软石	坚石	软石	坚石
炸药种类	梯恩梯	0.30	0.25	0.35	0.30	0.35	0.30	0.40	0.35
	露天铵梯	0.40	0.35	0.45	0.40	0.45	0.40	0.50	0.45
	岩石铵梯	0.45	0.40	0.48	0.45	0.50	0.48	0.53	0.50
	黑炸药	0.50	0.55	0.55	0.60	0.55	0.60	0.65	0.68

5.每米沟槽土方数量

(1)每米沟槽(边坡 1:0.25)的土方数量见表 4.12。

表 4.12　每米沟槽的土方数量表(坡度 1:0.25)

槽宽/m	底宽/m												
	1.0	1.1	1.2	1.3	1.4	1.5	1.6	1.7	1.8	1.9	2.0	2.1	2.2
	土方量/m³												
1.0	1.25	1.35	1.45	1.55	1.65	1.75	1.85	1.95	2.05	2.15	2.25	2.35	2.45
1.1	1.40	1.51	1.62	1.73	1.84	1.95	2.06	2.17	2.28	2.39	2.50	2.61	2.72
1.2	1.56	1.68	1.80	1.92	2.04	2.16	2.28	2.40	2.52	2.64	2.76	2.88	3.00
1.3	1.72	1.83	1.98	2.11	2.24	2.37	2.50	2.63	2.76	2.89	3.02	3.15	3.28
1.4	1.89	2.03	2.17	2.31	2.45	2.59	2.73	2.87	3.01	3.15	3.29	3.43	3.57
1.5	2.06	2.21	2.36	2.51	2.66	2.81	2.96	3.11	3.26	3.41	3.56	—	—

续表 4.12

槽宽/m	底宽/m												
	1.0	1.1	1.2	1.3	1.4	1.5	1.6	1.7	1.8	1.9	2.0	2.1	2.2
	土方量/m³												
1.6	2.24	2.40	2.56	2.72	2.88	3.04	3.20	3.36	3.52	3.68	3.84	3.71	3.86
1.7	2.42	2.59	2.76	2.93	3.10	3.27	3.44	3.61	3.78	3.95	4.12	4.00	4.16
1.8	2.61	2.79	2.97	3.15	3.33	3.51	3.69	3.87	4.05	4.23	4.41	4.29	4.46
1.9	2.80	2.99	3.18	3.37	3.56	3.75	3.94	4.13	4.32	4.51	4.70	4.59	4.77
2.0	3.00	3.20	3.40	3.60	3.80	4.00	4.20	4.40	4.60	4.80	5.00	4.89	5.08
2.1	3.20	3.41	3.62	3.83	4.04	4.25	4.46	4.67	4.88	5.09	5.30	5.20	5.40
2.2	3.41	3.63	3.85	4.07	4.29	4.51	4.73	4.95	5.17	5.39	5.61	5.51	5.72
2.3	3.62	3.85	4.08	4.31	4.54	4.77	5.00	5.23	5.46	5.69	5.92	5.83	6.05
2.4	3.84	4.08	4.32	4.56	4.80	5.04	5.26	5.52	5.76	6.00	6.24	6.15	6.38
2.5	4.06	4.31	4.56	4.81	5.06	5.31	5.56	5.81	6.06	6.31	5.56	6.48	6.72
2.6	4.29	4.55	4.81	5.07	5.33	5.59	5.85	6.11	6.37	6.63	6.89	6.81	7.06
2.7	4.52	4.79	5.06	5.33	5.60	5.87	6.14	6.41	6.68	6.95	7.22	7.15	7.41
2.8	4.76	5.04	5.32	5.60	5.88	6.16	6.44	6.72	7.00	7.28	7.56	7.49	7.76
2.9	5.00	5.29	5.58	5.87	6.16	6.45	6.74	7.03	7.32	7.61	7.90	7.84	8.12
3.0	5.25	5.55	5.85	6.15	6.45	6.75	7.05	7.35	7.65	7.95	8.25	8.19	8.48
3.1	5.50	5.81	6.12	6.43	6.74	7.05	7.36	7.67	7.98	8.29	8.60	8.55	8.85
3.2	5.76	6.08	6.40	6.72	7.04	7.36	7.68	8.00	8.32	8.64	8.96	8.91	9.22
3.3	6.02	6.35	6.68	7.01	7.34	7.67	8.00	8.33	8.66	8.99	9.32	9.28	9.60
3.4	6.29	6.63	6.97	7.31	7.65	7.99	8.33	8.67	9.01	9.35	9.69	9.65	9.98
3.5	6.65	6.91	7.26	7.61	7.96	8.31	8.66	9.01	9.36	9.71	10.06	10.03	10.37
3.6	6.84	7.20	7.56	7.92	8.28	8.64	9.00	9.36	9.72	10.08	10.44	10.41	10.76
3.7	7.12	7.49	7.86	8.23	8.60	8.97	9.34	9.71	10.08	10.45	10.82	10.80	11.16
3.8	7.41	7.79	8.17	8.55	8.93	9.31	9.69	10.07	10.45	10.83	11.21	11.19	11.56
3.9	7.70	8.09	8.48	8.87	9.26	9.65	10.04	10.43	10.82	11.21	11.60	11.59	11.97
4.0	8.00	8.40	8.80	9.20	9.60	10.00	10.40	10.80	11.20	11.60	12.00	11.99	12.38
4.1	8.30	8.71	9.12	9.53	9.94	10.35	10.76	11.17	11.58	1i.99	12.40	12.40	12.80
4.2	8.61	9.03	9.45	9.87	10.29	10.71	11.13	11.55	11.97	12.39	12.81	12.81	13.22
4.3	8.92	9.35	9.78	10.21	10.64	11.07	11.50	11.93	12.36	12.79	13.22	13.23	13.65
4.4	9.24	9.68	10.12	10.56	11.00	11.44	11.88	12.32	12.76	13.20	13.64	13.65	14.08
4.5	9.56	10.01	10.46	10.91	11.36	11.81	12.26	12.71	13.16	13.61	14.06	14.08	14.52
4.6	8.89	10.35	10.81	11.27	11.73	12.10	12.65	13.11	13.57	14.00	14.49	14.51	14.96
4.7	10.22	10.69	11.16	11.63	12.10	12.57	13.04	13.51	13.98	14.45	14.92	14.95	15.41
4.8	10.56	11.04	11.52	12.00	12.48	12.96	13.44	13.92	14.40	14.88	15.36	15.39	15.86
4.9	10.90	11.39	11.88	12.37	12.86	13.35	13.84	14.33	14.82	15.31	15.80	15.84	16.32
5.0	11.25	11.75	12.25	12.75	13.25	13.75	14.25	14.75	15.25	15.75	16.25	16.29	16.78

槽宽/m	底宽/m												
	2.3	2.4	2.5	2.6	2.7	2.8	2.9	3.0	3.1	3.2	3.3	3.4	3.5	3.6
	土方量/m³												
1.0	2.55	2.65	2.75	2.85	2.95	3.05	3.15	3.25	3.35	3.45	3.55	3.65	3.75	3.85
1.1	2.83	2.94	3.05	3.16	3.27	3.38	3.49	3.60	3.71	3.32	3.93	4.04	4.15	4.26

续表4.12

槽宽/m	底宽/m													
	2.3	2.4	2.5	2.6	2.7	2.8	2.9	3.0	3.1	3.2	3.3	3.4	3.5	3.6
	土方量/m³													
1.2	3.12	3.24	3.36	3.48	3.60	3.72	3.84	3.96	4.08	4.20	4.32	4.44	4.56	4.68
1.3	3.41	3.54	3.67	3.80	3.93	4.06	4.19	4.32	4.45	4.58	4.71	4.84	4.97	5.10
1.4	3.71	3.85	3.99	4.13	4.27	4.41	4.55	4.69	4.83	4.97	5.11	5.25	5.39	5.53
1.5	4.01	4.16	4.31	4.46	4.61	4.76	4.91	5.06	5.21	5.36	5.51	5.66	5.41	5.96
1.6	4.32	4.48	6.64	4.80	4.96	5.12	5.28	5.44	5.60	5.76	5.92	6.08	6.24	6.40
1.7	4.63	4.80	4.97	5.14	5.31	5.48	5.85	5.82	5.99	6.16	6.33	6.50	6.67	6.84
1.8	4.95	5.13	5.31	5.49	5.67	5.85	6.03	6.21	6.39	5.57	6.75	5.93	7.11	7.29
1.9	5.27	5.46	5.65	5.84	6.03	6.22	6.41	6.60	6.79	6.98	7.17	7.36	7.55	7.74
2.0	5.60	5.80	6.00	6.20	6.40	6.60	6.80	7.00	7.20	7.40	7.60	7.80	8.00	8.20
2.1	5.93	6.14	6.35	6.56	6.77	6.98	7.19	7.40	7.61	7.82	8.03	8.24	8.45	8.66
2.2	6.27	6.49	6.71	6.93	7.15	7.37	7.59	7.81	8.03	8.25	8.47	8.69	8.91	9.13
2.3	6.61	6.84	7.07	7.30	7.53	7.76	7.99	8.22	8.45	8.68	8.91	9.14	9.37	9.60
2.4	6.96	7.20	7.44	7.68	7.92	8.16	8.40	8.64	8.88	9.12	9.36	9.60	9.84	10.08
2.5	7.31	7.56	7.81	8.06	8.31	8.56	8.81	9.06	9.31	9.56	9.81	10.06	10.31	10.56
2.6	7.67	7.93	8.19	8.45	8.71	8.97	9.23	9.49	9.75	10.01	10.27	10.53	10.79	11.05
2.7	8.03	8.30	8.57	8.84	9.11	9.33	9.65	9.02	10.64	10.46	10.73	11.00	11.27	11.54
2.8	8.40	8.68	8.96	9.24	9.52	9.80	10.08	10.36	10.64	10.92	11.20	11.48	11.76	12.04
2.9	8.77	9.06	9.35	9.64	9.93	10.22	10.51	10.80	11.00	11.38	11.67	11.96	12.25	12.54
3.0	9.15	9.45	9.75	10.05	10.35	10.65	10.95	11.25	11.55	11.85	12.15	12.45	12.75	13.05
3.1	9.53	9.84	10.15	10.46	10.77	11.08	11.39	11.70	12.01	12.32	12.63	12.94	13.25	13.56
3.2	9.92	10.24	10.56	10.88	11.20	11.52	11.34	12.16	12.48	12.30	13.12	13.44	13.76	14.08
3.3	10.31	10.64	10.97	11.30	11.63	11.96	12.29	12.62	12.95	13.28	13.61	13.94	14.27	14.30
3.4	10.71	11.05	11.39	11.73	12.07	12.41	12.75	13.09	13.43	13.77	14.11	14.45	14.79	15.13
3.5	11.11	11.46	11.81	12.16	12.51	12.86	13.21	13.56	13.91	14.26	14.61	14.96	15.31	15.66
3.6	11.52	11.88	12.24	12.60	12.96	13.32	13.68	14.04	14.40	14.76	15.12	15.48	15.84	16.20
3.7	11.03	12.30	12.67	13.04	13.41	13.78	14.15	14.52	14.89	15.26	15.63	16.00	16.37	16.74
3.8	12.35	12.73	13.11	13.49	13.87	14.25	14.63	15.01	15.39	15.77	16.15	16.63	16.91	17.29
3.9	12.77	13.16	13.55	13.94	14.33	14.72	15.11	15.90	15.89	16.28	16.67	17.06	17.45	17.84
4.0	13.20	13.60	14.00	14040	14.80	15.20	15.60	16.00	16.40	16.80	17.20	17.60	18.00	18.40
4.1	13.63	14.04	14.45	14.86	15.27	15.68	16.09	16.50	16.91	17.32	17.73	18.14	18.55	18.96
4.2	14.07	14.49	14.91	15.33	15.75	16.17	16.59	17.01	17.43	17.85	18.28	18.70	19.12	19.54
4.3	14.51	14.94	15.37	15.80	16.23	16.66	17.09	17.52	17.95	18.38	18.81	19.24	19.67	20.10
4.4	14.96	15.40	15.84	15.28	16.72	17.16	17.60	18.04	18.48	18.92	19.36	19.80	20.44	20.68
4.5	15.41	15.86	16.31	16.76	17.21	17.66	18.11	18.56	19.01	19.46	19.91	20.36	20.81	21.26
4.6	15.87	16.33	16.79	17.25	17.71	18.17	18.63	19.09	19.55	20.01	20.47	20.93	21.39	21.85
4.7	16.33	16.80	17.27	17.74	18.21	18.68	19.15	19.62	20.09	20.56	21.03	21.50	21.97	22.44
4.8	16.80	17.28	17.76	18.24	18.72	19.20	19.68	20.16	20.64	21.12	21.60	22.08	22.56	23.04
4.9	17.27	17.76	18.25	18.74	19.23	19.72	20.21	20.70	21.19	21.18	22.17	22.66	23.15	23.61
5.0	17.75	18.25	18.75	19.25	1975	20.25	20.75	21.25	21.75	22.25	22.75	23.25	23.75	24.25

（2）每米沟槽（坡度 1:0.33）的土方数量见表 4.13。

表 4.13　每米沟槽的土方数量表（坡度 1:0.33）

槽宽/m	底宽/m												
	1.0	1.1	1.2	1.3	1.4	1.5	1.6	1.7	1.8	1.9	2.0	2.1	2.2
	土方量/m³												
1.0	1.33	1.43	1.53	1.63	1.73	1.83	1.93	2.03	2.13	2.23	2.33	2.43	2.53
1.1	1.50	1.61	1.72	1.83	1.94	2.05	2.16	2.27	2.38	2.49	2.60	2.71	2.82
1.2	1.67	1.79	1.91	2.03	2.15	2.27	2.39	2.51	2.63	2.75	2.87	2.99	3.11
1.3	1.86	1.99	2.12	2.25	2.38	2.51	2.64	2.77	2.90	3.03	3.16	3.29	3.42
1.4	2.04	2.18	2.32	2.46	2.60	2.74	2.88	3.02	3.16	3.30	3.44	3.58	3.72
1.5	2.24	2.39	2.54	2.69	2.84	2.99	3.14	3.29	3.44	3.59	3.74	3.89	4.04
1.6	2.45	2.61	2.77	2.93	3.09	3.25	3.41	3.57	3.73	3.89	4.05	4.21	4.37
1.7	2.65	2.82	2.44	3.16	3.33	3.50	3.67	3.84	4.01	4.18	4.35	4.52	4.69
1.8	2.87	3.05	3.23	3.41	3.59	3.77	3.95	4.13	4.31	4.49	4.67	4.85	5.03
1.9	3.09	3.28	3.47	3.66	3.85	4.04	4.23	4.42	4.61	4.80	4.99	5.18	5.37
2.0	3.32	3.52	3.72	3.92	4.12	4.32	4.52	4.72	4.92	5.12	5.32	5.52	5.72
2.1	3.56	3.77	3.98	4.19	4.40	4.61	4.82	5.03	5.24	5.45	5.66	5.87	6.08
2.2	3.80	4.02	4.24	4.46	4.68	4.90	5.12	5.34	5.56	5.78	6.00	6.22	6.44
2.3	4.05	4.28	4.51	4.74	4.97	5.20	5.43	5.66	5.89	6.12	6.35	6.58	6.81
2.4	4.30	4.54	4.78	5.02	5.26	5.50	5.74	5.98	6.22	6.46	6.70	6.94	7.18
2.5	4.56	4.81	5.06	5.31	5.56	5.81	6.06	6.31	6.56	6.81	7.06	7.31	7.56
2.6	4.84	5.10	5.36	5.62	5.88	6.14	6.40	6.66	6.92	7.18	7.44	7.70	7.96
2.7	5.10	5.37	5.64	5.91	6.18	6.45	6.72	6.99	7.26	7.53	7.80	8.07	8.34
2.8	5.39	5.67	5.95	6.23	6.51	6.79	7.07	7.35	7.63	7.91	8.10	5.39	5.67
2.9	5.67	5.96	6.25	6.54	6.83	7.12	7.41	7.70	7.99	8.28	8.57	5.67	5.96
3.0	5.97	6.27	6.57	6.87	7.17	7.47	7.77	8.07	8.37	8.67	8.97	9.27	9.57
3.1	3.27	6.58	6.89	7.20	7.51	7.82	8.13	8.44	8.75	9.06	9.37	9.68	9.99
3.2	6.58	6.90	7.22	7.54	7.86	8.18	8.50	8.82	9.14	9.46	9.78	10.10	10.42
3.3	6.89	7.22	7.55	7.88	8.21	8.54	8.87	9.20	9.53	9.86	10.19	10.52	10.85
3.4	7.21	7.55	7.89	8.23	8.57	8.91	9.25	9.59	9.93	10.29	10.61	10.95	11.29
3.5	7.54	7.89	8.24	8.59	8.94	9.29	9.64	9.99	10.34	10.69	11.04	11.39	11.74
3.6	7.88	8.24	8.60	8.96	9.32	9.68	10.04	11.40	10.76	11.12	11.48	11.84	12.20
3.7	8.22	8.59	8.96	9.33	9.70	10.07	10.44	10.81	11.18	11.55	11.92	12.29	12.66
3.8	8.57	8.95	9.33	9.71	10.09	10.47	10.85	11.23	11.61	11.99	12.37	12.75	13.13
3.9	8.92	9.31	9.70	10.09	10.48	10.87	11.26	11.65	12.04	12.43	12.82	13.21	13.60
4.0	9.28	9.68	10.08	10.48	10.88	11.28	11.68	12.08	12.48	12.88	13.28	13.68	14.08
4.1	9.65	10.06	10.47	10.88	11.29	11.70	12.11	12.52	12.93	13.34	13.75	14.16	14.57
4.2	10.02	10.44	10.86	11.28	11.70	12.12	12.54	12.96	13.38	13.80	14.22	14.64	15.06
4.3	10.40	10.83	11.26	11.69	12.12	12.55	12.98	13.41	13.84	14.27	14.70	15.13	15.56
4.4	10.79	11.23	11.67	12.11	12.55	12.99	13.43	13.87	14.31	14.75	15.19	15.63	16.07
4.5	11.18	11.63	12.08	12.53	12.98	13.43	13.88	14.33	14.78	15.23	15.68	16.13	16.58
4.6	11.58	12.04	12.50	12.96	13.42	13.88	14.34	14.80	15.26	15.72	16.18	16.64	17.10
4.7	11.99	12.46	12.93	13.40	13.87	14.34	14.81	15.28	15.75	16.22	16.69	17.16	17.63

续表 4.13

槽宽/m	底宽/m												
	1.0	1.1	1.2	1.3	1.4	1.5	1.6	1.7	1.8	1.9	2.0	2.1	2.2
	土方量/m³												
4.8	12.40	12.88	13.36	13.84	14.32	14.80	15.28	15.76	16.24	16.72	17.30	17.68	18.16
4.9	12.82	13.31	13.80	14.29	14.78	15.27	15.76	16.25	16.74	17.23	17.72	18.21	18.70
5.0	13.25	13.75	14.25	14.75	15.25	15.75	16.25	16.75	17.25	17.25	18.25	18.75	19.25

槽宽/m	底宽/m											
	2.3	2.4	2.5	2.6	2.7	2.8	2.9	3.0	3.1	3.2	3.3	3.4
	土方量/m³											
1.0	2.63	2.73	2.83	2.93	3.03	3.13	3.23	3.33	3.43	3.53	3.63	3.73
1.1	2.93	3.04	3.15	3.26	3.37	3.48	3.59	3.70	3.81	3.92	4.03	4.14
1.2	3.23	3.35	3.47	3.59	3.71	3.83	3.95	4.07	4.19	4.31	4.43	4.55
1.3	3.55	3.68	3.81	3.44	4.07	4.20	4.33	4.46	4.59	4.72	4.85	4.98
1.4	3.86	4.00	4.14	4.28	4.42	4.56	4.70	4.84	4.98	5.12	5.26	5.40
1.5	4.19	4.34	4.49	4.64	4.79	4.94	5.09	5.24	5.39	5.54	5.69	5.84
1.6	4.53	4.69	4.85	5.01	5.17	5.33	5.49	5.65	5.81	5.97	6.13	6.29
1.7	4.86	5.03	5.20	5.37	5.54	5.71	5.88	6.05	6.22	6.37	6.66	6.73
1.8	5.21	5.39	5.57	5.75	5.93	6.11	6.29	6.47	6.65	6.83	7.01	7.19
1.9	5.56	5.75	5.94	6.13	6.32	6.51	6.70	6.89	7.08	7.27	7.46	7.65
2.0	5.92	6.12	6.32	6.52	6.72	6.92	7.12	7.32	7.52	7.72	7.92	8.12
2.1	6.29	6.50	6.71	6.92	7.13	7.34	7.55	7.76	7.97	8.18	8.39	8.60
2.2	6.66	6.88	7.10	7.32	7.54	7.76	7.98	8.20	8.42	8.64	8.36	9.08
2.3	7.04	7.27	7.50	7.73	7.06	8.19	8.42	8.65	8.88	9.11	9.34	9.57
2.4	7.42	7.66	7.90	8.14	8.33	8.62	8.86	9.10	9.34	9.58	9.82	10.06
2.5	7.81	8.06	8.31	8.56	8.81	9.06	9.31	9.56	9.81	10.06	10.31	10.56
2.6	8.22	8.48	8.74	9.00	9.26	9.52	9.78	10.04	10.30	10.56	10.32	11.08
2.7	8.61	8.88	9.15	9.42	9.60	9.96	10.23	10.50	10.77	11.04	11.31	11.58
2.8	5.95	6.23	6.51	6.79	7.07	7.35	7.63	7.91	8.19	11.55	11.33	12.11
2.9	6.25	6.54	6.83	7.12	7.41	7.70	7.99	8.28	8.57	12.05	12.54	12.63
3.0	9.87	10.17	10.47	10.77	11.07	11.37	11.67	11.97	12.27	12.57	12.87	13.17
3.1	10.30	10.61	10.92	11.23	11.54	11.85	12.16	12.47	12.78	13.09	13.40	13.71
3.2	10.74	11.06	11.38	11.70	12.02	13.34	12.66	12.98	13.30	13.62	13.94	14.26
3.3	11.18	11.51	11.84	12.17	12.50	12.83	13.16	13.49	13.82	14.15	14.48	14.81
3.4	11.03	11.97	12.31	12.65	12.99	13.33	13.67	14.01	14.35	14.69	15.03	15.37
3.5	12.09	12.44	12.79	13.14	13.49	13.84	14.19	15.54	14.89	15.24	15.59	15.94
3.6	12.56	12.92	13.28	13.64	14.00	14.36	14.72	15.08	15.44	15.30	16.16	16.52
3.7	13.03	13.40	13.77	14.14	14.51	14.88	15.25	15.62	15.99	16.36	16.73	17.10
3.8	13.51	13.89	14.27	14.65	15.03	15.41	15.79	18.17	16.55	16.93	17.31	17.69
3.9	13.99	14.38	14.77	15.16	15.55	15.94	16.33	16.72	17.11	17.50	17.89	18.28
4.0	14.48	14.88	15.28	15.68	16.08	16.48	16.88	17.28	17.68	18.08	14.48	18.88
4.1	14.98	15.39	15.80	16.21	16.62	17.03	17.44	17.85	18.26	18.67	19.08	19.49
4.2	15.48	15.90	16.32	16.74	17.16	17.58	18.00	18.42	18.84	19.26	19.68	20.10
4.3	15.99	16.42	16.85	17.28	17.71	18.14	18.57	19.00	19.43	19.86	20.29	20.72

续表 4.13

槽宽/m	底宽/m											
	2.3	2.4	2.5	2.6	2.7	2.8	2.9	3.0	3.1	3.2	3.3	3.4
	土方量/m³											
4.4	16.51	16.95	17.39	17.83	18.27	18.71	19.15	19.59	20.03	20.47	20.91	21.35
4.5	17.03	17.48	17.93	18.38	18.83	19.28	19.73	20.18	20.63	21.08	21.53	21.98
4.6	15.56	18.02	18.48	18.94	19.40	19.86	20.32	20.78	21.24	21.70	22.16	22.62
4.7	18.10	18.57	19.04	19.51	19.98	20.45	20.92	21.39	21.86	22.33	22.80	23.27
4.8	18.64	19.12	19.60	20.08	20.56	21.04	21.52	22.00	22.48	22.96	23.44	23.92
4.9	19.19	19.68	20.17	20.66	21.15	21.64	22.13	22.62	23.11	23.60	24.09	24.58
5.0	19.75	20.25	20.75	21.25	21.75	22.25	22.75	23.25	23.75	24.25	24.75	25.25

（3）每米沟槽（边坡 1:0.50）的土方数量见表 4.14。

表 4.14　每米沟槽的土方数量表（坡度 1:0.50）

槽宽/m	底宽/m											
	1.0	1.1	1.2	1.3	1.4	1.5	1.6	1.7	1.8	1.9	2.0	2.1	2.2
	土方量/m³											
1.0	1.50	1.60	1.70	1.80	1.90	2.00	2.10	2.20	2.30	2.40	2.50	2.60	2.70
1.1	1.71	1.82	1.93	2.04	2.15	2.26	2.37	2.48	2.59	2.70	2.81	2.92	3.03
1.2	1.92	2.04	2.16	2.28	2.40	2.52	2.64	2.76	2.88	3.00	3.12	3.24	3.36
1.3	2.15	2.28	2.41	2.54	2.67	2.80	2.93	3.06	3.19	3.32	3.45	3.58	3.71
1.4	2.38	2.52	2.66	2.80	2.94	3.08	3.22	3.36	3.50	3.64	3.78	3.92	4.06
1.5	2.63	2.78	2.93	3.08	3.23	3.38	3.53	3.68	3.83	3.98	4.13	4.28	4.43
1.6	2.88	3.04	3.20	3.36	3.52	3.68	3.84	4.00	4.16	4.32	4.48	4.64	4.80
1.7	3.15	3.32	3.49	3.66	3.83	4.00	4.17	4.34	4.51	4.68	4.85	5.02	5.19
1.8	3.42	3.60	3.78	3.96	4.14	4.32	4.50	4.68	4.86	5.04	5.22	5.40	5.58
1.9	3.71	3.90	4.09	4.28	4.47	4.66	4.85	5.04	5.23	5.42	5.61	5.80	5.99
2.0	4.00	4.20	4.40	4.60	4.80	5.00	5.20	5.40	5.60	5.80	6.00	6.20	6.40
2.1	4.31	4.52	4.73	4.94	5.15	5.36	5.57	5.78	5.99	6.20	6.41	6.62	6.83
2.2	4.62	4.84	5.06	5.28	5.50	5.72	5.94	6.16	6.38	6.60	6.82	7.04	7.26
2.3	4.95	5.18	5.41	5.64	5.87	6.10	6.33	6.56	6.79	7.02	7.25	7.48	7.71
2.4	5.28	5.52	5.76	6.00	6.24	6.48	6.72	6.96	7.20	7.44	7.68	7.92	8.16
2.5	5.63	5.88	6.13	6.38	6.63	6.88	7.13	7.38	7.63	7.88	8.13	8.38	8.63
2.6	5.98	6.24	6.50	6.76	7.02	7.28	7.54	7.80	8.06	8.32	8.58	8.84	9.10
2.7	6.35	6.62	6.89	7.16	7.43	7.70	7.97	8.24	8.51	8.78	9.50	9.32	9.59
2.8	6.72	7.00	7.28	7.56	7.84	8.12	8.40	8.68	8.96	9.24	9.52	9.80	10.08
2.9	7.11	7.40	7.69	7.98	8.27	8.56	8.85	9.14	9.43	9.72	10.01	10.30	10.59
3.0	7.50	7.80	8.10	8.40	8.70	9.00	9.30	9.60	9.90	10.20	10.50	10.80	11.10
3.1	7.91	8.22	8.53	8.84	9.15	9.46	9.77	10.08	10.39	10.70	11.01	11.32	11.63
3.2	8.32	8.64	8.92	9.28	9.60	9.92	10.24	10.56	11.88	11.20	11.52	11.84	12.16
3.3	8.75	9.08	9.41	9.74	10.07	10.40	10.73	11.06	11.39	11.72	12.05	12.38	12.71
3.4	9.18	9.52	9.86	10.20	10.54	10.88	11.22	11.56	11.90	12.24	12.58	12.92	13.26

续表4.14

槽宽/m	底宽/m												
	1.0	1.1	1.2	1.3	1.4	1.5	1.6	1.7	1.8	1.9	2.0	2.1	2.2
	土方量/m³												
3.5	9.63	9.98	10.33	10.68	11.03	11.38	11.73	12.08	12.43	12.78	13.13	13.48	13.83
3.6	10.08	10.44	10.80	11.16	11.52	11.88	12.24	12.60	12.96	13.32	13.68	14.04	14.40
3.7	10.56	10.92	11.29	11.66	12.03	12.40	12.77	13.14	13.51	13.88	14.25	14.62	14.99
3.8	11.02	11.40	11.78	12.16	12.54	12.92	13.30	13.68	14.06	14.44	14.82	15.20	15.58
3.9	11.51	11.90	12.29	12.68	13.07	13.46	13.85	14.24	14.63	15.02	15.41	15.80	16.19
4.0	12.00	12.40	12.80	13.20	13.60	14.00	14.40	14.80	15.20	15.60	16.00	16.40	16.80
4.1	12.51	12.92	13.33	13.74	14.15	14.56	14.97	15.38	15.79	16.20	16.61	17.02	17.43
4.2	13.02	13.44	13.86	14.28	14.70	15.12	15.54	15.96	16.38	16.80	17.22	17.64	18.06
4.3	13.55	13.98	14.41	14.34	15.27	15.70	16.13	16.56	16.99	17.42	17.85	18.28	18.71
4.4	14.08	14.52	14.96	15.40	15.84	16.28	16.72	17.16	17.60	18.04	18.48	18.92	19.36
4.5	14.63	15.08	15.53	15.98	16.43	16.88	17.33	17.78	18.23	18.68	19.13	19.58	20.03
4.6	15.18	15.64	16.10	16.56	17.02	17.48	17.94	18.40	18.86	19.32	19.78	20.24	20.70
4.7	15.75	16.22	16.69	17.16	17.63	18.10	18.57	19.04	19.51	19.98	20.45	20.92	21.39
4.8	16.32	16.80	17.28	17.76	18.24	18.72	19.20	19.68	20.16	20.64	21.12	21.60	22.08
4.9	16.91	17.40	17.89	18.38	18.87	19.36	19.85	20.34	20.83	21.32	21.81	22.30	22.79
5.0	17.50	18.00	18.50	19.00	19.50	20.00	20.50	21.00	21.50	22.00	22.50	23.00	23.50

槽宽/m	底宽/m											
	2.3	2.4	2.5	2.6	2.7	2.8	2.9	3.0	3.1	3.2	3.3	3.4
	土方量/m³											
1.0	2.80	2.90	3.00	3.10	3.20	3.30	3.40	3.50	3.60	3.70	3.80	3.90
1.1	3.14	3.25	3.36	3.47	3.58	3.69	3.80	3.91	4.02	4.13	4.24	4.35
1.2	3.48	3.60	3.72	3.84	3.96	4.08	4.20	4.32	4.44	4.56	4.68	4.80
1.3	3.84	3.97	4.10	4.23	4.36	4.49	4.62	4.75	4.88	5.01	5.14	5.27
1.4	4.20	4.34	4.48	4.62	4.76	4.90	5.04	5.18	5.32	5.46	5.60	5.74
1.5	4.58	4.73	4.88	5.03	5.18	5.33	5.48	5.63	5.78	5.93	6.08	6.23
1.6	4.96	5.12	5.28	5.44	5.60	5.76	5.92	6.08	6.24	6.40	5.56	6.72
1.7	5.36	5.53	5.70	5.87	6.04	6.21	6.38	6.55	6.72	6.89	7.06	7.23
1.8	5.76	5.94	6.12	6.30	6.48	6.66	6.84	7.02	7.20	7.38	7.56	7.74
1.9	6.18	6.37	6.56	6.75	6.94	7.13	7.32	7.51	7.70	7.89	8.08	8.27
2.0	6.60	6.80	7.00	7.20	7.40	7.60	7.80	8.00	8.20	8.40	8.60	8.80
2.1	7.04	7.25	7.46	7.67	7.88	8.09	8.30	8.51	8.72	8.93	9.14	9.35
2.2	7.48	7.70	7.92	8.14	8.36	8.58	8.80	9.02	9.24	9.46	9.68	9.90
2.3	7.94	8.17	8.40	8.63	8.86	9.09	9.32	9.55	9.78	10.01	10.24	10.47
2.4	8.40	8.64	8.88	9.12	9.36	9.60	9.84	10.08	10.32	10.56	10.80	10.04
2.5	8.88	9.13	9.38	9.63	9.88	10.13	10.38	10.63	10.88	11.13	11.38	11.63
2.6	9.36	9.62	9.88	10.14	10.40	10.66	10.92	11.18	11.44	11.70	11.96	12.22
2.7	9.86	10.13	10.40	10.67	10.94	11.21	11.48	11.75	12.02	12.29	12.56	12.83
2.8	10.36	10.64	10.92	11.20	11.48	11.76	12.04	12.32	12.60	12.88	13.16	13.44
2.9	10.88	11.17	11.46	11.75	12.04	12.33	12.62	12.91	13.20	13.49	13.78	14.07
3.0	11.40	11.70	12.00	12.30	12.60	12.90	13.20	13.50	19.80	14.10	14.40	14.70

续表 4.14

槽宽/m	底宽/m											
	2.3	2.4	2.5	2.6	2.7	2.8	2.9	3.0	3.1	3.2	3.3	3.4
	土方量/m³											
3.1	11.94	12.25	12.56	12.87	13.18	13.49	13.80	14.11	14.42	14.73	15.04	15.35
3.2	12.48	12.80	13.12	13.44	13.76	14.08	14.40	14.72	15.04	15.36	15.68	16.00
3.3	13.04	13.37	13.70	14.03	14.36	14.69	15.02	15.35	15.68	16.01	16.34	16.67
3.4	13.60	13.94	14.28	14.62	14.96	15.30	15.64	15.98	16.32	16.66	17.00	17.34
3.5	14.18	14.53	14.88	15.23	15.58	15.93	16.28	16.63	16.98	17.33	17.68	18.03
3.6	14.76	15.12	15.48	15.84	16.20	16.56	16.92	17.28	17.64	18.00	18.36	18.72
3.7	15.36	15.73	16.10	16.47	16.84	17.21	17.58	17.95	18.32	18.69	19.06	19.43
3.8	15.96	16.34	16.72	17.10	17.48	17.86	18.24	18.62	19.00	19.38	19.76	20.14
3.9	16.58	16.97	17.36	17.75	18.14	18.53	18.92	19.31	19.70	20.09	20.48	20.87
4.0	17.20	17.60	18.00	18.40	18.80	19.20	19.00	20.00	20.40	20.80	21.20	21.60
4.1	17.84	18.25	18.66	19.07	19.48	19.89	20.30	20.71	21.12	21.53	21.94	22.35
4.2	18.48	18.90	19.32	19.74	20.16	20.58	21.00	21.42	21.84	22.26	22.68	23.10
4.3	19.14	19.57	20.00	20.43	20.86	21.29	21.72	22.15	22.58	23.01	23.44	23.87
4.4	19.80	20.24	20.68	21.12	21.58	22.00	22.44	22.88	23.32	23.76	24.20	24.64
4.5	20.48	20.93	11.38	21.83	22.28	22.73	23.18	23.63	24.08	24.53	24.98	25.43
4.6	21.16	21.62	22.08	22.54	23.00	23.46	23.92	24.38	24.84	25.30	25.76	26.22
4.7	21.86	22.33	22.80	23.27	23.74	24.21	24.68	25.15	25.62	26.09	26.56	27.30
4.8	22.56	23.04	23.52	24.00	24.48	24.96	25.44	25.92	26.40	26.88	27.36	27.84
4.9	23.28	23.77	24.26	24.75	25.24	25.73	26.22	26.71	27.20	27.69	28.18	28.67
5.0	24.00	24.50	25.00	25.50	26.00	26.50	27.00	27.50	28.00	28.50	29.00	29.50

(4)每米沟槽(边坡 1:0.67)的土方数量见表 4.15。

表 4.15　每米沟槽的土方数量表(坡度 1:0.67)

槽宽/m	底宽/m												
	1.0	1.1	1.2	1.3	1.4	1.5	1.6	1.7	1.8	1.9	2.0	2.1	2.2
	土方量/m³												
1.0	1.67	1.77	1.87	1.97	2.07	2.17	2.27	2.37	2.47	2.57	2.67	2.77	2.87
1.1	1.91	2.2	2.13	2.24	2.35	2.46	2.57	2.68	2.79	2.90	3.01	3.12	3.23
1.2	2.16	2.28	2.40	2.52	2.64	2.76	2.88	3.00	3.12	3.24	3.36	3.48	3.60
1.3	2.43	2.56	2.69	2.82	2.95	3.08	3.21	3.34	3.47	3.60	3.73	3.86	3.99
1.4	2.71	2.85	2.99	3.13	3.27	3.41	3.55	3.69	3.83	3.97	4.11	4.25	4.30
1.5	3.01	3.16	3.31	3.46	3.61	3.76	3.91	4.06	4.21	4.36	4.51	4.66	4.81
1.6	3.32	3.48	3.64	3.80	3.96	4.12	4.28	4.44	4.60	4.76	4.92	5.08	5.24
1.7	3.64	3.81	3.98	4.15	4.32	4.49	4.66	4.83	5.00	5.17	5.34	5.51	5.58
1.8	3.97	4.15	4.33	4.51	4.69	4.87	5.05	5.23	5.41	5.59	5.77	5.95	6.13
1.9	4.32	4.51	4.70	4.89	5.08	5.27	5.46	5.65	5.84	6.03	6.22	6.41	6.60
2.0	4.68	4.88	5.08	5.28	5.48	5.68	5.88	6.08	6.28	6.48	6.68	6.88	7.08
2.1	5.05	5.26	5.47	5.68	5.89	6.10	6.31	6.52	6.73	6.94	7.15	7.36	7.57

续表 4.15

槽宽/m	底宽/m												
	1.0	1.1	1.2	1.3	1.4	1.5	1.6	1.7	1.8	1.9	2.0	2.1	2.2
	土方量/m³												
2.2	5.44	5.66	5.88	6.10	6.32	6.54	6.76	6.98	7.20	7.42	7.64	7.86	8.08
2.3	5.84	6.07	6.30	6.53	6.76	6.90	7.22	7.45	7.68	7.91	8.14	8.37	8.60
2.4	6.26	6.50	6.74	6.98	7.22	7.46	7.70	7.94	8.18	8.42	8.60	8.90	9.14
2.5	6.69	6.94	7.19	7.44	7.69	7.94	8.19	8.44	8.69	8.94	9.19	9.44	9.69
2.6	7.13	7.39	7.65	7.91	8.17	8.43	8.69	8.95	9.21	9.47	9.73	9.09	10.25
2.7	7.58	7.85	8.12	8.39	8.66	8.93	9.20	9.47	9.74	10.01	10.28	10.55	10.82
2.8	8.05	8.33	8.61	8.89	9.17	9.45	9.73	10.01	10.29	10.57	10.85	11.13	11.41
2.9	8.53	8.82	9.11	9.40	9.69	9.98	10.27	10.56	10.85	11.14	11.43	11.72	12.01
3.0	9.03	9.33	9.63	9.43	10.23	10.53	10.83	11.13	11.43	11.73	12.03	12.33	12.63
3.1	9.53	9.85	10.16	10.47	10.78	11.08	11.39	11.70	12.00	12.32	12.63	12.94	13.25
3.2	10.06	10.38	10.70	11.02	11.34	11.66	11.98	12.30	12.62	12.94	13.26	13.58	13.90
3.3	10.62	10.93	11.26	11.59	11.92	12.24	12.57	12.90	13.23	13.56	13.89	14.22	14.55
3.4	10.92	11.26	11.60	11.94	12.28	12.85	13.19	13.53	13.87	14.21	14.55	14.89	15.23
3.5	11.71	12.06	12.41	12.76	13.11	13.46	13.81	14.16	14.51	14.86	15.21	15.56	15.91
3.6	12.28	12.64	13.00	13.36	13.72	14.03	14.44	14.80	15.16	15.52	15.88	16.24	16.60
3.7	12.87	13.24	13.61	13.98	14.35	14.72	15.09	15.46	15.83	16.20	16.57	16.94	17.31
3.8	13.47	13.85	14.23	14.61	14.99	15.37	15.75	16.13	16.51	16.89	17.27	17.65	18.03
3.9	14.09	14.48	14.87	15.26	15.65	16.05	16.44	16.83	17.22	17.61	18.00	18.39	18.78
4.0	14.72	15.12	15.52	15.92	16.32	16.72	17.12	17.52	17.92	18.32	18.72	19.12	19.52
4.1	15.36	15.77	16.18	16.59	17.00	17.41	17.82	18.23	18.64	19.05	19.46	19.87	20.28
4.2	16.01	16.43	16.85	17.28	17.70	18.12	18.54	18.96	19.38	19.80	20.22	20.64	21.06
4.3	16.69	17.12	17.55	17.98	18.41	18.84	19.27	19.70	20.13	20.56	20.99	21.42	21.85
4.4	17.37	17.81	18.25	18.69	19.13	19.57	20.01	20.45	20.89	21.33	21.77	22.21	22.65
4.5	18.07	18.52	18.97	19.42	19.87	20.32	20.77	21.22	21.67	22.12	22.57	23.02	23.47
4.6	18.78	19.24	19.70	20.16	20.62	21.08	21.54	22.00	22.46	22.92	23.38	23.84	24.30
4.7	19.50	19.97	20.44	20.91	21.38	21.85	22.32	22.79	23.26	23.73	24.20	24.67	25.14
4.8	20.24	20.72	21.20	21.68	22.16	22.64	23.12	23.60	24.08	24.56	25.04	25.52	26.00
4.9	20.99	21.48	21.97	22.46	22.95	23.44	23.33	24.42	24.91	25.40	25.89	26.38	26.87
5.0	21.75	22.25	22.75	23.25	23.75	24.25	24.75	25.25	25.75	26.25	26.75	27.25	27.75

槽宽/m	底宽/m											
	2.3	2.4	2.5	2.6	2.7	2.8	2.9	3.0	3.1	3.2	3.3	3.4
	土方量/m³											
1.0	2.97	3.07	3.17	3.27	3.37	3.47	3.57	3.67	3.77	3.87	3.97	4.07
1.1	3.34	3.45	3.56	3.67	3.78	3.89	4.00	4.11	4.22	4.33	4.14	4.55
1.2	3.72	3.84	3.96	4.08	4.20	4.32	4.44	4.56	4.68	4.80	4.92	5.04
1.3	4.12	4.25	4.38	4.51	4.64	4.77	4.90	5.03	5.16	5.29	5.42	5.55
1.4	4.53	4.67	4.81	4.99	5.09	4.23	5.37	5.51	5.65	5.79	5.93	6.07
1.5	4.96	5.11	5.26	5.41	5.56	5.71	5.86	6.01	6.16	6.31	6.46	6.61
1.6	5.40	5.56	5.72	5.88	6.04	6.20	6.26	6.52	6.68	6.84	7.00	7.16
1.7	5.85	6.02	6.19	6.36	6.63	6.70	6.87	7.04	7.21	7.38	7.55	7.72

续表4.15

槽宽/m	底宽/m											
	2.3	2.4	2.5	2.6	2.7	2.8	2.9	3.0	3.1	3.2	3.3	3.4
	土方量/m³											
1.8	6.31	6.49	6.67	6.85	7.03	7.21	7.39	7.57	7.75	7.93	8.11	8.29
1.9	6.79	6.98	7.17	7.36	7.55	7.74	7.93	8.12	8.31	8.50	8.69	8.88
2.0	7.28	7.48	7.68	7.88	8.08	8.28	8.48	8.68	8.88	9.08	9.28	9.48
2.1	7.78	7.99	8.20	8.41	8.62	8.83	9.04	9.25	9.46	9.67	9.88	10.09
2.2	8.30	8.52	8.74	8.96	9.18	9.40	9.62	9.84	10.06	10.28	10.50	10.72
2.3	8.83	9.04	9.29	9.52	9.75	9.85	10.21	10.44	10.67	10.90	11.13	11.36
2.4	9.38	9.62	9.85	10.10	10.34	10.58	10.82	11.06	11.30	11.54	11.78	12.02
2.5	9.94	10.19	10.44	10.69	10.94	11.19	11.44	11.69	11.94	12.19	12.44	13.60
2.6	10.51	10.77	11.03	11.29	11.55	11.81	12.07	12.33	12.59	12.85	13.11	13.37
2.7	11.09	11.36	11.63	11.90	12.17	12.44	12.71	12.98	13.25	13.52	13.79	14.06
2.8	11.69	11.97	12.25	12.53	12.81	13.09	13.37	13.65	13.96	14.21	14.49	14.77
2.9	12.30	12.59	12.88	13.17	13.46	13.75	14.04	14.33	14.62	14.91	15.20	15.49
3.0	12.93	13.23	13.53	13.83	14.13	14.43	14.73	15.03	15.33	15.63	15.93	16.23
3.1	13.56	13.87	14.18	14.49	14.80	15.11	15.42	15.73	16.04	16.35	16.66	16.97
3.2	14.22	14.54	14.86	15.18	15.50	15.82	16.14	16.46	16.78	17.10	17.42	17.74
3.3	14.88	15.21	15.54	15.87	16.20	16.53	16.86	17.19	17.52	17.85	18.18	18.51
3.4	15.57	19.91	16.25	16.59	16.93	17.27	17.61	17.95	18.29	18.63	18.97	19.31
3.5	16.26	16.61	16.96	17.31	17.66	18.01	18.36	18.71	19.06	19.41	19.76	20.11
3.6	16.96	17.32	17.68	18.04	18.40	18.76	19.12	19.48	19.84	20.20	20.56	20.92
3.7	17.68	18.05	18.42	18.79	19.16	19.53	19.20	20.27	20.64	21.01	21.38	21.75
3.8	18.41	18.79	19.17	19.55	19.93	20.31	20.69	21.07	21.45	21.83	22.21	22.59
3.9	19.17	19.56	19.95	20.34	20.73	21.12	21.51	21.90	22.29	22.68	23.07	22.46
4.0	19.92	20.32	20.72	21.12	21.52	21.92	22.32	22.72	23.12	23.52	23.92	24.32
4.1	2.69	21.10	21.51	21.92	22.33	22.74	23.15	23.55	23.96	24.38	24.79	25.20
4.2	21.48	21.90	22.32	22.74	23.16	23.58	24.00	24.42	24.84	25.26	25.68	26.10
4.3	22.28	22.71	23.14	23.57	24.00	24.43	24.86	25.29	25.72	26.12	26.58	27.01
4.4	23.09	23.53	23.97	24.41	24.85	25.29	25.73	26.17	26.61	27.05	27.49	27.93
4.5	23.92	24.37	24.82	25.27	26.72	26.17	26.62	27.07	27.52	27.97	28.42	28.87
4.6	24.76	25.22	25.68	26.14	26.60	27.06	27.52	27.97	28.43	28.89	29.35	29.81
4.7	25.61	26.08	26.55	27.02	27.49	27.96	28.43	28.90	29.37	29.84	30.31	30.78
4.8	26.48	26.96	27.44	27.92	28.40	28.88	29.36	29.83	30.32	30.80	31.28	31.76
4.9	27.36	27.85	28.34	28.83	29.34	29.81	30.30	30.79	31.28	31.77	32.26	32.75
5.0	28.25	28.75	29.25	29.75	30.25	3.075	31.25	31.75	32.25	32.75	33.25	33.75

(5)每米沟槽(边坡1:0.75)的土方数量见表4.16。

表 4.16　每米沟槽的土方数量表(坡度 1:0.75)

槽宽/m	底宽/m												
	1.0	1.1	1.2	1.3	1.4	1.5	1.6	1.7	1.8	1.9	2.0	2.1	2.2
	土方量/m³												
1.0	1.75	1.85	1.95	2.05	2.15	2.25	2.35	2.45	2.55	2.65	2.78	2.85	2.95
1.1	2.01	2.12	2.23	2.34	2.45	2.56	2.67	2.78	2.89	3.00	3.11	3.21	3.33
1.2	2.28	2.40	2.52	2.64	2.76	2.88	3.00	3.12	3.24	3.36	3.48	3.60	3.72
1.3	2.57	2.70	2.83	2.96	3.09	3.22	3.35	3.48	3.61	3.74	3.87	4.00	4.13
1.4	2.87	3.01	3.15	3.29	3.43	3.57	3.71	3.85	3.99	4.13	4.27	4.41	4.55
1.5	3.19	3.34	3.49	3.64	3.79	3.94	4.09	4.24	4.39	4.54	4.69	4.84	4.99
1.6	3.52	3.68	3.84	4.00	4.16	4.32	4.48	4.64	4.80	4.91	4.12	5.28	5.44
1.7	3.87	4.04	4.21	4.38	4.55	4.72	4.89	5.06	5.23	5.40	5.57	5.74	5.91
1.8	4.23	4.41	4.59	4.77	4.95	5.13	5.31	5.49	5.67	5.85	6.03	6.21	6.39
1.9	4.61	4.80	4.99	5.18	5.37	5.56	5.75	5.94	6.13	6.32	6.51	6.70	6.89
2.0	5.00	5.20	5.40	5.60	5.80	6.00	6.20	6.40	6.60	6.80	7.00	7.20	7.40
2.1	5.41	5.62	5.83	6.04	6.25	6.46	6.67	6.88	7.09	7.30	7.51	7.72	7.93
2.2	5.83	6.05	6.27	6.49	6.71	6.93	7.15	7.37	7.59	7.81	8.03	8.25	8.47
2.3	6.27	6.50	6.73	6.96	7.19	7.42	7.65	7.88	8.11	8.34	8.57	8.80	9.03
2.4	6.72	6.96	7.20	7.44	7.68	7.92	8.16	8.40	8.64	8.88	9.12	9.36	9.60
2.5	7.19	7.44	7.69	7.94	8.19	8.44	8.69	8.94	9.19	9.44	9.69	9.94	10.19
2.6	7.69	7.93	8.19	8.45	8.71	8.97	9.23	9.49	9.75	10.01	10.27	10.53	10.79
2.7	8.17	8.44	8.17	8.98	9.25	9.52	9.79	10.06	10.33	10.60	10.87	11.14	11.44
2.8	8.68	8.96	9.24	9.52	9.80	10.08	10.36	10.64	10.92	11.20	11.48	11.76	12.04
2.9	9.21	9.50	9.79	10.08	10.37	10.66	10.95	11.24	11.53	11.82	12.11	12.40	12.69
3.0	9.75	10.05	10.35	10.65	10.95	11.25	11.55	11.85	12.15	12.45	12.75	13.05	13.35
3.1	10.31	10.62	10.93	11.24	11.55	11.86	12.17	12.48	12.79	13.10	13.41	13.72	14.03
3.2	10.88	11.20	11.52	11.84	12.16	12.48	12.80	13.12	13.44	13.76	14.08	14.40	14.72
3.3	11.47	11.80	12.13	12.46	12.79	13.12	13.45	13.78	14.11	14.44	14.77	15.10	15.43
3.4	12.07	12.41	12.75	13.09	13.43	13.77	14.11	14.45	14.79	15.13	15.47	15.81	16.15
3.5	12.69	13.04	13.39	13.74	14.09	14.44	14.79	15.14	15.49	15.84	16.19	16.54	16.89
3.6	13.32	13.68	14.04	14.40	14.76	15.12	15.48	15.84	16.20	16.56	16.92	17.28	17.64
3.7	13.97	14.34	14.71	15.08	15.45	15.82	16.19	16.56	16.93	17.30	17.67	18.04	18.41
3.8	14.63	15.01	15.39	15.77	16.15	16.53	16.91	17.29	17.67	18.05	18.43	18.81	19.19
3.9	15.31	15.70	16.09	16.48	16.87	17.26	17.65	18.04	18.43	18.82	19.21	19.60	19.99
4.0	16.00	16.40	16.80	17.20	17.60	18.00	18.40	18.80	19.20	19.60	20.00	20.40	20.80
4.1	16.71	17.12	17.53	17.94	18.35	18.76	19.17	19.58	19.99	20.40	20.81	21.22	21.63
4.2	17.43	17.85	18.27	18.69	19.11	19.53	19.95	2037	20.79	21.21	21.63	22.05	22.47
4.3	18.17	18.60	19.03	19.46	19.89	20.32	20.75	21.18	21.61	22.04	22.47	22.90	23.33
4.4	18.92	19.36	19.80	20.24	20.68	21.12	21.56	22.00	22.44	22.88	23.32	23.76	24.20
4.5	19.69	20.14	20.59	21.04	21.49	21.94	22.39	22.84	23.29	23.74	24.19	24.64	25.09
4.6	20.47	20.93	21.39	21.85	22.31	22.77	23.23	23.69	24.15	24.61	25.07	25.33	25.99
4.7	21.27	21.74	22.21	22.68	23.15	23.62	24.09	24.56	25.03	25.50	25.97	26.44	26.91
4.8	22.08	22.56	23.04	23.52	24.00	24.48	24.96	25.44	25.92	26.40	26.88	27.36	27.84
4.9	22.91	23.40	23.89	24.38	24.87	25.36	25.85	26.34	26.83	27.32	27.81	28.30	28.79
5.0	23.75	24.25	24.75	25.25	25.75	26.25	26.75	27.25	27.75	28.25	28.75	29.25	29.75

续表 4.16

槽宽/m	底宽/m											
	2.3	2.4	2.5	2.6	2.7	2.8	2.9	3.0	3.1	3.2	3.3	3.4
	土方量/m³											
1.0	3.05	3.15	3.25	3.35	3.45	3.55	3.65	3.75	3.85	3.95	4.05	4.15
1.1	3.44	3.55	3.66	3.77	3.88	3.99	4.10	4.21	4.32	4.43	4.54	4.65
1.2	3.84	3.96	4.08	4.20	4.32	4.44	4.56	4.68	4.80	4.92	5.04	5.16
1.3	4.26	4.39	4.52	4.65	4.78	4.91	5.04	5.17	5.30	5.43	5.56	5.69
1.4	4.69	4.83	4.97	5.11	5.25	5.39	5.53	5.67	5.81	5.95	6.09	6.23
1.5	5.14	5.29	5.44	5.59	5.74	5.89	6.04	6.19	6.34	5.49	6.64	6.79
1.6	5.60	5.76	5.92	6.08	6.24	6.40	6.56	6.72	6.88	7.04	7.20	7.36
1.7	6.08	6.25	6.42	6.59	6.76	6.93	7.10	7.27	7.44	7.61	7.78	7.95
1.8	6.57	6.75	6.93	7.11	7.29	7.47	7.65	7.83	8.01	8.19	8.37	8.55
1.9	7.08	7.27	7.46	7.65	7.84	8.03	8.22	8.41	8.60	8.79	8.98	9.17
2.0	7.60	7.80	8.00	8.20	8.40	8.60	8.80	9.00	9.20	9.40	9.60	9.80
2.1	8.14	8.35	8.56	8.77	8.98	9.19	9.40	9.61	9.82	10.03	10.24	10.45
2.2	8.69	8.91	9.13	9.35	9.57	9.79	10.01	10.23	10.45	10.67	10.89	11.11
2.3	9.26	9.49	9.72	9.95	10.18	10.41	10.64	10.87	11.10	11.33	11.56	11.79
2.4	9.84	10.08	10.32	10.56	10.80	11.04	11.28	11.52	11.76	12.00	12.24	12.48
2.5	10.44	10.69	10.94	11.19	11.44	11.69	11.94	12.19	12.44	12.69	12.94	13.19
2.6	11.05	11.31	11.57	11.83	12.09	12.35	12.61	12.87	13.13	13.39	13.65	13.91
2.7	11.68	11.95	12.22	12.49	12.76	13.03	13.30	13.57	13.84	14.11	14.38	14.65
2.8	13.32	12.60	12.88	13.16	13.44	13.72	14.00	14.28	14.56	14.84	15.12	15.40
2.9	12.98	13.27	13.56	13.85	14.14	14.43	14.72	15.01	15.30	15.59	15.88	16.17
3.0	13.65	13.95	14.25	14.55	14.85	15.15	15.45	15.75	16.05	16.35	16.65	16.95
3.1	14.34	14.65	14.96	15.27	15.58	15.79	16.20	16.51	16.82	17.13	17.44	17.75
3.2	15.04	15.36	15.68	16.00	16.32	16.64	16.96	17.28	17.60	17.92	18.24	18.56
3.3	15.76	16.09	16.42	16.75	17.08	17.41	17.74	18.07	18.40	18.73	19.06	19.39
3.4	16.49	19.83	17.17	17.51	17.85	18.19	18.53	18.87	19.21	19.55	19.89	20.23
3.5	17.24	17.59	17.94	18.29	18.64	18.99	19.34	19.69	20.04	20.39	20.74	21.09
3.6	18.00	18.36	18.72	19.08	19.44	19.80	20.16	20.52	20.88	21.24	21.60	21.96
3.7	18.78	19.15	19.52	19.89	20.26	20.63	21.00	21.37	21.74	22.11	22.48	22.85
3.8	19.57	19.95	20.33	20.71	21.09	21.47	21.85	22.23	22.61	22.99	23.37	23.75
3.9	20.38	20.77	21.16	21.55	21.94	22.33	22.72	23.11	23.50	23.89	24.28	24.67
4.0	21.20	21.60	22.00	22.40	22.80	23.20	23.60	24.00	24.40	24.80	25.20	25.60
4.1	22.04	22.45	22.86	23.27	23.68	24.09	24.50	24.91	25.32	25.73	26.14	26.55
4.2	22.89	23.31	23.73	24.15	24.57	24.99	25.41	25.83	26.25	26.67	27.09	27.51
4.3	23.76	24.19	24.62	25.05	25.48	25.91	26.34	26.77	27.20	27.63	28.06	28.49
4.4	24.64	25.08	25.52	25.96	26.40	26.84	27.28	27.72	28.16	28.60	29.04	29.48
4.5	25.54	25.99	26.44	26.89	27.34	27.79	28.24	28.69	29.14	29.59	30.04	30.49
4.6	26.45	26.91	27.37	37.83	28.29	28.75	29.21	29.67	30.13	30.59	31.05	31.51
4.7	27.85	28.32	28.79	29.26	29.73	30.20	30.67	31.14	31.61	31.61	32.08	32.55
4.8	28.32	28.80	29.28	29.76	30.24	30.72	31.20	31.68	32.16	32.64	33.12	33.60
4.9	29.28	29.77	30.26	30.75	31.24	31.73	32.22	32.71	33.20	33.69	34.18	34.67
5.0	30.25	30.75	31.25	31.75	32.25	32.75	33.25	33.75	34.25	34.75	35.25	35.75

（6）每米沟槽（坡度 1:1）的土方数量见表 4.17。

表 4.17　每米沟槽的土方数量表（坡度 1:1）

槽宽/m	底宽/m												
	1.0	1.1	1.2	1.3	1.4	1.5	1.6	1.7	1.8	1.9	2.0	2.1	2.2
	土方量/m³												
1.0	2.00	2.10	2.20	2.30	2.40	2.50	2.60	2.70	2.80	2.90	3.00	3.10	3.20
1.1	2.31	2.42	2.53	2.64	2.75	2.86	2.97	3.08	3.19	3.30	3.41	3.52	3.68
1.2	2.64	2.76	2.88	3.00	3.12	3.24	3.36	3.48	3.60	3.72	3.84	3.96	4.03
1.3	2.99	3.12	3.25	3.38	3.51	3.64	3.77	3.90	4.03	4.16	4.29	4.42	4.55
1.4	3.36	3.50	3.64	3.78	3.92	4.06	4.20	4.34	4.48	4.62	4.76	4.90	5.04
1.5	3.75	3.90	4.05	4.20	4.35	4.50	4.65	4.80	4.95	5.10	5.25	5.40	5.55
1.6	4.16	4.32	4.48	4.64	4.80	4.96	5.12	5.28	5.44	5.60	5.76	5.92	6.08
1.7	4.59	4.76	4.93	5.10	5.27	5.44	5.61	5.78	5.95	6.12	6.29	6.46	6.63
1.8	5.04	5.22	5.40	5.58	5.76	5.94	5.12	6.30	6.48	6.66	6.84	7.02	7.20
1.9	5.51	5.70	5.89	6.08	6.27	6.46	6.65	6.84	7.03	7.22	7.41	7.60	7.79
2.0	6.00	6.20	6.40	6.60	6.80	7.00	7.20	7.40	7.60	7.80	8.00	8.20	8.40
2.1	6.51	6.72	6.93	7.14	7.35	7.56	7.77	7.98	8.19	8.40	8.61	8.82	9.03
2.2	7.04	7.26	7.48	7.70	7.92	8.14	8.36	8.58	8.80	9.02	9.24	9.46	9.68
2.3	7.59	7.82	8.05	8.28	8.51	8.74	8.97	9.20	9.43	9.66	9.89	10.12	10.35
2.4	8.16	8.40	9.64	8.88	9.12	9.36	9.60	9.84	10.08	10.32	10.56	10.80	11.04
2.5	8.75	9.00	9.25	9.50	9.75	10.00	10.25	10.50	10.75	11.00	11.25	11.50	11.75
2.6	9.36	9.62	9.88	10.14	10.40	10.66	10.92	11.18	11.44	11.70	11.96	12.22	12.48
2.7	9.99	10.26	10.53	10.80	11.07	11.34	11.61	11.88	12.15	12.42	12.69	12.96	13.23
2.8	10.64	10.92	11.20	11.48	11.76	12.04	12.32	12.60	12.80	13.16	13.44	13.72	14.00
2.9	11.31	11.60	11.89	12.18	12.47	12.76	13.05	13.34	13.63	13.92	14.21	14.50	14.79
3.0	12.00	12.30	12.60	12.90	13.20	13.50	13.80	14.10	14.40	14.70	15.00	15.30	15.60
3.1	12.71	13.02	13.33	13.64	13.95	14.26	14.57	14.88	15.19	15.50	15.81	16.12	16.43
3.2	13.44	13.76	14.08	14.40	14.72	15.04	15.36	15.68	16.00	16.32	16.64	16.96	17.28
3.3	14.19	14.52	14.85	15.18	15.51	15.84	16.17	16.50	16.83	17.16	17.49	17.82	18.15
3.4	14.96	15.30	15.64	15.98	16.32	16.66	17.00	17.34	17.68	18.02	18.36	18.70	19.04
3.5	15.75	16.10	16.45	16.80	17.15	17.50	17.85	18.20	18.55	18.90	19.25	19.60	19.95
3.6	16.56	16.92	17.28	17.64	18.00	18.36	18.72	19.08	19.44	19.80	20.16	20.52	20.88
3.7	17.39	17.76	18.13	18.50	18.87	19.24	19.61	19.98	20.35	20.77	21.09	21.46	21.83
3.8	18.24	18.62	19.00	19.38	19.76	20.14	20.52	20.90	21.28	21.66	22.04	22.42	22.80
3.9	19.11	19.50	19.89	20.28	20.67	21.06	21.45	21.84	22.23	22.62	22.01	23.40	23.79
4.0	20.00	20.40	20.80	21.20	21.60	22.00	22.40	22.80	23.20	23.60	24.00	24.40	24.80
4.1	20.91	21.32	21.73	22.14	22.55	22.96	23.37	23.78	24.19	24.60	25.01	25.42	25.83
4.2	21.84	22.26	22.68	23.10	23.52	23.94	24.36	24.78	25.20	25.62	26.04	26.46	26.88
4.3	22.79	23.22	23.65	24.08	24.51	24.94	25.37	25.80	26.23	26.66	27.09	27.52	27.95
4.4	23.76	24.20	24.64	25.08	25.52	25.96	26.40	26.84	27.28	27.72	28.16	28.60	29.04
4.5	24.75	25.20	25.65	26.10	26.55	27.00	27.45	27.90	28.35	28.80	29.25	29.70	30.15
4.6	25.76	26.22	26.68	27.14	27.60	28.06	28.52	28.98	29.44	29.90	30.36	30.82	31.28
4.7	26.79	27.26	27.73	28.20	28.67	29.14	29.61	30.08	30.55	31.02	31.49	31.96	32.43
4.8	27.84	28.32	28.80	29.28	29.76	30.24	30.72	31.20	31.68	32.16	32.64	33.12	33.60
4.9	28.91	29.40	29.89	30.38	30.87	31.36	31.85	32.34	32.83	32.32	33.81	34.30	34.79
5.0	30.00	30.50	31.00	31.50	32.00	32.50	33.00	33.50	34.00	34.50	35.00	35.50	36.00

续表 4.17

槽宽/m	底宽/m											
	2.3	2.4	2.5	2.6	2.7	2.8	2.9	3.0	3.1	3.2	3.3	3.4
	土方量/m³											
1.0	3.30	3.40	3.50	3.60	3.70	3.80	3.90	4.00	4.10	4.20	4.30	4.40
1.1	3.74	3.85	3.96	4.07	4.18	4.29	4.40	4.51	4.62	4.73	4.84	4.95
1.2	4.20	4.32	4.44	4.56	4.68	4.80	4.92	5.04	5.16	5.28	5.40	5.52
1.3	4.68	4.81	4.94	5.07	5.20	5.33	5.46	5.59	5.72	5.85	5.98	6.11
1.4	5.18	5.32	5.46	5.60	5.74	5.88	6.02	6.16	6.30	6.44	6.58	6.72
1.5	5.70	5.85	6.00	6.15	6.30	6.45	6.60	6.75	6.90	7.05	7.20	7.35
1.6	6.24	6.40	6.56	6.72	6.88	7.04	7.20	7.36	7.52	7.68	7.84	8.00
1.7	6.80	6.97	7.14	7.31	7.48	7.65	7.82	7.99	8.16	8.33	8.50	8.67
1.8	7.38	7.56	7.74	7.92	8.10	8.28	8.46	8.64	8.82	9.00	9.18	9.36
1.9	7.98	8.17	8.36	8.55	8.74	8.93	9.12	9.31	9.50	9.69	9.88	10.07
2.0	8.60	8.80	9.00	9.20	9.40	9.60	9.80	10.00	10.20	10.40	10.60	10.80
2.1	9.24	9.45	9.66	9.87	10.08	10.29	10.50	10.71	10.92	11.13	11.34	11.55
2.2	9.90	10.12	10.34	10.56	10.78	11.00	11.22	11.44	11.66	11.88	12.10	12.32
2.3	10.58	10.81	11.04	11.27	11.50	11.73	11.96	12.19	12.42	12.65	12.88	13.11
2.4	11.28	11.52	11.76	12.00	12.24	12.48	12.72	12.96	13.20	13.44	13.68	13.92
2.5	12.00	12.25	12.50	12.75	13.00	13.25	13.50	13.75	14.00	14.25	14.50	14.75
2.6	12.74	13.00	13.26	13.52	13.78	14.04	14.30	14.56	14.82	15.08	15.34	15.60
2.7	13.50	13.77	14.04	14.31	14.58	14.85	15.12	15.39	15.66	15.93	16.20	16.47
2.8	14.28	14.56	14.84	15.12	15.40	15.68	15.96	16.24	16.52	16.80	17.08	17.36
2.9	15.08	15.37	15.66	15.95	16.24	16.53	16.82	17.11	17.40	17.69	17.98	18.27
3.0	15.90	16.20	16.50	16.80	17.10	17.40	17.70	18.00	18.30	18.60	18.90	19.20
3.1	16.74	17.05	17.36	17.67	17.98	18.29	18.60	18.91	19.22	19.53	19.84	20.15
3.2	17.60	17.92	18.24	18.56	18.88	19.20	19.52	19.84	20.16	20.48	20.80	21.12
3.3	18.48	18.81	19.14	19.47	19.80	20.13	20.46	20.79	21.12	21.45	21.78	22.11
3.4	19.38	19.72	20.06	20.40	2074	21.08	21.42	21.76	22.10	22.44	22.78	23.12
3.5	20.30	20.65	21.00	21.35	21.70	22.05	22.40	22.75	23.10	23.45	23.80	24.15
3.6	21.24	21.60	21.96	22.32	22.68	23.04	23.40	23.76	24.12	24.48	24.84	25.20
3.7	22.20	22.57	22.94	23.31	23.68	24.05	24.42	24.79	25.16	25.53	25.90	26.27
3.8	23.18	23.56	23.94	24.32	24.70	25.08	25.46	25.84	26.22	26.60	26.98	27.36
3.9	24.18	24.57	24.96	25.35	25.74	26.13	26.52	26.91	27.30	27.69	28.08	28.47
4.0	25.20	25.60	25.00	26.40	26.80	27.20	27.60	28.00	28.40	28.80	29.20	29.60
4.1	26.24	26.65	27.06	27.47	27.88	28.29	28.70	29.11	29.52	29.93	30.34	30.75
4.2	27.30	27.72	28.14	28.56	28.98	29.40	29.82	30.24	30.66	31.80	31.50	31.92
4.3	28.38	28.81	29.24	29.67	30.10	30.53	30.96	31.39	31.82	32.25	32.68	33.11
4.4	29.48	29.92	30.36	30.80	31.24	31.68	32.12	32.56	33.00	33.44	33.88	34.32
4.5	30.60	31.05	31.50	31.95	32.40	32.85	33.30	33.75	34.20	34.65	35.10	35.55
4.6	31.74	32.20	32.66	33.12	33.58	34.04	34.50	34.96	35.42	35.88	36.34	36.80
4.7	32.90	33.37	33.84	34.31	34.78	35.25	35.72	36.19	36.66	37.13	37.60	37.07
4.8	34.08	34.56	35.04	35.52	36.00	36.48	36.96	37.44	37.92	38.40	38.88	39.36
4.9	35.28	35.77	36.36	36.75	37.24	37.73	38.22	38.71	39.20	39.69	40.18	40.67
5.0	36.50	37.00	37.50	38.00	38.50	39.00	39.50	40.00	40.50	41.00	41.50	42.00

4.1.3　工程量计算常用公式

土石方工程工程量计算常用公式见表 4.18。

表 4.18　土石方工程工程量计算公式表

项目	计算公式	计算规则
人工挖地槽（放坡）	$V/m^3 = L_槽 \times (B+2C) \times H + L_槽 \times KH^2$ 式中　K——放坡系数,见表 4.19 所示 　　　$L_槽$——地槽长(m) 　　　B——基础垫层宽度(m) 　　　C——工作面宽度(m) 　　　H——挖土深度(m),从室外地坪至垫层底面的高度 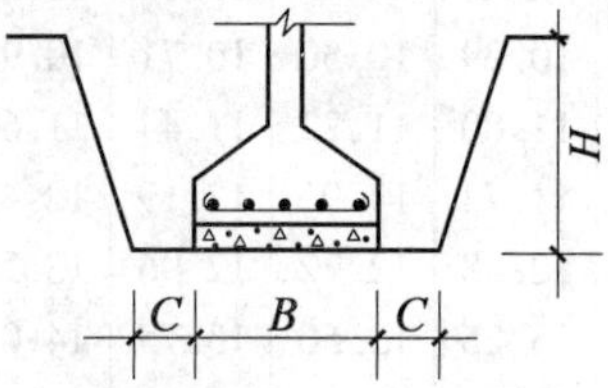 	地槽:凡槽底宽度在 3 m 以内,并且槽长大于槽宽 3 倍的为地槽 挖地槽、地坑、土方及挖流砂、淤泥项目中未包括地下水位以下施工的排水费,发生时另行计算 外墙地槽长度按图示尺寸的中心线计算;内墙地槽长度按图示尺寸的地槽净长线计算,其突出部分应并入地槽工程量内计算。各种检查井和排水管道接口处,因加宽而增加的土方工程量,应按相应管道沟槽全部土方工程量增加 2.5% 计算 地下室墙基地槽深度,是从地下室挖土底面计算至槽底。管道沟的深度,按分段间的地面平均自然标高减去管道底皮的平均标高计算
人工挖地槽（不放坡）	$V = L_槽 \times (B+2C) \times H(m^3)$ 式中　$L_槽$——地槽长(m) 　　　B——基础垫层宽度(m) 　　　C——工作面宽度(m),见表 4.20 所示 　　　H——挖土深度(m),从室外地坪至垫层底面的高度 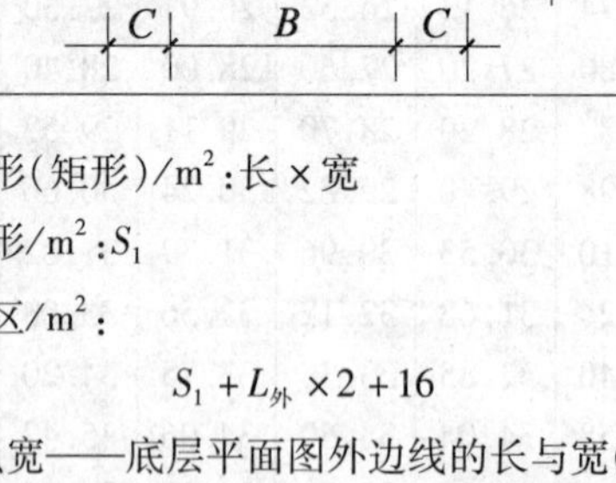 	
平整场地	简单图形(矩形)/m²:长 × 宽 复杂图形/m²:S_1 部分地区/m²: $$S_1 + L_外 \times 2 + 16$$ 式中　长、宽——底层平面图外边线的长与宽(m) 　　　S_1——一层(底层)建筑面积(基本数据)(m²) 　　　$L_外$——一层外墙外边线长(基本数据)(m) 　　　16——四个角的面积:$2 \times 2 \times 4$ 个 $= 16(m^2)$	平整场地是指厚度在 ± 30 cm 以内的就地挖、填、找平 平整场地工程量按建筑物(或构筑物)的底面积计算,包括有基础的底层阳台面积 围墙按中心线每边各增加 1 m 计算。道路及室外管道沟不计算平整场地 道路及室外管道沟不计算平整场地

续表 4.18

项目	计算公式	计算规则
圆形地坑（放坡）	$V/m^3 = \dfrac{1}{3}\pi H \times (R_1^2 + R_2^2 + R_1 R_2) =$ $\dfrac{1}{3}\pi H \times (3R_1^2 + 3R_1 KH + K^2 H^2)$ 式中　R_1——坑下底半径(m)，需工作面时工作面宽度 C 含在 R_1 内 　　　R_2——坑上口半径(m)，$R_2 = R_1 + KH$ 　　　H——坑深(m) 　　　K——放坡系数，见表 4.19 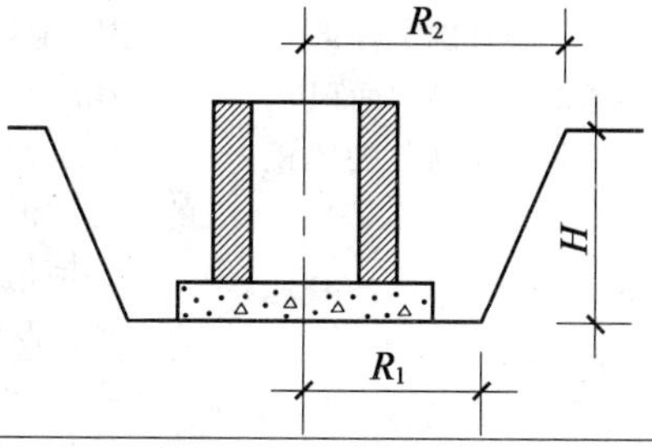 	凡图示底面积在 20 m² 内的挖土为挖地坑 　在挖土方、槽、坑时，若遇不同土壤类别，应根据地质勘测资料分别计算。边坡放坡系数可根据各土壤类别及深度加权取定 　人工挖地坑深超过 3 m 时应分层开挖，底分层按深 2 m、层间每侧留工作台 0.8 m 计算
圆形地坑（不放坡）	$V/m^3 = \pi R_1^2 H$ 式中　π——圆周率 　　　R_1——坑半径(m) 　　　H——坑深(m) 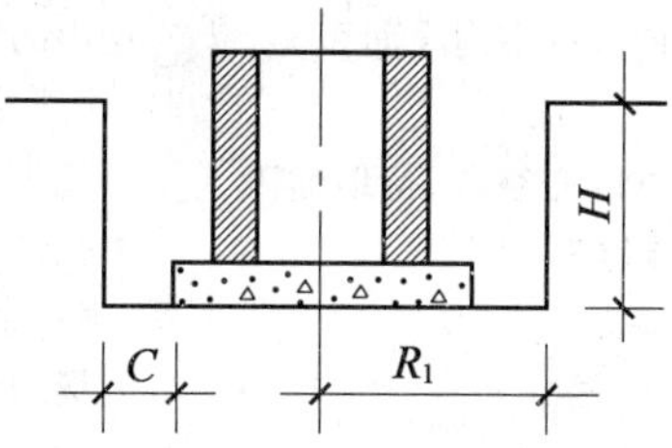 	计算时先计算圆形地坑的半径（包括工作面），再将算出的地坑的投影面积与其高度相乘得出体积值
复杂图形挖土体积	$V/m^3 = F_{垫层} H + (L_{垫外} \times C + 4C^2) \times$ $H + \dfrac{1}{2} L_{C外} KH^2 + \dfrac{4}{3} K^2 H^3$ 式中　$F_{垫层}$——垫层面积(m²) 　　　$F_{垫层} H$——垫层上的挖土体积(m³) 　　　$L_{垫外}$——垫层外边线周长(m) 　　　C——工作面宽度(m) 　　　$(L_{垫外} \times C + 4C^2) \times H$——工作面上的挖土体积(m³) 　　　$L_{C外}$——工作面的外边线长(m) 　　　$\dfrac{1}{2} L_{C外} KH^2 + \dfrac{4}{3} K^2 H^3$——放坡的体积(m³)	人工土方项目是按干土编制的，若挖湿土时，人工乘以系数 1.18。干湿的划分，应根据地质勘测资料按地下常水位划分，地下常水位以上为干土，以下为湿土 　挖地槽、地坑、土方及挖流砂、淤泥项目中未包括地下水位以下施工的排水费，发生时另行计算。挖土方时若有地表水需要排除时，也应另行计算

续表 4.18

项目	计算公式	计算规则
管沟挖土	不放坡: $$V/\mathrm{m}^3 = 沟长 \times 沟宽 \times 沟深$$ 放坡: $$V/\mathrm{m}^3 = 沟长 \times 沟宽 \times 沟深 + 沟长 \times K \times 沟深^2$$	计算时,管沟长按图示尺寸,沟深按分段的平均深度(自然地坪至管底或基础底),沟宽按设计规定 　土方体积的计算,均以挖掘前的天然密实体积计算
管道沟槽回填土	$$V/\mathrm{m}^3 = 挖土体积 - 管道所占体积$$	回填土按夯填或松填分别以立方米计算
基础回填土	$$V/\mathrm{m}^3 = 挖土工程量 - 灰土工程量 - 砖基础工程量 -$$ 　　地圈梁工程量 + 室内外高差 × 防潮层面积 　因砖基础算到了 ± 0.00,多减了室内外高差的体积,故再加上	回填土体积 V 按夯填或松填分别以立方米计算 　地槽、地坑回填土体积等于挖土体积减去设计室外地坪以下埋设的砌筑物(包括基础、垫层等)的外形体积 　房心回填土,按主墙间面积乘以回填土厚度以立方米计算
余土外运	$V/\mathrm{m}^3 = 挖土工程量 - 回填土工程量 - 房心填土工程量$ 即 $V/\mathrm{m}^3 = 挖土工程量 - 回填土工程量 - 室内净面积 \times$ 　　(室内外高差 - 地面厚) 式中　"房心填土工程量"此处也可以先空着,待地面工程量计算中算出后将数值抄过来	余土(或取土)外运体积 $V =$ 挖土总体积 - 回填土总体积 　计算结果为正值时为余土外运体积,负值时为取土体积。土、石方运输工程量按整个单位工程中外运和内运的土方量一并考虑 　挖出的土如部分用于灰土垫层时,这部分土的体积在余土外运工程量中不予扣除 　大孔性土壤应根据实验室的资料,确定余土和取土工程量 　因场地狭小,无堆土地点,挖出的土方运输,应根据施工组织设计确定的数量和运距计算
方格点均为挖或填的土方	方格点均为挖或填时(即无零线),土方工程量 V 计算公式为 $$V/\mathrm{m}^3 = (a^2 \cdot \sum h)/4$$ 式中　$\sum h$——方格内的 h 值之和 　　　a——方格边长(m) 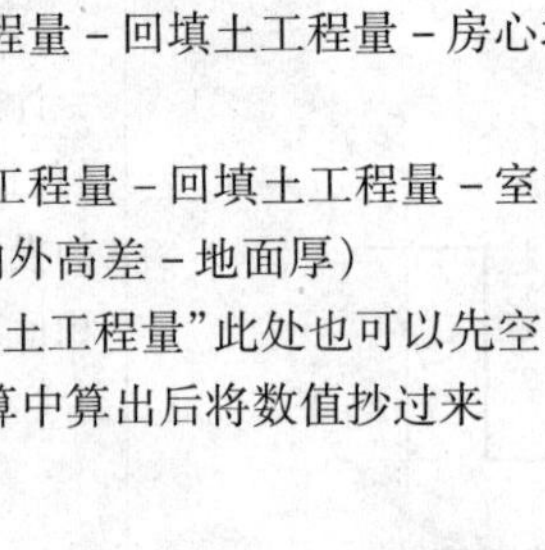 	各个角点的标高汇总再平均;方格一般划分成正方形

续表 4.18

项目	计算公式	计算规则
三角形、五角形、梯形挖或填的土方	1.三角形挖或填的土方工程量： $$V/\mathrm{m}^3 = \frac{1}{2}cb\frac{\sum h}{3}$$ 式中　$\sum h$ 为三角形范围内的 h 值之和，b、c 含义如下图(a) 2.五角形挖或填的土方工程量： $$V/\mathrm{m}^3 = \left(a^2 - \frac{cb}{2}\right)\frac{\sum h}{5}$$ 式中　$\sum h$ 为五角形范围内的 h 值之和，a、b、c 含义如下图(b) 3.梯形挖或填的土方工程量： $$V/\mathrm{m}^3 = \frac{b+c}{2} \cdot a \cdot \frac{\sum h}{4}$$ 式中　$\sum h$ 为梯形范围内的 h 值之和，a、b、c 含义如下图(c) 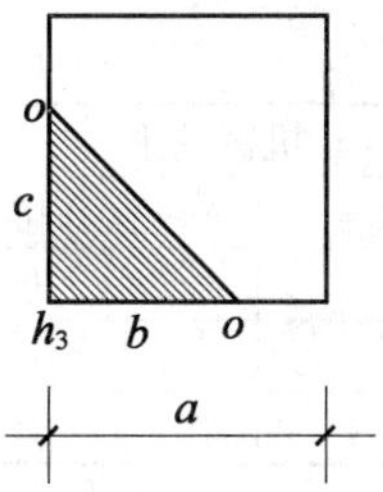 	土方体积的计算，均以挖掘前的天然密实体积计算 回填土按夯填或松填分别以立方米计算
人工挖孔灌注桩	$$V/\mathrm{m}^3 = V_1 + V_2 + V_3 + V_4 + \cdots$$ 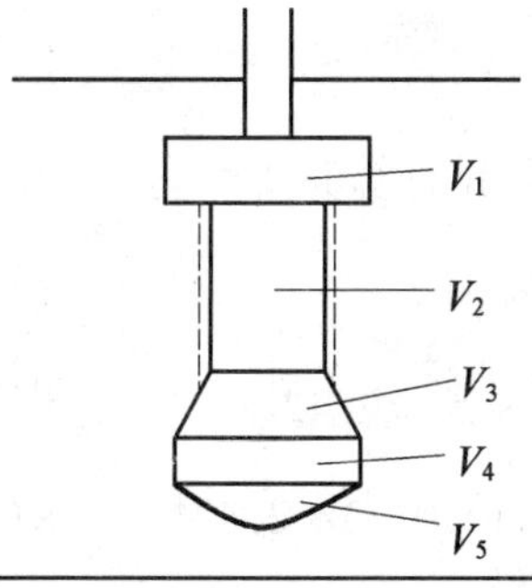 	人工挖孔灌注桩成孔，若桩的设计长度超过 20 m 时，桩长每增加5 m（包括5 m 以内），基价增加20% 人工挖孔灌注桩成孔，若遇地下水时，其处理费用按实计取 人工挖孔灌注桩成孔，设计要求增设的安全防护措施所用材料、设备另行计算。若桩径小于1 200 mm（包括1 200 mm）时，人工、机械各增加 20%

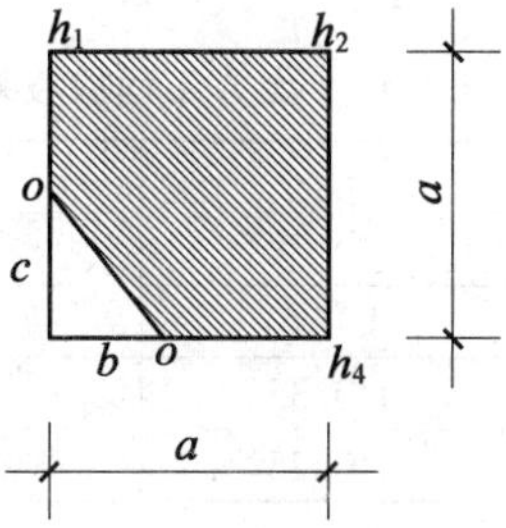

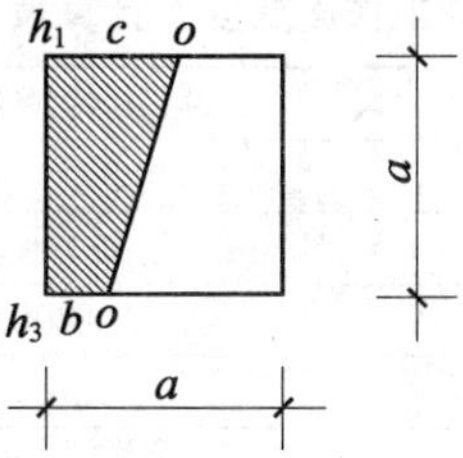

续表 4.18

项目	计算公式	计算规则
钢筋混凝土矩形柱基础挖地坑	1. 不需放坡：$$V/\text{m}^3 = (A + 2C) \times (B + 2C) \times H_{挖}$$ 2. 需放坡：$$V/\text{m}^3 = (A + 2C + KH_{挖}) \times (B + 2C + KH_{挖}) \times H_{挖} + \frac{1}{3}K^2 H_{挖}^3$$ 式中　C——工作面宽度(m)　　　K——放坡系数　　　$H_{挖}$——挖土深度(m) 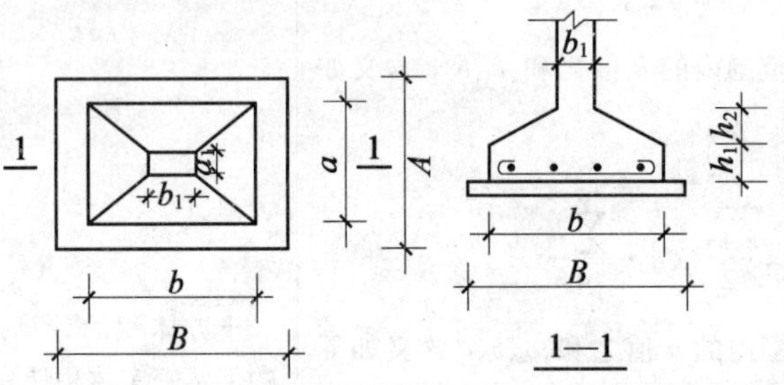	在挖土方、槽、坑时，若遇不同土壤类别，应根据地质勘测资料分别计算。边坡放坡系数可根据各层土壤类别及深度加权取定 挖地槽、地坑需支挡土板时，其宽度按图示沟槽、地坑底宽，单面加 10 cm，双面加 20 cm 计算。挡土板面积，按槽、坑垂直支撑面积计算。支挡土板，不再计算放坡 人工挖地槽、地坑深超过 3 m 时应分层开挖，底分层按深 2 m、层间每侧留工作台 0.8 m 计算

表 4.19　土方工程放坡系数 K

土壤类别	放坡起点/m	人工挖土	机械挖土	
			在坑内作业	在坑上作业
一、二类土	1.20	1:0.5	1:0.33	1:0.75
三类土	1.50	1:0.33	1:0.25	1:0.67
四类土	2.00	1:0.25	1:0.10	1:0.33

表 4.20　基础施工所需工作面宽度 C 计算表

基础材料	每边各增加工作面宽度/mm
砖基础	200
混凝土基础支模板	300
基础垂直面做防水层	800(防水层面)
浆砌毛石、条石基础	150
混凝土基础垫层支模板	300

4.1.4　工程量计算应用实例

【例 4.1】　某独立柱基础如图 4.5 所示，试计算其工程量。

【解】

独立柱基础土方量计算如下：

$$V/\text{m}^3 = (2.2 + 0.33 \times 2) \times (2.1 + 0.33 \times 2) \times 2.42 +$$

$$(2.2 + 0.33 \times 2 + 2.1 + 0.33 \times 2) \times 0.33 \times 2.42^2 + \frac{4}{3} \times 0.33^2 \times 2.42^3 = 32.02$$

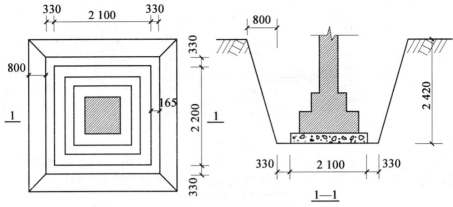

图 4.5　独立柱基础示意图

【例 4.2】　某人工挖沟槽工程,其沟槽示意图如图 4.6 所示,土质为三类土,计算挖沟槽清单工程量。

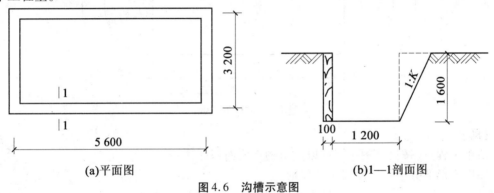

(a)平面图　　　　　　　　　　　　　　(b)1—1 剖面图

图 4.6　沟槽示意图

【解】

放坡宽度/m:$1.6 \times 0.33 = 0.528$

挖沟槽清单工程量:

$$V/m^3 = 1.2 \times 1.6 \times (5.6 + 3.2) \times 2 = 33.79$$

清单工程量计算见表 4.21。

表 4.21　清单工程量计算表

项目编码	项目名称	项目特征描述	计量单位	工程量
010101003001	挖基础土方	三类土,条形基础,1.6 m	m^3	33.79

【例 4.3】　某人工挖地槽的尺寸如图 4.7 所示,墙厚 240 mm,工作面每边放出 300 mm,从垫层下表面开始放坡,计算地槽挖方量。

【解】

由于人工挖土深度为 1.8 m,放坡系数取 0.3。

外墙槽长/m:$(28 + 5.6) \times 2 = 67.2$

内墙槽长/m:$5.6 - 0.3 \times 2 = 5$

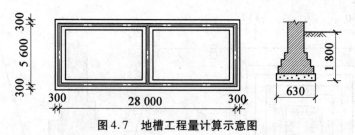

图 4.7　地槽工程量计算示意图

地槽挖方量：$V/\mathrm{m}^3 = (b + 2c + k \times h) \times h \times l =$

$$(0.63 + 2 \times 0.3 + 0.3 \times 1.8) \times 1.8 \times (67.2 + 5) = 230.03$$

【例 4.4】　某环形跑道示意图如图 4.8 所示，计算平整场地清单工程量（三类土）。

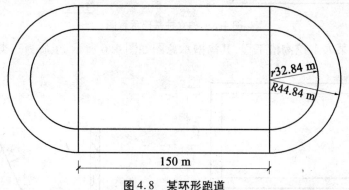

图 4.8　某环形跑道

【解】

清单工程量（按设计图示尺寸以建筑物首层面积计算）：

图中矩形部分平整场地清单工程量：

$$S/\mathrm{m}^2 = 150 \times (89.68 - 65.68) = 3\,600$$

图中圆形部分平整场地清单工程量

$$S/\mathrm{m}^2 = \pi R^2 - \pi r^2 = 3.141\,6 \times (44.84^2 - 32.84^2) =$$

$$3.141\,6 \times (2\,010.63 - 1\,078.47) = 2\,928.47$$

平整场地清单工程量$/\mathrm{m}^2$：$3\,600 + 2\,928.47 = 6\,528.47$

清单工程量计算见表 4.22。

表 4.22　清单工程量计算表

项目编码	项目名称	项目特征描述	计量单位	工程量
010101001001	平整场地	三类土	m^2	6 528.47

【例 4.5】　某矩形池塘尺寸如图 4.9 所示，求挖土方清单工程量。

【解】

清单工程量（按设计图示尺寸以体积计算）：

挖土方清单工程量$/\mathrm{m}^3$：$56 \times 36 \times 1.6 = 3\,225.6$

清单工程量计算见表 4.23。

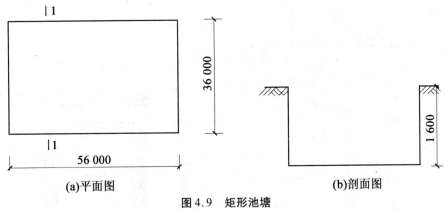

(a)平面图　　　　　　　　　　　(b)剖面图

图 4.9　矩形池塘

表 4.23　清单工程量计算表

项目编码	项目名称	项目特征描述	计量单位	工程量
010101002001	挖土方	一至四类土,挖土深 1.6 m	m³	3 225.6

【例 4.6】　预在岩石上爆破开挖一地坑,其底面尺寸为 3.5 m×1.6 m,爆破单孔深度 1.8 m,爆破后地坑深 2.2 m,如图 4.10 所示,计算岩石开挖清单工程量。

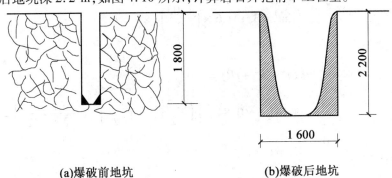

(a)爆破前地坑　　　　　　　　(b)爆破后地坑

图 4.10　地坑开挖示意图

【解】

清单工程量(爆破石方工程量按设计图示以钻孔总长度计算):

爆破石方清单工程量/m:1.8

清单工程量计算见表 4.24。

表 4.24　清单工程量计算表

项目编码	项目名称	项目特征描述	计量单位	工程量
010102001001	预裂爆破	单孔深 1.8 m	m	1.80

【例 4.7】　某挖孔桩示意图如图 4.11 所示,试计算其土方工程量。

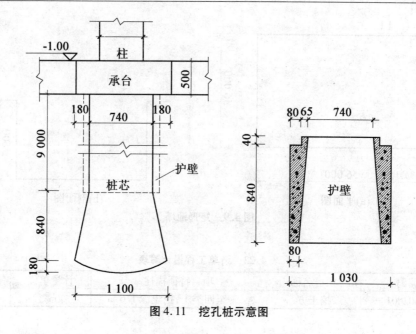

图 4.11　挖孔桩示意图

【解】

（1）桩身部分：

$$V/\mathrm{m}^3 = 3.141\ 6 \times \left(\frac{1.03}{2}\right)^2 \times 9 = 7.50$$

（2）圆台部分：

$$V/\mathrm{m}^3 = \frac{1}{3}\pi h(r^2 + R^2 + rR) =$$

$$\frac{1}{3} \times 3.141\ 6 \times 0.84 \times \left[\left(\frac{0.74}{2}\right)^2 + \left(\frac{1.1}{2}\right)^2 + \frac{0.74}{2} \times \frac{1.1}{2}\right] =$$

$$0.57$$

（3）球冠体部分：

$$R/\mathrm{m} = \frac{\left(\frac{1.1}{2}\right)^2 + (0.18)^2}{2 \times 0.18} = 0.93$$

$$V/\mathrm{m}^3 = \pi h^2\left(R - \frac{h}{3}\right) = 3.141\ 6 \times (0.18)^2 \times \left(0.93 - \frac{0.18}{3}\right) = 0.089$$

挖孔桩体积/m：7.50 + 0.57 + 0.089 = 8.16

【例 4.8】　某挖地槽土方示意图如图 4.12 所示，槽长 100 m、槽深 2.8 m，土质为三类土，砌毛石基础 60 cm，其工作面宽度每边增加 15 cm，试计算挖地槽土方体积。

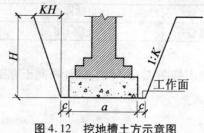

图 4.12　挖地槽土方示意图

【解】

因为土质为三类土,所以 $K=0.33$

$$V/\mathrm{m}^3 = H(a+2c+KH)L =$$
$$100 \times 2.8 \times (0.6 + 2 \times 0.5 + 0.33 \times 3) =$$
$$725.2$$

【例4.9】　某地槽尺寸如图4.13所示,试计算地槽回填土(松填)和余(取)工程量。

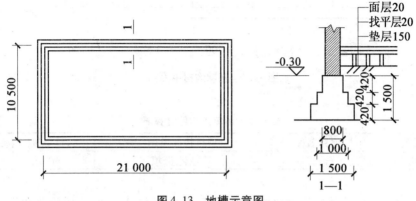

图4.13　地槽示意图

【解】

设 $K=0.5$,$L_{中}/\mathrm{m} = (21+11) \times 2 - 0.37 \times 4 = 62.52$

(1)地槽挖土工程量:
$$V/\mathrm{m}^3 = 1.50 \times (1.50 + 0.15 \times 2 + 0.80 \times 1.50) \times 62.25 = 280.13$$

(2)室外地坪以下的砌筑量:
$$V/\mathrm{m}^3 = 0.42 \times (0.80 + 1.00 + 1.50) \times 62.25 = 86.28$$

(3)地槽回填土工程量:
$$V/\mathrm{m}^3 = 280.13 - 86.28 = 193.85$$

(4)室内地面回填土工程量:
$$V/\mathrm{m}^3 = [0.30 - (0.02 + 0.02 + 0.15)] \times (21 \times 11 - 0.37 \times 62.25) = 22.88$$

(5)余土外运工程量:
$$V/\mathrm{m}^3 = 280.13 - (193.85 + 22.88) = 63.4$$

【例4.10】　某建筑物基础沟槽如图4.14所示,已知该建筑场地回填土平均厚度为500 mm,土质类别为三类土,沟槽采用放坡人工开挖,基础类型为砖基础,计算该场地回填土清单工程量。

【解】

清单工程量(场地回填土工程量按回填面积乘以平均回填厚度以体积计算):

(1)场地回填面积:
$$S/\mathrm{m}^2 = (3.2 \times 2 + 3.5 \times 3 + 1.0) \times (2.6 + 3.5 + 1.0) - (3.5 \times 3 - 1.0) \times 2.6 =$$
$$102.39$$

(2)场地回填工程量/m^3 = 场地回填面积 × 平均回填厚度 =
$$102.39 \times 0.5 = 51.20$$

清单工程量计算见表4.25。

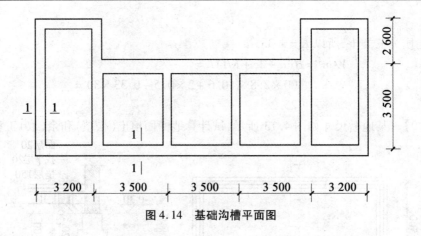

图 4.14　基础沟槽平面图

表 4.25　清单工程量计算表

项目编码	项目名称	项目特征描述	计量单位	工程量
010103001001	土(石)方回填	三类土,夯填	m³	51.20

【例 4.11】　开挖的某建筑物地槽如图 4.15 所示,挖深 2.0 m,土质为普通岩石,计算其地槽开挖的清单工程量。

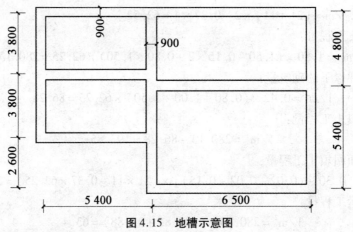

图 4.15　地槽示意图

【解】

清单工程量(石方开挖按设计图示尺寸以体积计算):

外墙地槽中心线长/m:2×(5.4+6.5)+5.4+4.8+3.8×2+2.6=44.2

内墙地槽净长/m:(5.4−0.9)+(6.5−0.9)+(3.8+3.8−0.9)=16.8

地槽总长度/m:44.2+16.8=61

所以地槽开挖工程量/m³:0.9×61×2.0=109.8

清单工程量计算见表 4.26。

表 4.26　清单工程量计算表

项目编码	项目名称	项目特征描述	计量单位	工程量
010102002001	石方开挖	普通岩石,挖深 2.0 m	m³	109.8

【例 4.12】　某养鱼池工程,长 200 m,宽 100 m,自然地坪以下平均深 2.4 m,土壤类别为二类土,所挖土方全部运至 5 km 以外,边坡坡度为 1∶2,试编制工程量清单计价表及综合单价计算表。

【解】

依据某省建筑工程消耗量定额价目表计取有关费用。

(1)清单工程量计算。

$$V/m^3 = \frac{1}{3}K^2 h^3 + (a + Kh) \times (b + Kh) \times h =$$

$$\frac{1}{3} \times 2^2 \times 2.4^3 + (200 + 2 \times 2.4) \times (100 + 2 \times 2.4) \times 2.4 =$$

$$51\ 529.73$$

(2)消耗量定额工程量。

土方开挖/m³:51 529.73

土方增运/m³:51 529.73 × 4 = 206 118.92

(3)土方开挖。

1)人工费/元:1.98 × 51 529.73/10 = 10 202.89

2)材料费/元:0.2 × 51 529.73/10 = 1 030.59

3)机械费/元:61.4 × 51 529.73/10 = 316 392.54

合价/元:327 626.02

(4)土方增运。

机械费:11.29 × 206 118.92/10 = 232 708.26

(5)综合。

直接费/元:327 626.02 + 232 708.26 = 560 334.28

管理费/元:560 334.28 × 35% = 196 117.00

利润/元:560 334.28 × 5% = 28 016.71

合价/元:784 467.99

综合单价/元:784 467.99 ÷ 51 529.73 = 15.22

结果见表 4.27 和表 4.28。

表 4.27　分部分项工程量清单计价表

序号	项目编号	项目名称	项目特征描述	计量单位	工程数量	金额/元		
						综合单价	合价	其中:直接费
1	010101002001	挖土方	土壤类别:二类土;挖土平均厚度2.4 m;弃土运距5 km	m³	51 529.73	15.22	784 467.99	560 334.28

表 4.28　分部分项工程量清单综合单价计算表

项目编号	010101002001			项目名称		挖土方		计量单位		m³
清单综合单价组成明细										
定额编号	定额内容	定额单位	数量	单价/元			合价/元			
				人工费	材料费	机械费	人工费	材料费	机械费	管理费和利润
1-1-13	土方开挖	10 m³	5 152.973	1.98	0.20	61.40	10 202.89	1 030.59	316 392.54	131 050.41
1-1-15	土方增运	10 m³	20 611.892	—	—	11.29	—	—	232 708.26	93 083.30
人工单价	小　计						10 202.89	1 030.59	549 100.8	224 133.71
28 元/工日	未计价材料费						—			
清单项目综合单价/元							15.22			

4.2　桩与地基基础工程

4.2.1　工程量清单项目设置及工程量计算规则

1. 混凝土桩

工程量清单项目设置及工程量计算规则，应按表 4.29 的规定执行。

表 4.29　混凝土桩（编码:010201）

项目编码	项目名称	项目特征	计量单位	工程量计算规则	工程内容
010201001	预制钢筋混凝土桩	1. 土壤级别 2. 单桩长度、根数 3. 桩截面 4. 板桩面积 5. 管桩填充材料种类 6. 桩倾斜度 7. 混凝土强度等级 8. 防护材料种类	m(根)	按设计图示尺寸以桩长（包括桩尖）或根数计算	1. 桩制作、运输 2. 打桩、试验桩、斜桩 3. 送桩 4. 管桩填充材料、刷防护材料 5. 清理、运输
010201002	接桩	1. 桩截面 2. 接头长度 3. 接桩材料	个(m)	按设计图示规定以接头数量（板桩按接头长度）计算	1. 桩制作、运输 2. 接桩、材料运输
010201003	混凝土灌注桩	1. 土壤级别 2. 单桩长度、根数 3. 桩截面 4. 成孔方法 5. 混凝土强度等级	m(根)	按设计图示尺寸以桩长（包括桩尖）或根数计算	1. 成孔、固壁 2. 混凝土制作、运输、灌注、振捣、养护 3. 泥浆池及沟槽砌筑、拆除 4. 泥浆制作、运输 5. 清理、运输

2. 其他桩

工程量清单项目设置及工程量计算规则,应按表4.30的规定执行。

表4.30　其他桩(编码:010202)

项目编码	项目名称	项目特征	计量单位	工程量计算规则	工程内容
010202001	砂石灌注桩	1. 土壤级别 2. 桩长 3. 桩截面 4. 成孔方法 5. 砂石级配	m	按设计图示尺寸以桩长(包括桩尖)计算	1. 成孔 2. 砂石运输 3. 填充 4. 振实
010202002	灰土挤密桩	1. 土壤级别 2. 桩长 3. 桩截面 4. 成孔方法 5. 灰土级别			1. 成孔 2. 灰土拌和、运输 3. 填充 4. 夯实
010202003	旋喷桩	1. 桩长 2. 桩截面 3. 水泥强度等级			1. 成孔 2. 水泥浆制作、运输 3. 水泥浆旋喷
010202004	喷粉桩	1. 桩长 2. 桩截面 3. 粉体种类 4. 水泥强度等级 5. 石灰粉要求			1. 成孔 2. 粉体运输 3. 喷粉固化

3. 地基与边坡处理

工程量清单项目设置及工程量计算规则,应按表4.31的规定执行。

表4.31　地基与边坡处理(编码:010203)

项目编码	项目名称	项目特征	计量单位	工程量计算规则	工程内容
010203001	地下连续墙	1. 墙体厚度 2. 成槽深度 3. 混凝土强度等级	m³	按设计图示墙中心线长乘以厚度乘以槽深以体积计算	1. 挖土成槽、余土运输 2. 导墙制作、安装 3. 锁口管吊拔 4. 浇注混凝土连续墙 5. 材料运输
010203002	振冲灌注碎石	1. 振冲深度 2. 成孔直径 3. 碎石级配		按设计图示孔深乘以孔截面积以体积计算	1. 成孔 2. 碎石运输 3. 灌注、振实

续表 4.31

项目编码	项目名称	项目特征	计量单位	工程量计算规则	工程内容
010203003	地基强夯	1. 夯击能量 2. 夯击遍数 3. 地耐力要求 4. 夯填材料种类	m²	按设计图示尺寸以面积计算	1. 铺夯填材料 2. 强夯 3. 夯填材料运输
010203004	锚杆支护	1. 锚孔直径 2. 锚孔平均深度 3. 锚固方法、浆液种类 4. 支护厚度、材料种类 5. 混凝土强度等级 6. 砂浆强度等级		按设计图示尺寸以支护面积计算	1. 钻孔 2. 浆液制作、运输、压浆 3. 张拉锚固 4. 混凝土制作、运输、喷射、养护 5. 砂浆制作、运输、喷射、养护
010203005	土钉支护	1. 支护厚度、材料种类 2. 混凝土强度等级 3. 砂浆强度等级			1. 钉土钉 2. 挂网 3. 混凝土制作、运输、喷射、养护 4. 砂浆制作、运输、喷射、养护

4. 其他相关问题

其他相关问题应按下列规定处理：

（1）土壤级别按表 4.32 确定。

（2）混凝土灌注桩的钢筋笼、地下连续墙的钢筋网制作、安装，应按本章 4.4 节混凝土及钢筋混凝土工程中相关项目编码列项。

表 4.32　土质鉴别表

内容		土壤级别	
		一级土	二级土
砂夹层	砂层连续厚度	<1 m	>1 m
	砂层中卵石含量	—	<15%
物理性能	压缩系数	>0.02	<0.02
	孔隙比	>0.7	<0.7
力学性能	静力触探值	<50	>50
	动力触探系数	<12	>12
每米纯沉桩时间平均值		<2 min	>2 min
说明		桩经外力作用较易沉入的土，土壤中夹有较薄的砂层	桩经外力作用较难沉入的土，土壤中夹有不超过 3 m 的连续厚度砂层

4.2.2　工程量计算常用数据

1.混凝土灌注桩体积

混凝土灌注桩的体积可参照表4.33进行计算。

表4.33　混凝土灌注桩体积表

桩直径/mm	套管外径/mm	桩全长/m	混凝土体积/m³	桩直径/mm	套管外径/mm	桩全长/m	混凝土体积/m³
300	325	3.00	0.248 9	300	351	5.00	0.483 8
		3.50	0.290 4			5.50	0.532 2
		4.00	0.331 8			6.00	0.580 6
		4.50	0.373 3			每增减 0.10	0.009 7
		5.00	0.414 8	400	459	3.00	0.496 5
		5.50	0.456 3			3.50	0.579 3
		6.00	0.497 8			4.00	0.662 0
		每增减 0.10	0.008 3			4.50	0.744 8
300	351	3.00	0.290 3			5.00	0.827 5
		3.50	0.338 7			5.50	0.910 3
		4.00	0.387 0			6.00	0.993 0
		4.50	0.435 4			每每增减 0.10	0.016 5

注:混凝土体积 $= \pi r^2 \cdot L$

式中　r——套管外径的半径;

　　　L——桩全长。

2.爆扩桩体积

爆扩桩的体积可参照表4.34进行计算。

表4.34　爆扩桩体积表

桩身直径/mm	桩头外径/mm	桩长/m	混凝土量/m³	桩身直径/mm	桩头外径/mm	桩长/m	混凝土量/m³
250	800	3.00	0.376	300	800	3.0	0.424
		3.5	0.401			3.5	0.459
		4.0	0.425			4.0	0.494
		4.5	0.451			4.5	0.530
		5.0	0.474			5.0	0.565
250	1 000	3.0	0.622	300	900	3.0	0.530
		3.5	0.647			3.5	0.566
		4.0	0.671			4.0	0.601
		4.5	0.696			4.5	0.637
		5.0	0.720			5.0	0.672
每增减		0.50	0.025	每增减		0.50	0.026

续表 4.34

桩身直径/mm	桩头外径/mm	桩长/m	混凝土量/m³	桩身直径/mm	桩头外径/mm	桩长/m	混凝土量/m³
300	1 000	3.0	0.665	400	1 000	3.0	0.755
		3.5	0.701			3.5	0.838
		4.0	0.736			4.0	0.901
		4.5	0.771			4.5	0.964
		5.0	0.807			5.0	1.027
300	1 200	3.0	1.032	400	1 200	3.0	1.156
		3.5	1.068			3.5	1.219
		4.0	1.103			4.0	1.282
		4.5	1.138			4.5	1.345
		5.0	1.174			5.0	1.408
每增减		0.50	0.036	每增减		0.50	0.064

注:1. 桩长是指桩全长,包括桩头。

　2. 计算公式为

$$V = A(L - D) + (1/6 \pi D^3)$$

式中　A——断面面积;

　　　L——桩长(全长包括桩尖);

　　　D——球体直径。

3. 预制钢筋混凝土方桩体积

预制钢筋混凝土方桩的体积可参照表 4.35 进行计算。

表 4.35　预制钢筋混凝土方桩体积表

桩截面/mm	桩尖长/mm	桩长/m	混凝土体积/m³ A	混凝土体积/m³ B	桩截面/mm	桩尖长/mm	桩长/m	混凝土体积/m³ A	混凝土体积/m³ B
250×250	400	3.00	0.171	0.188	350×350	400	3.00	0.335	0.368
		3.50	0.202	0.229			3.50	0.396	0.429
		4.00	0.233	0.250			4.00	0.457	0.490
		5.00	0.296	0.312			5.00	0.580	0.613
		每增减 0.5	0.031	0.031			6.00	0.702	0.735
300×300	400	3.00	0.246	0.270			8.00	0.947	0.980
		3.50	0.291	0.315			每增减 0.5	0.0613	0.0613
		4.00	0.336	0.360	400×400	400	5.00	0.757	0.800
		5.00	0.426	0.450			6.00	0.917	0.960
		每增减 0.5	0.045	0.045			7.00	1.077	1.120
320×320	400	3.00	0.280	0.307			8.00	1.237	1.280
		3.50	0.331	0.358			10.00	1.557	1.600
		4.00	0.382	0.410			12.00	1.877	1.920
		5.00	0.485	0.512			15.00	2.357	2.400
		每增减 0.5	0.051	0.051			每增减 0.5	0.08	0.08

注:1. 混凝土体积栏中,A 栏为理论计算体积,B 栏为按工程量计算的体积。

　2. 桩长包括桩尖长度。混凝土体积理论计算公式为

$$V = (L \times A) + \frac{1}{3}AH$$

式中　　V——体积；

　　　　L——桩长(不包括桩尖长)；

　　　　A——桩截面面积；

　　　　H——桩尖长。

4.2.3　工程量计算常用公式

桩基础工程工程量计算常用公式见表 4.36。

表 4.36　桩基础工程工程量计算表

项目	计算公式	计算规则
预制钢筋混凝土方桩	预制钢筋混凝土方桩的体积： $$V/\text{m}^3 = A \times B \times L \times N$$ 式中　A——预制方桩的截面宽(m) 　　　B——预制方桩的截面高(m) 　　　L——预制方桩的设计长度(m)(包括桩尖,不扣除桩尖虚体积) 　　　N——预制方桩的根数	预制桩尖按虚体积,即以桩尖全长乘以最大截面面积计算 　预制构件的制作工程量,应按图纸计算的实体积(即安装工程量)另加相应安装项目中规定的损耗量
预制钢筋混凝土管桩	$$V/\text{m}^3 = \pi(R^2 - r^2) \times L \times N$$ 式中　R——管桩的外径(m) 　　　r——管桩的内径(m) 　　　L——管桩的长度(m) 　　　N——管桩的根数	预制桩尖按虚体积,即以桩尖全长乘以最大截面面积计算 　预制构件的制作工程量,应按图纸计算的实体积(即安装工程量)另加相应安装项目中规定的损耗量
送桩	$V/\text{m}^3 =$ 送桩深 × 桩截面面积 × 桩根数 = (桩顶面标高 − 0.5 − 自然地坪标高) × 桩截面面积 × 桩根数	按各类预制桩截面面积乘以送桩长度(即打桩架底至桩顶面高度或自桩顶面至自然地坪另加 0.5 m),以立方米计算。送桩后孔洞若需回填时,按土石方工程相应项目计算
现浇混凝土灌注桩	$$V/\text{m}^3 = \frac{1}{4}\pi D^2 \times L = \pi r^2 \times L$$ 式中　D——桩外直径(m) 　　　r——桩外半径(m) 　　　L——桩长(含桩尖在内)(m)	灌注混凝土体积 V 按设计桩长(包括桩尖,不扣除桩尖虚体积)与超灌长度之和乘以设计桩断面面积,以立方米计算 　超灌长度设计有规定的,按设计规定;设计无规定的,按 0.25 m 计算 　泥浆运输按成孔体积(m^3)计算
套管成孔灌注桩	$$V/\text{m}^3 = \frac{1}{4}\pi D^2 \times L \times N$$ 式中　D——按设计或套管箍外径(m) 　　　L——桩长(m)(采用预制钢筋混凝土桩尖时,桩长不包括桩尖长度,当采用活瓣桩尖时,桩长应包括桩尖长度) 　　　N——桩的根数	混凝土桩、砂桩、砂石桩、碎石桩的体积 V,按设计的桩长(包括桩尖,不扣除桩尖虚体积)乘以设计规定桩径,若设计无规定时,桩径按钢管箍外径截面面积计算 　扩大桩的体积用复打法时按单桩体积乘以次数计算;用翻插法时按单桩体积乘以系数 1.5

续表 4.36

项目	计算公式	计算规则
螺旋钻孔灌注桩	$V_{钻}/m^3 = \dfrac{1}{4}\pi D^2 \times L \times N$ $V_{混凝土}/m^3 = \dfrac{1}{4}\pi D^2 \times (L+0.25) \times N$ 式中　D——按设计或钻孔外径(m) 　　　L——桩长(m) 　　　N——桩的根数	各类灌注桩分别按其成孔方式及填料相应项目计算 钻孔体积 $V_{钻}$ 按实钻孔长度乘以设计桩截面面积计算(单位为 m^3),灌注混凝土体积 $V_{混凝土}$ 按设计桩长(包括桩尖,不扣除桩尖虚体积)与超灌长度之和乘以设计桩断面面积,以立方米计算
人工挖孔混凝土护壁和桩芯	—	人工成孔及钻孔成孔时,若遇岩石层,其入岩工程量单独计算。强风化岩不作入岩处理;中风化岩套用入岩增加费相应项目;微风化岩按入岩增加费相应项目乘以系数1.2。岩石风化程度见表4.37

表 4.37　岩石风化程度表

风化程度	特征
微风化	岩石新鲜,表面稍有风化迹象
中等风化	1. 结构和构造层理清晰 2. 岩体被节理、裂隙分割成块状(20～50 cm),裂隙中填充少量风化物,锤击声脆,且不易击碎 3. 用镐难挖掘,用岩心钻方可钻进
强风化	1. 结构和构造层理不甚清晰,矿物成分已显著变化 2. 岩体被节理、裂隙分割成块状(2～20 cm),碎石用手可折断 3. 用镐可以挖掘,手摇钻不易钻进

4.2.4　工程量计算应用实例

【例4.13】　如图4.16所示的履带式螺旋钻机钻孔灌注桩共60根,试计算其工程量。

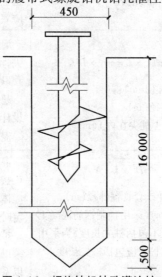

图 4.16　螺旋钻机钻孔灌注桩

【解】

工程量/m³:钻杆螺旋外径截面面积×(设计桩长+0.25)×桩数=
3.141 6×0.225²×(16+0.5+0.25)×60=
159.84

【例4.14】　某工程桩基如图4.17所示,计算其桩清单工程量。

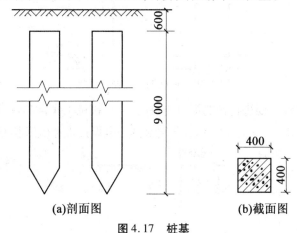

(a)剖面图　　　　　(b)截面图

图4.17　桩基

【解】

清单工程量/m:9 000×2=18 000=18

清单工程量计算见表4.38。

表4.38　清单工程量计算表

项目编码	项目名称	项目特征描述	计量单位	工程量
010201001001	预制钢筋混凝土桩	单桩长9.6 m,共2根,桩截面为400 mm×400 mm的方形截面	m	18

【例4.15】　如图4.18所示的预制钢筋混凝土桩共80根,试计算其工程量。

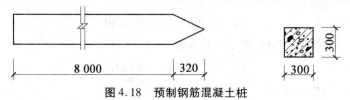

图4.18　预制钢筋混凝土桩

【解】

根据计算规则,按桩全长(不扣除桩尖虚体积),以m³计算。

工程量/m³:(8.0+0.32)×0.3×0.3×80=59.90

【例4.16】　计算50根如图4.19所示的预制钢筋混凝土板桩的工程量。

【解】　工程量/m³:(5.8+0.155)×0.155×0.515×50=23.77

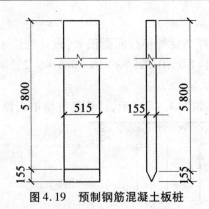

图 4.19　预制钢筋混凝土板桩

【例 4.17】　某工程需要进行预制混凝土桩的送桩、接桩工作,桩形状如图 4.20 所示,每根桩长 6 m,设计桩全长 18 m,共需 40 根桩,分别求其用电焊接桩和硫磺胶泥接桩的清单工程量。

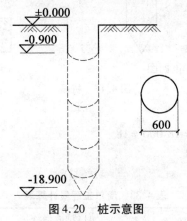

图 4.20　桩示意图

【解】

清单工程量:

$$打桩工程量/m:18 \times 40 = 720$$

点焊接桩按规定以设计接头,以个计算,则

$$V_{接}/个:(3-1) \times 40 = 80$$

硫磺胶泥接桩按桩设计图示规定以接头数量计算,则

$$V_{接}/个:(3-1) \times 40 = 80$$

清单工程量计算见表 4.39。

表 4.39　清单工程量计算表

项目编码	项目名称	项目特征描述	计量单位	工程量
010201002001	接桩	桩截面为 $R = 0.30$ 的圆形截面,接桩材料为电焊接桩	个	80
010201002002	接桩	桩截面为 $R = 0.30$ 的圆形截面,接桩材料为硫磺胶泥接桩	个	80

【例 4.18】　某工程打预制混凝土桩,如图 4.21 所示,桩长 24 m,分别由桩长 8 m 的 3 根桩接成,硫磺胶泥接头,每个承台下有 4 根桩,共有 20 个承台,计算其打桩和接桩的清单工程量。

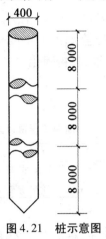

图 4.21　桩示意图

【解】

清单工程量:

$$打桩工程量/m:24 \times 4 \times 20 = 1\,920$$

$$接桩工程量/个:(3-1) \times 4 \times 20 = 160$$

清单工程量计算见表 4.40。

表 4.40　清单工程量计算表

项目编码	项目名称	项目特征描述	计量单位	工程量
010201001001	预制钢筋混凝土桩	单桩长 24 m,共 80 根,桩截面为 $R=0.2$ m 的圆形截面	m	1 920
010201002001	接桩	桩截面为 $R=0.2$ m 的圆形截面,接桩材料为硫磺胶泥接头	个	160

【例 4.19】　某工程喷粉桩施工,喷粉桩形状如图 4.22 所示,计算喷粉桩清单工程量。

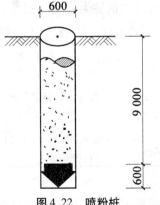

图 4.22　喷粉桩

【解】

清单工程量：

按设计图示尺寸以桩长(包括桩尖)计算,则

$$工程量/m:9 + 0.6 = 9.6$$

说明:工程内容包括成孔,分体运输,喷粉固化。

清单工程量计算见表4.41。

表4.41　清单工程量计算表

项目编码	项目名称	项目特征描述	计量单位	工程量
010202004001	喷粉桩	桩长为9.6 m,桩截面为$R = 300$ mm 的圆形截面	m	9.6

【例4.20】　某工程采用灰土挤密桩,桩如图4.23所示,$D = 500$ mm,共需打桩38根,计算桩清单工程量。

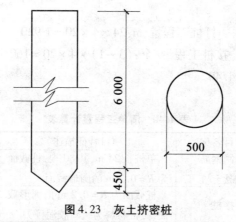

图4.23　灰土挤密桩

【解】

清单工程量：

工程量按设计图示尺寸以桩长(包括桩尖)计算,则

$$工程量/m:(6 + 0.45) \times 38 = 245.1$$

清单工程量计算见表4.42。

表4.42　清单工程量计算表

项目编码	项目名称	项目特征描述	计量单位	工程量
010202002001	灰土挤密桩	桩长6.45 m,桩截面为$R = 0.25$ m的圆形截面	m	245.1

【例4.21】　某工程地基处理采用地下连续墙形式,如图4.24所示,墙体厚300 mm,埋深4.6 m,土质为二类土,计算其清单工程量。

【解】

清单工程量：

按工程量清单规则得，按设计图示墙中心线长乘以厚度乘以槽深以体积计算。

工程量/m³：$[(16.8-0.3)+(8.0-0.3)]\times 2\times 0.3\times 4.6=66.79$

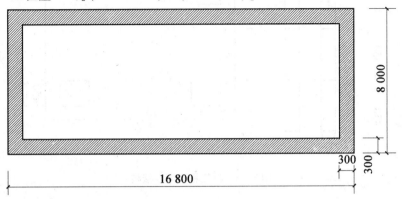

图4.24 地下连续墙平面图

清单工程量计算见表4.43。

表4.43 清单工程量计算表

项目编码	项目名称	项目特征描述	计量单位	工程量
010203001001	地下连接墙	1.墙体厚度 300 mm 2.成槽深度 4.6 m 3.混凝土强度等级 C30	m³	66.79

【例4.22】 某套管成孔灌注桩示意图如图4.25所示，已知土质为二级土，试计算50根套管成孔灌注桩的工程量。

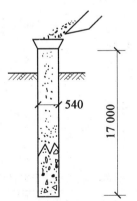

图4.25 套管成孔灌注桩示意图

【解】 工程量/m³：$\pi\times\left(\dfrac{0.54}{2}\right)^2\times 17\times 50=194.67$

【例4.23】 已知某工程硫磺泥接桩，如图4.26所示，试编制工程量清单计价表及综合单价计算表。

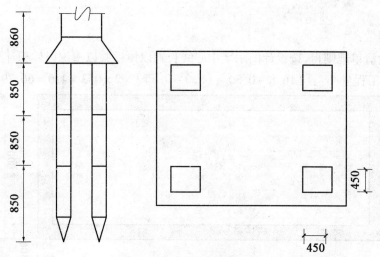

图 4.26　某工程硫磺泥接桩

【解】

依据某省建筑工程消耗量定额价目表计取有关费用。

(1)清单工程量计算：

$$V/个 = 4 \times 2 = 8$$

(2)消耗量定额工程量计算

$$V/m^2 = 0.45 \times 0.45 \times 2 \times 4 = 1.62$$

(3)预制钢筋混凝土桩接桩注硫磺胶泥。

1)人工费/元:2 120.8 ×1.62/10 = 343.57

2)材料费/元:4 649.69 ×1.62/10 = 753.25

3)机械费/元:10 061.73 ×1.62/10 = 1 630.00

(4)综合。

直接费合计/元:2 726.82

管理费/元:2 726.82 ×35% = 954.39

利润/元:2 726.82 ×5% = 136.34

合价/元:3 817.55

综合单价/元:3 817.55 ÷8 = 477.19

结果见表 4.44 和表 4.45。

表 4.44　分部分项工程量清单计价表

序号	项目编码	项目名称	项目特征描述	计量单位	工程数量	综合单价	合价	其中:直接费
							金额/元	
1	010201002001	硫磺泥接桩	钢筋混凝土方桩,硫磺胶泥接桩	个	8	477.19	3 817.55	2 726.82

表 4.45 分部分项工程量清单综合单价计算表

项目编号	010201002001		项目名称		硫磺泥接桩		计量单位		m²
清单综合单价组成明细									
定额编号	定额内容	定额单位	数量	单价/元			合价/元		
				人工费	材料费	机械费	人工费	材料费	机械费	管理费和利润
2 - 3 - 63	硫磺泥接桩	10 m²	0.162	2 120.8	4 649.69	10 061.73	343.57	753.25	1 630.00	1 090.73
人工单价	小 计						343.57	753.25	1 630.00	1 090.73
28 元/工日	未计价材料费						—			
清单项目综合单价/元							477.19			

【例 4.24】 已知某工程用打桩机打入如图 4.27 所示的钢筋混凝土预制方桩,共 50 根,试编制工程量清单计价表及综合单价计算表。

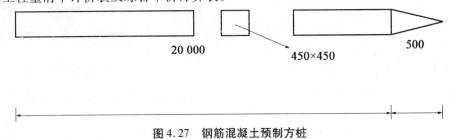

20 000   450×450   500

图 4.27 钢筋混凝土预制方桩

【解】 依据某省建筑工程消耗量定额价目表计取有关费用。

(1)清单工程量计算:
$$V/\text{m}^3 = 0.45 \times 0.45 \times (20 + 0.5) \times 50 = 207.56$$

(2)消耗量定额工程量计算。

打桩:$V/\text{m}^3 = 207.56$

桩制作:$V/\text{m}^3 = 207.56$

混凝土集中搅拌:
$$V/\text{m}^3 = 0.45 \times 0.45 \times (20 + 0.5) \times 50 \times 1.01 \times 1.015 = 212.78$$

混凝土运输:$V/\text{m}^3 = 212.78$

(3)打混凝土方桩 30 m 内。

人工费/元:$70.18 \times 207.56/10 = 1\ 456.66$

材料费/元:$49.75 \times 207.56/10 = 1\ 032.61$

机械费/元:$912.77 \times 207.56/10 = 18\ 945.45$

(4)C254 预制混凝土方桩、板桩。

人工费/元:$175.56 \times 207.56/10 = 3\ 643.92$

材料费/元:$1\ 467.33 \times 207.56/10 = 30\ 455.90$

机械费/元:$59.75 \times 207.56/10 = 1\ 240.17$

(5)场外集中搅拌混凝土。

人工费/元:$13.2 \times 212.78/10 = 280.87$

材料费/元:$8.5 \times 212.78/10 = 180.86$

机械费/元:101.38 × 212.78/10 = 2 157.16

(6)机动翻斗车运混凝土 1 km 内。

机械费/元:27.46 × 212.78/10 = 584.29

(7)综合。

直接费合计/元:59 977.89

管理费/元:59 977.89 × 35% = 20 992.26

利润/元:59 977.89 × 5% = 2 998.89

合价/元:59 977.89 + 20 992.26 + 2 998.89 = 83 969.04

综合单价/元:83 969.04 ÷ 207.56 = 404.55

结果见表 4.46 和表 4.47。

表 4.46　分部分项工程量清单计价表

序号	项目编码	项目名称	项目特征描述	计量单位	工程数量	金额/元		
						综合单价	合价	其中:直接费
1	0201001001	预制钢筋混凝土桩	内容包括打桩、桩制作、混凝土集中搅拌、混凝土运输	m³	207.56	404.55	83 969.04	59 977.89

表 4.47　分部分项工程量清单综合单价计算表

项目编号	010201001001		项目名称	预制钢筋混凝土桩		计量单位		m³
清单综合单价组成明细								
定额编号	定额内容	定额单位	数量	单价/元			合价/元			

定额编号	定额内容	定额单位	数量	人工费	材料费	机械费	人工费	材料费	机械费	管理费和利润
2 - 3 - 3	打混凝土方桩 30 m 内	10 m³	20.756	70.18	49.75	912.77	1 456.66	1 032.61	18 945.45	8 573.89
4 - 3 - 1	C254 预制混凝土方桩、板桩	10 m³	20.756	175.56	1 467.33	59.75	3 643.92	30 455.90	1 240.17	14 136.00
4 - 4 - 1	场外集中搅拌混凝土	10 m³	21.278	13.2	8.5	101.38	280.87	180.86	2 157.16	1 047.56
4 - 4 - 5	机动翻斗车运混凝土 1 km 内	10 m³	21.278	—	—	27.46	—	—	584.29	233.72
人工单价		小　计					5 381.45	31 669.37	22 927.07	23 991.17
28 元/工日		未计价材料费					—			
清单项目综合单价/元							404.55			

4.3　砌筑工程

4.3.1　工程量清单项目设置及工程量计算规则

1.砖基础

工程量清单项目设置及工程量计算规则,应按表 4.48 的规定执行。

表 4.48　砖基础(编码:010301)

项目编码	项目名称	项目特征	计量单位	工程量计算规则	工程内容
010301001	砖基础	1.砖品种、规格、强度等级 2.基础类型 3.基础深度 4.砂浆强度等级	m³	按设计图示尺寸以体积计算。包括附墙垛基础宽出部分体积,扣除地梁(圈梁)、构造柱所占体积,不扣除基础大放脚 T 形接头处的重叠部分及嵌入基础内的钢筋、铁件、管道、基础砂浆防潮层和单个面积 0.3 m² 以内的孔洞所占体积,靠墙暖气沟的挑檐不增加 基础长度:外墙按中心线,内墙按净长线计算	1.砂浆制作、运输 2.砌砖 3.防潮层铺设 4.材料运输

2.砖砌体

工程量清单项目设置及工程量计算规则,应按表 4.49 的规定执行。

表 4.49　砖砌体(编码:010302)

项目编码	项目名称	项目特征	计量单位	工程量计算规则	工程内容
010302001	实心砖墙	1.砖品种、规格、强度等级 2.墙体类型 3.墙体厚度 4.墙体高度 5.勾缝要求 6.砂浆强度等级、配合比	m³	按设计图示尺寸以体积计算。扣除门窗洞口、过人洞、空圈、嵌入墙内的钢筋混凝土柱、梁、圈梁、挑梁、过梁及凹进墙内的壁龛、管槽、暖气槽、消火栓箱所占体积。不扣除梁头、板头、檩头、垫木、木楞头、沿缘木、木砖、门窗走头、砖墙内加固钢筋、木筋、铁件、钢管及单个面积 0.3 m² 以内的孔洞所占体积。凸出墙面的腰线、挑檐、压顶、窗台线、虎头砖、门窗套的体积亦不增加。凸出墙面的砖垛并入墙体体积内计算	1.砂浆制作、运输 2.砌砖 3.勾缝 4.砖压顶砌筑 5.材料运输

续表 4.49

项目编码	项目名称	项目特征	计量单位	工程量计算规则	工程内容
010302001	实心砖墙	1. 砖品种、规格、强度等级 2. 墙体类型 3. 墙体厚度 4. 墙体高度 5. 勾缝要求 6. 砂浆强度等级、配合比	m³	1. 墙长度:外墙按中心线,内墙按净长计算 2. 墙高度: (1)外墙:斜(坡)屋面无檐口天棚者算至屋面板底;有屋架且室内外均有天棚者算至屋架下弦底另加 200 mm;无天棚者算至屋架下弦底另加 300 mm,出檐宽度超过 600 mm 时按实砌高度计算;平屋面算至钢筋混凝土板底 (2)内墙:位于屋架下弦者,算至屋架下弦底;无屋架者算至天棚底另加 100 mm;有钢筋混凝土楼板隔层者算至楼板顶;有框架梁时算至梁底 (3)女儿墙:从屋面板上表面算至女儿墙顶面(如有混凝土压顶时算至压顶下表面) (4)内、外山墙:按其平均高度计算 3. 围墙:高度算至压顶上表面(如有混凝土压顶时算至压顶下表面),围墙柱并入围墙体积内	1. 砂浆制作、运输 2. 砌砖 3. 勾缝 4. 砖压顶砌筑 5. 材料运输
010302002	空斗墙	1. 砖品种、规格、强度等级 2. 墙体类型 3. 墙体厚度 4. 勾缝要求 5. 砂浆强度等级、配合比		按设计图示尺寸以空斗墙外形体积计算。墙角、内外墙交接处、门窗洞口立边、窗台砖、屋檐处的实砌部分体积并入空斗墙体积内	1. 砂浆制作、运输 2. 砌砖 3. 装填充料 4. 勾缝 5. 材料运输
010302003	空花墙	1. 砖品种、规格、强度等级 2. 墙体类型 3. 墙体厚度 4. 勾缝要求 5. 砂浆强度等级	m³	按设计图示尺寸以空花部分外形体积计算,不扣除空洞部分体积	1. 砂浆制作、运输 2. 砌砖 3. 装填充料 4. 勾缝 5. 材料运输

续表 4.49

项目编码	项目名称	项目特征	计量单位	工程量计算规则	工程内容
010302004	填充墙	1. 砖品种、规格、强度等级 2. 墙体厚度 3. 填充材料种类 4. 勾缝要求 5. 砂浆强度等级	m³	按设计图示尺寸以填充墙外形体积计算	1. 砂浆制作、运输 2. 砌砖 3. 装填充料 4. 勾缝 5. 材料运输
010302005	实心砖柱	1. 砖品种、规格、强度等级 2. 柱类型 3. 柱截面 4. 柱高 5. 勾缝要求 6. 砂浆强度等级、配合比		按设计图示尺寸以体积计算。扣除混凝土及钢筋混凝土梁垫、梁头、板头所占体积	1. 砂浆制作、运输 2. 砌砖 3. 勾缝 4. 材料运输
010302006	零星砌砖	1. 零星砌砖名称、部位 2. 勾缝要求 3. 砂浆强度等级、配合比	m³(m²、m、个)		

3. 砖构筑物

工程量清单项目设置及工程量计算规则,应按表 4.50 的规定执行。

表 4.50　砖构筑物(编码:010303)

项目编码	项目名称	项目特征	计量单位	工程量计算规则	工程内容
010303001	砖烟囱、水塔	1. 筒身高度 2. 砖品种、规格、强度等级 3. 耐火砖品种、规格 4. 耐火泥品种 5. 隔热材料种类 6. 勾缝要求 7. 砂浆强度等级、配合比	m³	按设计图示筒壁平均中心线周长乘以厚度乘以高度以体积计算。扣除各种孔洞、钢筋混凝土圈梁、过梁等的体积	1. 砂浆制作、运输 2. 砌砖 3. 涂隔热层 4. 装填充料 5. 砌内衬 6. 勾缝 7. 材料运输

续表 4.50

项目编码	项目名称	项目特征	计量单位	工程量计算规则	工程内容
010303002	砖烟道	1. 烟道截面形状、长度 2. 砖品种、规格、强度等级 3. 耐火砖品种规格 4. 耐火泥品种 5. 勾缝要求 6. 砂浆强度等级、配合比	m³	按图示尺寸以体积计算	1. 砂浆制作、运输 2. 砌砖 3. 涂隔热层 4. 装填充料 5. 砌内衬 6. 勾缝 7. 材料运输
010303003	砖窨井、检查井	1. 井截面 2. 垫层材料种类、厚度 3. 底板厚度 4. 勾缝要求 5. 混凝土强度等级 6. 砂浆强度等级、配合比 7. 防潮层材料种类	座	按设计图示数量计算	1. 土方挖运 2. 砂浆制作、运输 3. 铺设垫层 4. 底板混凝土制作、运输、浇筑、振捣、养护 5. 砌砖 6. 勾缝 7. 井池底、壁抹灰 8. 抹防潮层 9. 回填 10. 材料运输
010303004	砖水池、化粪池	1. 池截面 2. 垫层材料种类、厚度 3. 底板厚度 4. 勾缝要求 5. 混凝土强度等级 6. 砂浆强度等级、配合比			

4. 砌块砌体

工程量清单项目设置及工程量计算规则,应按表 4.51 的规定执行。

表4.51　砌块砌体(编码:010304)

项目编码	项目名称	项目特征	计量单位	工程量计算规则	工程内容
010304001	空心墙砖、砌块墙	1.墙体类型 2.墙体厚度 3.空心砖、砌块品种、规格、强度等级 4.勾缝要求 5.砂浆强度等级、配合比	m³	按设计图示尺寸以体积计算。扣除门窗洞口、过人洞、空圈、嵌入墙内的钢筋混凝土柱、梁、圈梁、挑梁、过梁及凹进墙内的壁龛、管槽、暖气槽、消火栓箱所占体积,不扣除梁头、板头、檩头、垫木、木楞头、沿缘木、木砖、门窗走头、砖墙内加固钢筋、木筋、铁件、钢管及单个面积0.3 m²以内的孔洞所占体积,凸出墙面的腰线、挑檐、压顶、窗台线、虎头砖、门窗套的体积不增加,凸出墙面的砖垛并入墙体体积内 1.墙长度:外墙按中心线,内墙按净长计算 2.墙高度: (1)外墙:斜(坡)屋面无檐口天棚者算至屋面板底;有屋架且室内外均有天棚者算至屋架下弦底另加200 mm;无天棚者算至屋架下弦底另加300 mm,出檐宽度超过600 mm时按实砌高度计算;平屋面算至钢筋混凝土板底 (2)内墙:位于屋架下弦者,算至屋架下弦底;无屋架者算至天棚底另加100 mm;有钢筋混凝土楼板隔层者算至楼板顶;有框架梁时算至梁底 (3)女儿墙:从屋面板上表面算至女儿墙顶面(如有压顶时算至压顶下表面)	1.砂浆制作、运输 2.砌砖、砌块 3.勾缝 4.材料运输

续表 4.51

项目编码	项目名称	项目特征	计量单位	工程量计算规则	工程内容
010304001	空心砖柱、砌块柱	1. 柱高度 2. 柱截面 3. 空心砖、砌块品种、规格、强度等级 4. 勾缝要求 5. 砂浆强度等级、配合比	m³	（4）内、外山墙：按其平均高度计算 　3. 围墙：高度算至压顶上表面（如有混凝土压顶时算至压顶下表面），围墙柱并入围墙体积内	1. 砂浆制作、运输 2. 砌砖、砌块 3. 勾缝 4. 材料运输
010304002	空心墙砖、砌块墙	1. 墙体类型 2. 墙体厚度 3. 空心砖、砌块品种、规格、强度等级 4. 勾缝要求 5. 砂浆强度等级、配合比			

5. 石砌体

工程量清单项目设置及工程量计算规则,应按表 4.52 的规定执行。

表 4.52　　石砌体（编码:010305）

项目编码	项目名称	项目特征	计量单位	工程量计算规则	工程内容
010305001	石基础	1. 石料种类、规格 2. 基础深度 3. 基础类型 4. 砂浆强度等级、配合比	m³	按设计图示尺寸以体积计算。包括附墙垛基础宽出部分体积，不扣除基础砂浆防潮层及单个面积 0.3 m² 以内的孔洞所占体积，靠墙暖气沟的挑檐不增加体积。基础长度：外墙按中心线，内墙按净长计算	1. 砂浆制作、运输 2. 砌石 3. 防潮层铺设 4. 材料运输
010305002	石勒脚	1. 石料种类、规格 2. 石表面加工要求 3. 勾缝要求 4. 砂浆强度等级、配合比		按设计图示尺寸以体积计算。扣除单 0.3 m² 以外的孔洞所占的体积	

续表 4.52

项目编码	项目名称	项目特征	计量单位	工程量计算规则	工程内容
010305003	石墙	1. 石料种类、规格 2. 墙厚 3. 石表面加工要求 4. 勾缝要求 5. 砂浆强度等级、配合比	m³	按设计图示尺寸以体积计算。扣除门窗洞口、过人洞、空圈、嵌入墙内的钢筋混凝土柱、梁、圈梁、挑梁、过梁及凹进墙内的壁龛、管槽、暖气槽、消火栓箱所占体积,不扣除梁头、板头、檩头、垫木、木楞头、沿缘木、木砖、门窗走头、砖墙内加固钢筋、木筋、铁件、钢管及单个面积0.3 m² 以内的孔洞所占体积,凸出墙面的腰线、挑檐、压顶、窗台线、虎头砖、门窗套不增加体积,凸出墙面的砖垛并入墙体体积内 　1. 墙长度:外墙按中心线,内墙按净长计算 　2. 墙高度: 　(1)外墙:斜(坡)屋面无檐口天棚者算至屋面板底;有屋架且室内外均有天棚者算至屋架下弦底另加 200 mm;无天棚者算至屋架下弦底另加 300 mm,出檐宽度超过 600 mm 时按实砌高度计算;平屋面算至钢筋混凝土板底 　(2)内墙:位于屋架下弦者,算至屋架下弦底;无屋架者算至天棚底另加 100 mm;有钢筋混凝土楼板隔层者算至楼板顶;有框架梁时算至梁底 　(3)女儿墙:从屋面板上表面算至女儿墙顶面(如有压顶时算至压顶下表面) 　(4)内、外山墙:按其平均高度计算 　3. 围墙:高度算至压顶上表面(如有混凝土压顶时算至压顶下表面),围墙柱、砖压顶并入围墙体积内	1. 砂浆制作、运输 2. 砌石 3. 石表面加工 4. 勾缝 5. 材料运输

续表 4.52

项目编码	项目名称	项目特征	计量单位	工程量计算规则	工程内容
010305004	石挡土墙	1. 石料种类规格 2. 墙厚 3. 石表面加工要求 4. 勾缝要求 5. 砂浆强度等级、配合比	m³	按设计图示尺寸以体积计算	1. 砂浆制作、运输 2. 砌石 3. 压顶抹灰 4. 勾缝 5. 材料运输
010305005	石柱	1. 石料种类、规格 2. 柱截面 3. 石表面加工要求			1. 砂浆制作、运输 2. 砌石 3. 石表面加工 4. 勾缝 5. 材料运输
010305006	石栏杆	4. 勾缝要求 5. 砂浆强度等级、配合比	m	按设计图示以长度计算	
010305007	石护坡	1. 垫层材料种类、厚度 2. 石料种类、规格 3. 护坡厚度、高度	m³	按设计图示尺寸以体积计算	1. 铺设垫层 2. 石料加工 3. 砂浆制作、运输 4. 砌石 5. 石表面加工 6. 勾缝 7. 材料运输
010305008	石台阶				
010305009	石坡道	4. 石表面加工要求 5. 勾缝要求 6. 砂浆强度等级、配合比	m²	按设计图示尺寸以水平投影面积计算	
010305010	石地沟、石明沟	1. 沟截面尺寸 2. 垫层种类、厚度 3. 石料种类、规格 4. 石表面加工要求 5. 勾缝要求 6. 砂浆强度等级、配合比	m	按设计图示以中心线长度计算	1. 土石挖运 2. 砂浆制作、运输 3. 铺设垫层 4. 砌石 5. 石表面加工 6. 勾缝 7. 回填 8. 材料运输

6. 砖散水、地坪、地沟

工程量清单项目设置及工程量计算规则,应按表 4.53 的规定执行。

表 4.53　砖散水、地坪、地沟(编码:010306)

项目编码	项目名称	项目特征	计量单位	工程量计算规则	工程内容
010306001	砖散水、地坪	1. 垫层材料种类、厚度 2. 散水、地坪厚度 3. 面层种类、厚度 4. 砂浆强度等级、配合比	m²	按设计图示尺寸以面积计算	1. 地基找平、夯实 2. 铺设垫层 3. 砌砖散水、地坪 4. 抹砂浆面层
010306002	砖地沟、明沟	1. 沟截面尺寸 2. 垫层材料种类、厚度 3. 混凝土强度等级 4. 砂浆强度等级、配合比	m	按设计图示以中心线长度计算	1. 挖运土石 2. 铺设垫层 3. 底板混凝土制作、运输、浇筑、振捣、养护 4. 砌砖 5. 勾缝、抹灰 6. 材料运输

7. 其他相关问题

其他相关问题应按下列规定处理:

(1)基础垫层包括在基础项目内。

(2)标准砖尺寸应为 240 mm ×115 mm ×53 mm。标准砖墙厚度应按表 4.54 计算。

表 4.54　标准墙计算厚度表

砖数(厚度)	1/4	1/2	3/4	1	$1\frac{1}{2}$	2	$2\frac{1}{2}$	3
计算厚度/mm	53	115	180	240	365	490	615	740

(3)砖基础与砖墙(身)划分应以设计室内地坪为界(有地下室的按地下室室内设计地坪为界),以下为基础,以上为墙(柱)身。基础与墙身使用不同材料,位于设计室内地坪±300 mm 以内时以不同材料为界,超过 ±300 mm,应以设计室内地坪为界。砖围墙应以设计室外地坪为界,以下为基础,以上为墙身。

(4)框架外表面的镶贴砖部分,应单独按表 4.49 中相关零星项目编码列项。

(5)附墙烟囱、通风道、垃圾道,应按设计图示尺寸以体积(扣除孔洞所占体积)计算,并入所依附的墙体体积内。当设计规定孔洞内需抹灰时,应按《建设工程工程量清单计价规范》(GB 50500—2008) B.2 中相关项目编码列项。

(6)空斗墙的窗间墙、窗台下、楼板下等的实砌部分,应按表 4.49 中零星砌砖项目编码列项。

(7)台阶、台阶挡墙、梯带、锅台、炉灶、蹲台、池槽、池槽腿、花台、花池、楼梯栏板、阳台栏板、地垄墙、屋面隔热板下的砖墩、0.3 m² 以内孔洞填塞等,应按零星砌砖项目编码列项。砖砌锅台与炉灶可按外形尺寸以个计算,砖砌台阶可按水平投影面积以 m² 计算,小便槽、地垄墙可按长度计算,其他工程量按立方米计算。

(8)砖烟囱应按设计室外地坪为界,以下为基础,以上为筒身。

(9)砖烟囱体积可按下式计算:

$$V = \sum H \times C \times \pi D$$

式中　V——筒身体积;

　　　H——每段筒身垂直高度;

　　　C——每段筒壁厚度;

　　　D——每段筒壁中心线的平均直径。

(10)砖烟道与炉体的划分应按第一道闸门为界。

(11)水塔基础与塔身划分应以砖砌体的扩大部分顶面为界,以上为塔身,以下为基础。

(12)石基础、石勒脚、石墙身的划分:基础与勒脚应以设计室外地坪为界,勒脚与墙身应以设计室内地坪为界。石围墙内外地坪标高不同时,应以较低地坪标高为界,以下为基础;内外标高之差为挡土墙时,挡土墙以上为墙身。

(13)石梯带工程量应计算在石台阶工程量内。

(14)石梯膀应按表4.52石挡土墙项目编码列项。

(15)砌体内加筋的制作、安装,应按本章4.4节混凝土及钢筋混凝土工程中相关项目编码列项。

4.3.2　工程量计算常用数据

1.条形砖基础工程量计算

条形基础:

$$V_{外墙基} = S_{断} \times L_{中} + V_{垛基}$$

$$V_{内墙基} = S_{断} \times L_{净}$$

其中条形砖基断面面积的计算公式如下:

$$S_{断} = (基础高度 + 大放脚折加高度) \times 基础墙厚$$

或

$$S_{断} = 基础高度 \times 基础墙厚 + 大放脚增加面积$$

砖基础的大放脚形式分为等高式和间隔式,如图4.28(a)、(b)所示。大放脚的折加高度或大放脚增加面积可从表4.55、表4.56中查得。

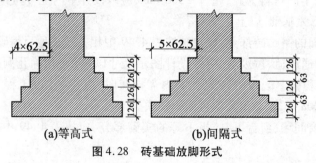

(a)等高式　　　　　　(b)间隔式

图4.28　砖基础放脚形式

表 4.55 标准砖等高式砖墙基大放脚折加高度表

放脚层数	折加高度/m						增加断面积/m²
	1/2 砖 (0.115)	2 砖 (0.24)	$1\frac{1}{2}$ 砖 (0.365)	2 砖 (0.49)	$2\frac{1}{2}$ 砖 (0.615)	3 砖 (0.74)	
一	0.137	0.066	0.043	0.032	0.026	0.021	0.015 75
二	0.411	0.197	0.129	0.096	0.077	0.064	0.047 25
三	0.822	0.394	0.259	0.193	0.154	0.128	0.094 5
四	1.369	0.656	0.432	0.321	0.259	0.213	0.157 5
五	2.054	0.984	0.647	0.482	0.384	0.319	0.236 3
六	2.876	1.378	0.906	0.675	0.538	0.447	0.330 8
七	—	1.838	1.208	0.900	0.717	0.596	0.441 0
八	—	2.363	1.553	1.157	0.922	0.766	0.567 0
九	—	2.953	1.942	1.447	1.153	0.958	0.708 8
十	—	3.609	2.373	1.768	1.409	1.171	0.866 3

注:1. 本表按标准砖双面放脚,每层等高 12.6 cm(二皮砖,二灰缝)砌出 6.25 cm 计算。

2. 本表折加墙基高度的计算,以 240 mm×115 mm×53 mm 标准砖,1 cm 灰缝及双面大放脚为准。

3. 折加高度(m) = $\dfrac{放脚断面积(m^2)}{墙厚(m)}$。

4. 采用折加高度数字时,取两位小数,第三位以后四舍五入。采用增加断面数字时,取三位小数,第四位以后四舍五入。

表 4.56 标准砖间隔式墙基大放脚折加高度表

放脚层数	折加高度/m						增加断面积/m²
	1/2 砖 (0.115)	2 砖 (0.24)	$1\frac{1}{2}$ 砖 (0.365)	2 砖 (0.49)	$2\frac{1}{2}$ 砖 (0.615)	3 砖 (0.74)	
一	0.137	0.066	0.043	0.032	0.026	0.021	0.015 8
二	0.343	0.164	0.108	0.080	0.064	0.053	0.039 4
三	0.685	0.320	0.216	0.161	0.128	0.106	0.078 8
四	1.096	0.525	0.345	0.257	0.205	0.170	0.126 0
五	1.643	0.788	0.518	0.386	0.307	0.255	0.189 0
六	2.260	1.083	0.712	0.530	0.423	0.331	0.259 7
七	—	1.444	0.949	0.707	0.563	0.468	0.346 5
八	—	—	1.208	0.900	0.717	0.596	0.441 0
九	—	—	—	1.125	0.896	0.745	0.551 3
十	—	—	—	1.088	0.905	0.669 4

注:1. 本表适用于间隔式砖墙基大放脚(即底层为二皮开始高 12.6 cm,上层为一皮砖高 6.3 cm,每边每层砌出 6.25 cm)。

2. 本表折加墙基高度的计算,以 240 mm×115 mm×53 mm 标准砖,1 cm 灰缝及双面大放脚为准。

3. 本表砖墙基础体积计算公式与上表(等高式砖墙基)同。

垛基是大放脚突出部分的基础,如图 4.29 所示,垛基工程量可直接查表 4.57 计算:

$$V_{垛基} = 垛基正身体积 + 放脚部分体积$$

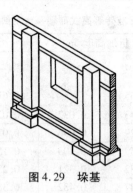

图 4.29　垛基

表 4.57　砖垛基础体积(m³/每个砖垛基础)

项目	突出墙面宽	1/2 砖(12.5 cm)		1 砖(25 cm)			$1\frac{1}{2}$ 砖(37.8 cm)			2 砖(50 cm)		
	砖垛尺寸/mm	125×240	125×365	250×240	250×365	250×490	375×365	375×490	375×615	500×490	500×615	500×740
垛基正身体积	80 cm	0.024	0.037	0.048	0.073	0.098	0.110	0.147	0.184	0.196	0.246	0.296
	90 cm	0.027	0.014	0.054	0.028	0.110	0.123	0.165	0.208	0.221	0.277	0.333
	100 cm	0.030	0.046	0.060	0.091	0.123	0.137	0.184	0.231	0.245	0.308	0.370
	110 cm	0.033	0.050	0.066	0.100	0.135	0.151	0.202	0.254	0.270	0.338	0.407
	120 cm	0.036	0.055	0.072	0.110	0.147	0.164	0.221	0.277	0.294	0.369	0.444
	130 cm	0.039	0.059	0.078	0.119	0.159	0.178	0.239	0.300	0.319	0.400	0.481
	140 cm	0.042	0.064	0.084	0.128	0.172	0.192	0.257	0.323	0.343	0.431	0.518
	150 cm	0.045	0.068	0.090	0.137	0.184	0.205	0.276	0.346	0.368	0.461	0.555
	160 cm	0.048	0.073	0.096	0.146	0.196	0.219	0.294	0.369	0.392	0.492	0.592
	170 cm	0.051	0.078	0.102	0.155	0.208	0.233	0.312	0.392	0.417	0.523	0.629
	180 cm	0.054	0.082	0.108	0.164	0.221	0.246	0.331	0.415	0.441	0.554	0.666
	每增减 5 cm	0.001 5	0.002 3	0.003 0	0.004 5	0.006 2	0.006 3	0.009 2	0.011 5	0.012 6	0.015 4	0.185 0
放脚部分体积	层数	等高式/间隔式		等高式/间隔式			等高式/间隔式			等高式/间隔式		
	一	0.002/0.002		0.004/0.004			0.006/0.006			0.008/0.008		
	二	0.006/0.005		0.012/0.010			0.018/0.015			0.023/0.020		
	三	0.012/0.010		0.023/0.020			0.035/0.029			0.047/0.039		
	四	0.020/0.016		0.039/0.032			0.059/0.047			0.078/0.063		
	五	0.029/0.024		0.059/0.047			0.088/0.070			0.117/0.094		
	六	0.041/0.032		0.082/0.065			0.123/0.097			0.164/0.129		
	七	0.055/0.043		0.109/0.086			0.164/0.129			0.221/0.172		
	八	0.070/0.055		0.141/0.109			0.211/0.164			0.284/0.225		

2.条形毛石基础工程量计算

(1)条形毛石基础断面面积可参照表4.58进行计算。

表 4.58　条形毛石基础断面面积表

| 宽度 /mm | 断面面积/m² | | | | | | | | | | | |
| | 高度/mm | | | | | | | | | | | |
	400	450	500	550	600	650	700	750	800	850	900	950
500	0.200	0.225	0.250	0.275	0.300	0.325	0.350	0.375	0.400	0.425	0.450	0.475
550	0.220	0.243	0.275	0.303	0.330	0.358	0.385	0.413	0.440	0.468	0.495	0.523
600	0.240	0.270	0.300	0.330	0.360	0.390	0.420	0.450	0.480	0.510	0.540	0.570
650	0.260	0.293	0.325	0.358	0.390	0.423	0.455	0.488	0.520	0.553	0.585	0.518
700	0.280	0.315	0.350	0.385	0.420	0.455	0.490	0.525	0.560	0.595	0.630	0.665
750	0.300	0.338	0.375	0.413	0.450	0.488	0.525	0.563	0.600	0.638	0.675	0.713
800	0.320	0.360	0.400	0.440	0.480	0.520	0.560	0.600	0.640	0.680	0.720	0.760
850	0.340	0.383	0.425	0.468	0.510	0.553	0.595	0.638	0.680	0.723	0.765	0.808
900	0.360	0.405	0.450	0.495	0.540	0.585	0.630	0.675	0.720	0.765	0.810	0.855
950	0.380	0.428	0.475	0.523	0.570	0.618	0.665	0.713	0.760	0.808	0.855	0.903
1 000	0.400	0.450	0.500	0.550	0.600	0.650	0.700	0.750	0.800	0.850	0.900	0.950
1 050	0.420	0.473	0.525	0.578	0.630	0.683	0.735	0.788	0.840	0.893	0.945	0.998
1 100	0.440	0.495	0.550	0.605	0.660	0.715	0.770	0.825	0.880	0.935	0.990	1.050
1 150	0.460	0.518	0.575	0.633	0.690	0.748	0.805	0.836	0.920	0.978	1.040	1.093
1 200	0.480	0.540	0.600	0.660	0.720	0.780	0.840	0.900	0.960	1.020	1.080	1.140
1 250	0.500	0.563	0.625	0.688	0.750	0.813	0.875	0.933	1.000	1.063	1.125	1.188
1 300	0.520	0.585	0.650	0.715	0.780	0.845	0.910	0.975	1.040	1.105	1.170	1.235
1 350	0.540	0.608	0.675	0.743	0.810	0.878	0.945	1.013	1.080	1.148	0.215	1.283
1 400	0.560	0.630	0.700	0.770	0.840	0.910	0.980	1.050	1.120	1.19	1.260	1.330
1 450	0.580	0.653	0.725	0.798	0.870	0.943	1.015	1.088	1.160	1.233	1.305	1.378
1 500	0.600	0.675	0.750	0.825	0.900	0.975	1.050	1.125	1.200	1.275	1.350	1.425
1 600	0.640	0.720	0.800	0.880	0.960	1.1040	1.120	1.200	1.280	1.360	1.440	1.520
1 700	0.680	0.765	0.850	0.935	1.020	1.105	1.190	1.275	1.360	1.445	1.530	1.615
1 800	0.720	0.810	0.900	0.990	1.080	1.170	1.260	1.350	1.440	1.530	1.620	1.710
2 000	0.800	0.900	1.000	1.100	1.200	1.300	1.400	1.500	1.600	1.700	1.800	1.900

（2）条形毛石基础工程量的计算可参照表 4.59。

表 4.59　条形毛石基础工程量表（定值）

| 基础阶数 | 图示 | 截面尺寸 | | | 截面面积/m² | 毛石砌体/（m³/10 m） | 材料消耗 | |
| | | 顶宽 | 底宽 | 高 | | | 毛石 | 砂浆 |
		/mm					/m³	
一阶式		600	600	600	0.36	3.60	4.14	1.44
		700	700	600	0.42	4.20	4.83	1.68
		800	800	600	0.48	4.80	5.52	1.92
		900	900	600	0.54	5.40	6.21	2.16
		600	600	1 000	0.60	6.00	6.90	2.40
		700	700	1 000	0.70	7.00	8.05	2.80
		800	800	1 000	0.80	8.00	9.20	3.20
		900	900	1 000	0.90	9.00	10.12	3.60

续表 4.59

基础阶数	图示	截面尺寸			截面面积/m²	毛石砌体/(m³/10 m)	材料消耗	
		顶宽	底宽	高			毛石	砂浆
		/mm					/m³	
二阶式		600	1 000	800	0.64	6.40	7.36	2.56
		700	1 100	800	0.72	7.20	8.28	2.88
		800	1 200	800	0.80	8.00	9.20	3.20
		900	1 300	800	0.88	8.80	10.12	3.52
		600	1 000	1 200	1.04	9.40	11.96	4.16
		700	1 100	1 200	1.16	11.60	13.34	4.64
		800	1 200	1 200	1.28	12.80	14.72	5.12
		900	1 300	1 200	1.40	14.00	16.10	5.60
三阶式		600	1 400	1 200	1.20	12.00	13.80	4.80
		700	1 500	1 200	1.32	13.20	15.18	5.28
		800	1 600	1 200	1.44	14.40	16.56	5.76
		900	1 700	1 200	1.56	15.60	17.94	6.24
		600	1 400	1 600	1.76	17.60	20.24	7.04
		700	1 500	1 600	1.92	19.20	22.08	7.68
		800	1 600	1 600	2.08	20.80	23.92	8.92
		900	1 700	1 600	2.24	22.40	25.76	8.96

3.独立砖基础工程量计算

独立基础应按图示尺寸计算。对于砖柱基础,如图 4.30 所示,可查表 4.60 计算:

$$V_{柱基} = V_{柱基身} + V_{柱放脚}$$

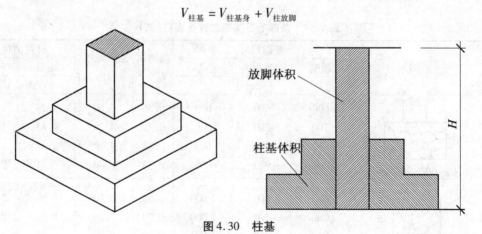

图 4.30　柱基

表 4.60　砖柱基础体积

桩断面尺寸		240×240		240×365		365×365		365×490	
每米深柱基身体积		0.057 6 m³		0.087 6 m³		0.133 2 m³		0.178 85 m³	
	层数	等高	不等高	等高	不等高	等高	不等高	等高	不等高
砖柱增加四边放脚体积	一	0.009 5	0.009 5	0.011 5	0.011 5	0.013 5	0.013 5	0.015 4	0.015 4
	二	0.032 5	0.027 8	0.038 4	0.032 7	0.044 3	0.037 6	0.050 2	0.042 5
	三	0.072 9	0.061 4	0.084 7	0.071 3	0.096 5	0.081 1	0.108 4	0.091
	四	0.134 7	0.109 7	0.154 4	0.125 4	0.174	0.141 2	0.193 7	0.156 9
	五	0.221 7	0.179 3	0.251 2	0.202 9	0.280 7	0.226 5	0.310 3	0.250 2
	六	0.337 9	0.269 4	0.379 3	0.301 9	0.420 6	0.334 4	0.461 9	0.366 9
	七	0.487 3	0.386 8	0.542 4	0.430 1	0.597 6	0.473 4	0.652 7	0.516 7
	八	0.673 8	0.530 6	0.744 7	0.585 7	0.815 5	0.640 8	0.886 4	0.695 9
	九	0.901 3	0.707 5	0.989 9	0.776 4	1.078 5	0.845 3	1.167 1	0.914 2
	十	1.173 8	0.916 7	1.282 1	1.000 4	1.390 3	1.084 3	1.498 6	1.167 8
桩断面尺寸		490×490		490×615		615×615		615×740	
每米深柱基身体积		0.240 1 m³		0.301 35 m³		0.378 23 m³		0.455 1 m³	
	层数	等高	不等高	等高	不等高	等高	不等高	等高	不等高
砖柱增加四边放脚体积	一	0.017 4	0.017 4	0.019 4	0.019 4	0.021 3	0.021 3	0.023 3	0.023 3
	二	0.056 1	0.047 4	0.062 1	0.052 4	0.068	0.057 3	0.073 9	0.062 2
	三	0.120 2	0.100 8	0.132	0.110 6	0.143 8	0.120 5	0.155 6	0.130 3
	四	0.213 4	0.172 7	0.233 1	0.188 4	0.252 8	0.204 2	0.272 5	0.219 9
	五	0.339 8	0.273 8	0.369 3	0.274	0.398 9	0.321	0.428 4	0.344 7
	六	0.503 3	0.399 4	0.544 6	0.431 8	0.586	0.464 3	0.627 3	0.496 8
	七	0.707 8	0.56	0.762 9	0.603 3	0.818 1	0.646 7	0.873 2	0.69
	八	0.957 3	0.751 1	1.028 8	0.806 2	1.09 9	0.861 3	1.169 9	0.916 4
	九	1.255 7	0.983 1	1.344 3	1.052	1.432 9	1.120 9	1.521 4	1.189 8
	十	1.606 9	1.251 4	1.715 2	1.335 1	1.823 5	1.418 8	1.931 7	1.502 4

4.砖墙体工程量计算

砖墙体分为外墙、内墙、女儿墙和围墙,计算时要注意墙体砖的品种、规格、强度等级、墙体类型、墙体厚度、墙体高度、砂浆强度等级以及配合比不同时要分开计算。

（1）外墙：

$$V_外 = (H_外 \times L_中 - F_洞) \times b + V_{增减}$$

式中　$H_外$——外墙高度；

　　　$L_中$——外墙中心线长度；

　　　$F_洞$——门窗洞口、过人洞、空圈面积；

　　　$V_{增减}$——相应的增减体积,其中 $V_增$ 是指有墙垛时增加的墙垛体积；

　　　b——墙体厚度。

注:砖垛工程量的计算可查表 4.61。

表 4.61　标准砖附墙砖垛或附墙烟囱、通风道折算墙身面积系数

墙身厚度 D/cm 突出断面 $a \times b$/cm	1/2 砖	3/4 砖	1 砖	$1\frac{1}{2}$ 砖	2 砖	$2\frac{1}{2}$ 砖
	11.5	18	24	36.5	49	61.5
12.25 × 24	0.260 9	0.168 5	0.125 0	0.082 2	0.061 2	0.048 8
12.5 × 36.5	0.397 0	0.256 2	0.190 0	0.124 9	0.093 0	0.074 1
12.5 × 49	0.533 0	0.344 4	0.255 4	0.168 0	0.125 1	0.099 7
12.5 × 61.5	0.668 7	0.432 0	0.320 4	0.210 7	0.156 9	0.125 0
25 × 24	0.521 8	0.337 1	0.250 0	0.164 4	0.122 4	0.097 6
25 × 36.5	0.793 8	0.512 9	0.380 4	0.250 0	0.186 2	0.148 5
25 × 49	1.062 5	0.688 2	0.510 4	0.235 6	0.249 9	0.199 2
25 × 61.5	1.337 4	0.864 1	0.641 0	0.421 4	0.313 8	0.250 1
37.5 × 24	0.782 6	0.505 6	0.375 1	0.246 6	0.183 6	0.146 3
37.5 × 36.5	1.190 4	0.769 1	0.570 0	0.375 1	0.279 3	0.222 6
37.5 × 49	1.598 3	1.032 6	0.765 0	0.503 6	0.374 9	0.298 9
37.5 × 61.5	2.004 7	1.295 5	0.960 8	0.631 8	0.470 4	0.375 0
50 × 24	1.043 5	0.674 2	0.500 0	0.328 8	0.244 6	0.195 1
50 × 36.5	1.587 0	1.025 3	0.760 4	0.500 0	0.372 4	0.296 7
50 × 49	2.130 4	1.376 4	1.020 8	0.671 2	0.500 0	0.398 0
50 × 61.5	2.673 9	1.727 3	1.281 3	0.842 5	0.626 1	0.499 7
62.5 × 36.5	1.981 3	1.282 1	0.951 0	0.624 9	0.465 3	0.370 9
62.5 × 49	2.663 5	1.720 8	1.376 3	0.839 0	0.624 9	0.498 0
62.5 × 61.5	3.342 6	2.160 0	1.601 6	1.053 2	0.784 2	0.625 0
74 × 36.5	2.348 7	1.517 4	1.125 4	0.740 0	0.551 0	0.439 2

注:表中 a 为突出墙面尺寸(cm),b 为砖垛(或附墙烟囱、通风道)的宽度(cm)。

（2）内墙:

$$V_内 = (H_内 \times L_净 - F_洞) \times b + V_{增减}$$

式中　$H_内$——内墙高度;

　　　$L_净$——内墙净长度;

　　　$F_洞$——门窗洞口、过人洞、空圈面积;

　　　$V_{增减}$——计算墙体时相应的增减体积;

　　　b——墙体厚度。

（3）女儿墙:

$$V_女 = H_女 \times L_中 \times b + V_{增减}$$

式中　$H_女$——女儿墙高度;

　　　$L_中$——女儿墙中心线长度;

　　　b——女儿墙厚度。

（4）砖围墙:高度算至压顶上表面(若有混凝土压顶时算至压顶下表面),围墙柱并入围墙体积内计算。

5.砖墙用砖和砂浆计算

（1）一斗一卧空斗墙用砖和砂浆的理论计算公式如下:

$$砖 = \frac{一斗一卧一层砖的块数}{墙厚 \times 一斗一卧砖高 \times 墙长}$$

砂浆 $= \dfrac{(墙长 \times 4 \times 立砖净空 \times 10 + 斗砖宽 \times 20 + 卧砖长 \times 12.52) \times 0.01 \times 0.053}{墙厚 \times 一斗一卧砖高 \times 墙长}$

(2)各种不同厚度的墙用砖和砂浆净用量计算公式。

砖墙:每 m^3 砖砌体各种不同厚度的墙用砖和砂浆净用量的理论计算公式如下:

1)砖的净用量 $= \dfrac{1}{墙厚 \times (砖长 + 灰缝) \times (砖厚 + 灰缝)} \times K$

式中　K——墙厚的砖数 $\times 2$(墙厚的砖数是指 0.5、1、1.5、2、…)。

2)砂浆净用量 $= 1 -$ 砖数净用量 $\times$ 每块砖体积

标准砖规格为 240 mm $\times$ 115 mm $\times$ 53 mm,每块砖的体积为 0.001 462 8 m^3,灰缝横竖方向均为 1 cm。

(3)方形砖柱用砖和砂浆用量的理论计算公式如下:

$$砖 = \dfrac{一层砖的块数}{长 \times 宽 \times (一层砖厚 + 灰缝)}$$

$$砂浆 = 1 - 砖数净用量 \times 每块砖体积$$

(4)圆形砖柱用砖和砂浆的理论计算公式如下:

$$砖 = \dfrac{1}{\pi/4 \times 0.49 \times 0.49 \times (砖厚 + 灰缝)}$$

$$砂浆 = 1 - 每块砖体积 \times \dfrac{1}{(长 + 1/2\,灰缝) \times (宽 + 灰缝) \times (厚 + 灰缝)}$$

6.砖砌山墙面积计算

(1)山墙(尖)面积计算公式如下:

坡度 1:2(26°34′) $= L^2 \times 0.125$

坡度 1:4(14°02′) $= L^2 \times 0.062\ 5$

坡度 1:12(4°45′) $= L^2 \times 0.020\ 83$

公式中坡度 $= H\!:\!S$,如图 4.31 所示。

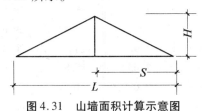

图 4.31　山墙面积计算示意图

(2)山尖墙面积见表 4.62。

表 4.62　山墙(尖)面积表

长度 L/m	坡度(H:S)			长度 L/m	坡度(H:S)		
	1:2	1:4	1:12		1:2	1:4	1:12
	山尖面积/m^2				山尖面积/m^2		
4.0	2.00	1.00	0.33	4.4	2.42	1.21	0.40
4.2	2.21	1.10	0.37	4.6	2.65	1.32	0.44

续表 4.62

长度 L/m	坡度(H:S)			长度 L/m	坡度(H:S)		
	1:2	1:4	1:12		1:2	1:4	1:12
	山尖面积/m²				山尖面积/m²		
4.8	2.88	1.44	0.48	10.8	14.58	7.29	2.43
5.0	3.13	1.56	0.52	11	15.13	7.56	2.53
5.2	3.38	1.69	0.56	11.2	15.68	7.84	2.61
5.4	3.65	1.82	0.61	11.4	16.25	8.12	2.71
5.6	3.92	1.96	0.65	11.6	16.82	8.41	2.80
5.8	4.21	2.10	0.70	11.8	17.41	8.70	2.90
6.0	4.50	2.25	0.75	12	18.00	9.00	3.00
6.2	4.81	2.40	0.80	12.2	18.61	9.30	3.10
6.4	5.12	2.56	0.85	12.4	19.22	9.61	3.20
6.6	5.45	2.72	0.91	12.6	19.85	9.92	3.31
6.8	5.78	2.89	0.96	12.8	20.43	10.24	3.41
7.0	6.13	3.06	1.02	13	21.13	10.56	3.52
7.2	6.43	3.24	1.08	13.2	21.73	10.89	3.63
7.4	6.85	3.42	1.14	13.4	22.45	11.22	3.74
7.6	7.22	3.61	1.20	13.6	23.12	11.56	3.85
7.8	7.61	3.80	1.27	13.8	23.81	11.90	3.97
8.0	8.00	4.00	1.33	14	24.50	12.23	4.08
8.2	8.41	4.20	1.40	14.2	25.21	12.60	4.20
8.4	8.82	4.41	1.47	14.4	25.92	12.96	4.32
8.6	9.25	4.62	1.54	14.6	26.65	13.32	4.44
8.8	9.68	4.84	1.61	14.8	27.33	13.69	4.56
9.0	10.13	5.06	1.69	15	28.13	14.06	4.69
9.2	10.58	5.29	1.76	15.2	28.88	14.44	4.81
9.4	11.05	5.52	1.84	15.4	29.65	14.82	4.94
9.6	11.52	5.76	1.92	15.6	30.42	15.21	5.07
9.8	12.01	6.00	2.00	15.8	31.21	15.60	5.20
10.0	12.50	6.25	2.08	16	32.00	16.00	5.33
10.2	13.01	6.50	2.17	16.2	32.81	16.40	5.47
10.4	13.52	6.76	2.25	16.4	33.62	16.81	5.60
10.6	14.05	7.02	2.34	16.6	34.45	17.22	5.76

7. 烟囱环形砖基础工程量计算

烟囱环形砖基础如图 4.32 所示,砖基大放脚分为等高式和非等高式。基础体积的计算方法与条形基础的方法相同,分别计算出砖基身和放脚增加断面面积即可得烟囱基础体积公式。

(1)砖基身断面面积:

$$砖基身断面积 = b \times h_c$$

式中　b——砖基身顶面宽度(m);

　　　h_c——砖基身高度(m)。

(2)砖基础体积:

$$V_{hj} = (b \times h_c + V_f) \times l_c$$

式中　V_{hj}——烟囱环形砖基础体积(m^3);

　　　V_f——烟囱基础放脚增加断面面积(m^2);

　　　$l_c = 2\pi r_0$——烟囱砖基础计算长度,其中 r_0 是烟囱中心至环形砖基扩大面中心的半径。

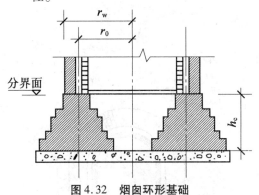
图 4.32　烟囱环形基础

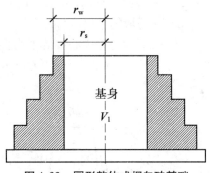
图 4.33　圆形整体式烟囱砖基础

8. 圆形整体式烟囱砖基础工程量计算

图 4.33 是圆形整体式砖基础,其基础体积的计算同样可分为两个部分:基身和大放脚,其基身与放脚应以基础扩大顶面向内收一个台阶宽(62.5mm)处为界,界内为基身,界外为放脚。若烟囱筒身外径恰好与基身重合,则其基身与放脚的划分即以筒身外径为分界。

圆形整体式烟囱基础的体积 V_{yj} 可按下式计算:

$$V_{yj} = V_s + V_f$$

其中,砖基身体积 V_s 的计算公式如下:

$$V_s = \pi r_s^2 h_c$$
$$r_s = r_w - 0.0625$$

式中　r_s——圆形基身半径(m);

　　　r_w——圆形基础扩大面半径(m);

　　　h_c——基身高度(m)。

砖基大放脚增加体积 V_f 的计算。

由图 4.33 可见,圆形基础大放脚可视为相对于基础中心的单面放脚。若计算出单面放脚增加断面相对于基础中心线的平均半径 r_0,即可计算大放脚增加的体积。平均半径 r_0 可按重心法求得。以等高式放脚为例,其计算公式如下:

$$r_0 = r_s + \frac{\sum_{i=1}^{n} S_i d_i}{\sum S_i} = r_s + \frac{\sum_{i=1}^{n} i^2}{n \text{ 层放脚单面断面面积}} \times 2.04 \times 10^{-4}$$

式中　i——从上向下计数的大放脚层数。

则圆形砖基放脚增加体积 V_f 为

$$V_f = 2\pi r_0 n \text{ 层放脚单面断面面积}$$

9.烟囱筒身工程量计算

烟囱筒身无论圆形、方形,都按图示筒壁平均中心线周长乘以筒壁厚度,再乘以筒身垂直高度,扣除筒身各种孔洞(0.3 m^2 以上),钢筋混凝土圈梁和过梁等所占体积以立方米(m^3)计算。若其筒壁周长不同,分别计算每段筒身体积,相加后即为整个烟囱筒身的体积,计算公式如下:

$$V = \sum HC\pi D - \text{应扣除体积}$$

式中　　V——烟囱筒身体积(m^3);

　　　　H——每段筒身垂直高度(m);

　　　　C——每段筒壁厚度(m);

　　　　D——每段筒壁中心线的平均直径,如图 4.34 所示。

$$D = \frac{(D_1 - C) + (D_2 - C)}{2} = \frac{D_1 + D_2}{2} - C$$

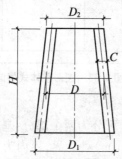

图 4.34　烟囱筒身工程量计算示意图

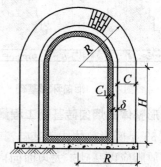

图 4.35　烟道工程量计算示意图

10.烟道砌块工程量计算

烟道与炉体的划分以第一道闸门为界,属炉体内的烟道部分列入炉体工程量计算。烟道砌砖工程量按图示尺寸以实砌体积计算,如图 4.35 所示。

$$V = C\left[2H + \pi\left(R - \frac{C}{2}\right)\right]L$$

式中　　V——砖砌烟道工程量(m^3);

　　　　C——烟道墙厚(m);

　　　　H——烟道墙垂直部分高度(m);

　　　　R——烟道拱形部分外半径(m);

　　　　L——烟道长度(m),自炉体第一道闸门至烟囱筒身外表面相交处。

参照图 4.35,可知烟道内衬工程量计算公式如下:

$$V = C_1\left[2H + \pi\left(R - C - \delta - \frac{C_1}{2}\right) + (R - C - \delta - C_1) \times 2\right]$$

式中　　V——烟道内衬体积(m^3);

　　　　C_1——烟道内衬厚度(m)。

4.3.3　工程量计算常用公式

砌筑工程工程量计算常用公式见表4.63。

表 4.63 砌筑工程工程量计算表

项目	计算公式	计算规则
砖墙体	外墙毛面积 = 墙长($L_中$) × 墙高(H)(m^2) 外墙净面积 = 外墙毛面积 – 门窗洞口面积 – 　　　　　　0.3 m^2 以上其他洞口面积(m^2) 　扣除墙体内部： 　柱体积(来自于钢筋混凝土柱的体积工程量) 　圈梁体积(来自于钢筋混凝土圈梁的体积工程量) 　过梁体积(来自于钢筋混凝土过梁的体积工程量) 　增加下列体积： 　女儿墙、垃圾道、砖垛、三皮以上砖挑檐、腰线体积 　即 V = 外墙净面积 × 墙厚 – 　　　　扣除墙体内部的体积 + 　　　　需增加的体积 式中　墙长($L_中$)——外墙中心线的长度(m) 　　　墙高(H)——按定额计算规则规定计算(m)	计算墙体时,应扣除门窗洞口、过人洞、空圈以及嵌入墙身的钢筋混凝土柱、梁、过梁、圈梁、板头、砖过梁和暖气包壁龛的体积,不扣除每个面积在 0.3 m^2 以内的孔洞、梁头、梁垫、檩头、垫木、木楞头、沿椽木、木砖、门窗走头、墙内的加固钢筋、木筋、铁件、钢管等所占的体积,突出砖墙面的窗台虎头砖、压顶线、山墙泛水、烟囱根、门窗套、三皮砖以下腰线、挑檐等体积亦不增加
条形砖基础	$V_{砖基}$ = (基础高 × 基础墙厚 + 　　　　大放脚增加断面积) × 墙长(m^3) 　若设： 　折加高度 = 大放脚增加断面积 ÷ 基础墙厚 则 　$V_{砖基}$ = (基础高 + 折加高度) × 基础墙厚 × 墙长 　折加高度可预先算好,制成表格,用时查表求得(见表 4.57)	砌筑弧形砖墙、砖基础按相应项目每 10 m^3 砌体增加人工 1.43 工日 　基础与墙身的划分以设计室内地坪为界,设计室内地坪以下为基础,以上为墙身。基础与墙身使用不同材料时,位于设计室内地坪 ± 300 mm 以内时,以不同材料为分界线;超过 ± 300 mm 时,以设计室内地坪为分界线。砖、石围墙,以设计室外地坪为分界线,以下为基础,以上为墙身 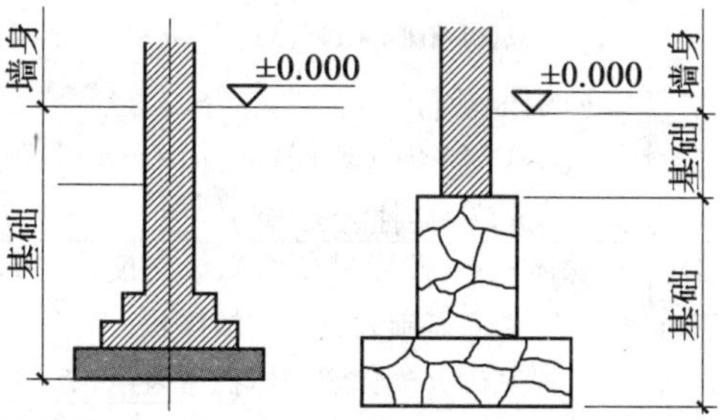

续表 4.63

项目	计算公式	计算规则
砖基础大放脚	（1）等高式 $$S_{增} = 0.007\,875n \times (n+1)$$ （2）不等高式（底层为 126 mm） 当 n 为奇数时， $$S_{增} = 0.001\,969 \times (n+1) \times (3n+1)$$ 当 n 为偶数时， $$S_{增} = 0.001\,969 \times n \times (3n+4)$$ （3）不等高式（底层为 63 mm） 当 n 为奇数时， $$S_{增} = 0.001\,969 \times (n+1) \times (3n-1)$$ 当 n 为偶数时， $$S_{增} = 0.001\,969 \times n \times (3n+2)$$ 式中　$S_{增}$——砖基础大放脚折加的截面增加面积 　　　n——砖基础大放脚的层数	分等高式和不等高式计算，工程量合并到砖基础计算
砖柱	$$V = A \times B \times H + V_{大放脚}\,(\mathrm{m}^3)$$ 式中　A, B——砖柱的截面尺寸（m） 　　　H——砖柱的计算高度（m）	砖柱不分柱身和柱基，其工程量合并后，按砖柱项目计算
砖柱大放脚	（1）等高式柱基放脚（柱尺寸：$a \times b$） $$V_{大放脚} = 0.007\,875n(n+1)\left[a+b+(2n+1)^2/4\right]$$ （2）不等高式（底层为 126 mm） n 为奇数， $$V_{大放脚} = 0.007\,875(n+1)\left[(3n+1)(a+b)\right.$$ $$\left. +n(n+1)/4\right]$$ n 为偶数， $$V_{大放脚} = 0.001\,969n\left[(3n+4)(a+b)+(n+1)^2/4\right]$$ （3）不等高式（底层为 63 mm） n 为奇数时， $$V_{大放脚} = 0.001\,969(n+1)\left[(3n-1)(a+b)+n^2/4\right]$$ n 为偶数时， $$V_{大放脚} = 0.001\,969n\left[(3n+2)(a+b)+n(n+1)/4\right]$$ 式中　n——砖柱大放脚的层数	砖柱不分柱身和柱基，其工程量合并后，按砖柱项目计算 砖柱大放脚工程量应合并计算 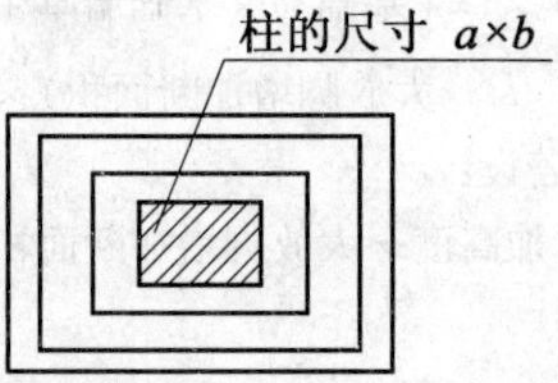 柱的尺寸 $a \times b$
附墙砖垛基础大放脚	砖垛体积 =（砖垛横断面积×高度）+ 砖垛基础大放脚增加体积 砖垛基础大放脚增加体积见表 4.57	附墙砖垛基础大放脚工程量合并计入砖垛基础工程量
墙面勾缝	$$S = S_1 - S_2 - S_3\,(\mathrm{m}^2)$$ 式中　S_1——墙面垂直投影面积（m^2） 　　　S_2——墙裙抹灰所占的面积（m^2） 　　　S_3——墙面抹灰所占的面积（m^2）	墙面勾缝面积 S 按墙面垂直投影面积计算 应扣除墙裙和墙面抹灰所占的面积，不扣除门窗洞口及门窗套、腰线等零星抹灰所占的面积，但垛和门窗洞口侧壁的勾缝面积也不增加 独立柱、房上烟囱勾缝，按图示尺寸以平方米计算

续表4.63

项目	计算公式	计算规则
钢筋砖过梁	$V/\mathrm{m}^3 = 0.44 \times 墙厚 \times (洞口宽 + 0.5)$ 此公式是在设计没规定尺寸时的参考公式,若设计有规定则按设计尺寸计算工程量	钢筋砖过梁体积 V 按图示尺寸(设计长度和设计高度)以立方米计算,若设计无规定时按门窗洞口宽度两端共加 500 mm,高度按 440 mm 计算 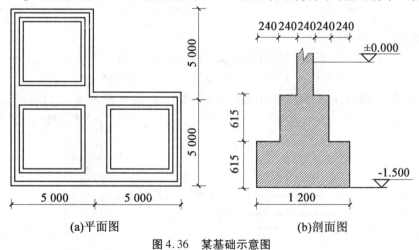
砖平碹	(1)当洞口宽小于 1 500 mm 时, $V/\mathrm{m}^3 = 0.24 \times 墙厚 \times (洞口宽 + 0.1)$ (2)当洞口宽大于 1 500 mm 时, $V/\mathrm{m}^3 = 0.365 \times 墙厚 \times (洞口宽 + 0.1)$	砖平碹体积 V 按图示尺寸(设计长度和设计高度)以立方米计算

4.3.4　工程量计算应用实例

【例4.25】　某基础平面图和剖面图如图4.36所示,试计算其砖基础清单工程量。

(a)平面图　　　　(b)剖面图

图4.36　某基础示意图

【解】

砖基础清单工程量计算如下:

$$L_{外}/\mathrm{m} = (5.0 \times 2 - 0.24 + 5.0 \times 2 - 0.24) \times 2 = 39.04$$

$$L_{内}/\mathrm{m} = 5.0 - 0.36 + 5.0 - 0.36 = 9.28$$

$V_{砖基}/\text{m}^3 =$（外墙中心线长度＋内墙净长度）×砖基础断面面积 =
　　　　$(5.0 \times 2 - 0.24 + 5.0 \times 2 - 0.24 + 5.0 \times 2 - 0.24 + 5.0 \times 2 - 0.24 + 5.0 - 0.36 +$
　　　　$5.0 - 0.36) \times (1.2 \times 0.615 + 0.72 \times 0.615 + 0.27 \times 0.24) =$
　　　　$48.32 \times 1.245\,6 = 60.19$

清单工程量计算见表4.64。

表4.64　清单工程量计算表

项目编码	项目名称	项目特征描述	计量单位	工程量
010301001001	砖基础	条形基础,基础深1.5 m	m^3	60.19

【例4.26】　某基础剖面图如图4.37所示,已知:基础外墙中心线长度和内墙净长度之和65.32 m,试计算毛石基础工程量。

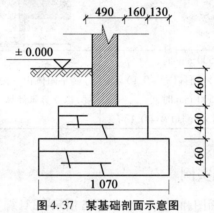

图4.37　某基础剖面示意图

【解】

毛石基础工程量计算如下:
　　　　$V/\text{m}^3 =$ 毛石基础断面面积×（外墙中心线长度＋内墙净长度） =
　　　　$(1.07 \times 0.46 + 0.81 \times 0.46) \times 65.32 = 56.49$

【例4.27】　某砖基础平面图和剖面图分别如图4.38、图4.39所示,试计算砖基础工程量。

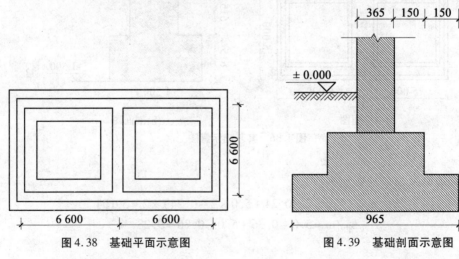

图4.38　基础平面示意图　　　　　　图4.39　基础剖面示意图

【解】

砖基础工程量计算如下：

$$V/m^3 = [0.965 \times 0.54 + (0.965 - 0.3) \times 0.54 + 0.365 \times$$
$$0.54] \times [(13.2 + 6.6) \times 2 + 6.3] = 49.45$$

【例 4.28】　某圆形砖柱如图 4.40 所示，试计算其清单工程量。

【解】

圆形砖柱清单工程量：

$$V_{圆形}/m^3 = 截面积 \times 高度 = 3.1416 \times 0.25^2 \times 5.6 =$$
$$1.10$$

清单工程量计算见表 4.65。

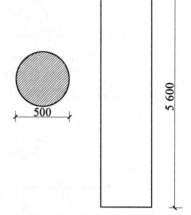

图 4.40　圆形砖柱示意图

表 4.65　清单工程量计算表

项目编码	项目名称	项目特征描述	计量单位	工程量
010302005001	实心砖柱	独立柱，圆形截面 $R = 250$，柱高 5.6 m	m³	1.10

【例 4.29】　某基础工程如图 4.41 所示，MU30 整毛石，基础用 M5.0 水泥砂浆砌筑。试计算石基础工程量。

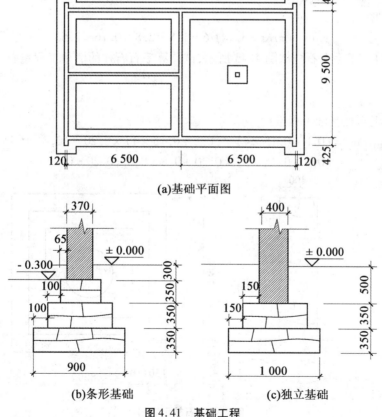

(a)基础平面图

(b)条形基础　　　　(c)独立基础

图 4.41　基础工程

【解】
$$L_{中}/m = (6.5 \times 2 - 0.25 \times 2 + 9.5 + 0.425 \times 2) \times 2 = 45.7$$
$$L_{内}/m = 9.5 - 0.25 \times 2 + 6.5 - 0.25 - 0.185 = 15.07$$

毛石条基工程量$/m^3$：$(45.7 + 15.07) \times (0.9 + 0.7 + 0.5) \times 0.35 = 44.67$

毛石独立基础工程量$/m$：$(1 \times 1 + 0.7 \times 0.7) \times 0.35 = 0.52$

【例4.30】　球形、圆锥形塔顶如图4.42所示,试计算球形、圆锥形塔顶及箱底工程量。

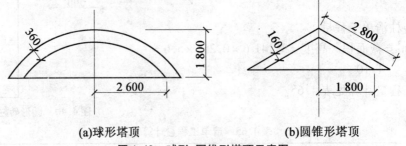

(a)球形塔顶　　　　　　　　　　(b)圆锥形塔顶

图4.42　球形、圆锥形塔顶示意图

【解】

水箱壁按图示尺寸以m^3计算,依附于水箱壁的柱、挑檐梁等均并入水箱壁的体积内计算。水箱壁的高度按塔顶圈梁下皮至水箱底圈梁上皮计算。

(1)球形：
$$V/m^3 = \pi(a^2 + H^2)t = 3.141\,6 \times (2.6^2 + 1.8^2) \times 0.36 = 11.31$$

(2)圆锥形：
$$V/m^3 = \pi rKt = 3.141\,6 \times 1.8 \times 2.8 \times 0.16 = 2.53$$

【例4.31】　某毛石石柱如图4.43所示,试计算毛石石柱的清单工程量。

【解】

清单工程量：

(1)圆形毛石柱基础工程量：
$$V_{基础}/m^3 = (0.8 + 0.15 \times 4) \times (0.8 + 0.15 \times 4) \times 0.20 + (0.8 + 0.15 \times 2) \times$$
$$(0.8 + 0.15 \times 2) \times 0.20 + 0.8 \times 0.8 \times 0.20 = 0.76$$

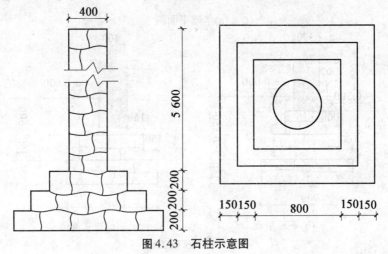

图4.43　石柱示意图

(2)圆形毛石石柱柱身工程量:

$$V_{柱身}/m^3 = 3.141\,6 \times 0.20^2 \times 5.6 = 0.70$$

【例 4.32】　某围墙的空花墙如图 4.44 所示,试计算其砖基础清单工程量。

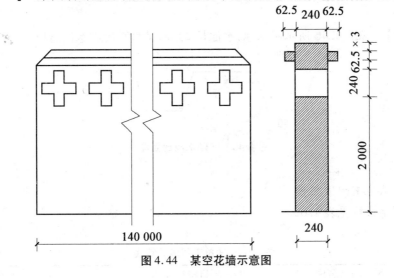

图 4.44　某空花墙示意图

【解】

清单工程量:

(1)实砌砖墙工程量:

$$V_{实}/m^3 = (2.0 \times 0.24 + 0.062\,5 \times 2 \times 0.24 + 0.062\,5 \times 0.365) \times 140 = 74.59$$

(2)空花墙部分工程量:

$$V_{空}/m^3 = 0.24 \times 0.24 \times 140 = 8.06$$

清单工程量计算见表 4.66。

表 4.66　清单工程量计算表

项目编码	项目名称	项目特征描述	计量单位	工程量
010302001001	实心砖墙	实心砖墙,外墙厚 365 mm,内墙厚 240 mm	m³	74.59
010302003001	空花墙	空花墙,墙厚 240 mm,墙高 240 mm	m³	8.06

【例 4.33】　如图 4.45 所示砖烟囱,烟囱高 26 m,烟囱下口直径为 3 m,试计算其清单工程量。

【解】

清单工程量:

①段:$D_1/m = (1.2 + 1.4)/2 = 1.3$

②段:$D_2/m = (1.3 + 2.7)/2 = 2$

则　$V_1/m^3 = 12 \times 0.2 \times 1.3 \times 3.1416 = 9.80$

　　$V_2/m^3 = 14 \times 0.3 \times 2 \times 3.1416 = 26.39$

　　$V_{总}/m^3 = V_1 + V_2 = 9.80 + 26.39 = 36.19$

清单工程量计算见表 4.67。

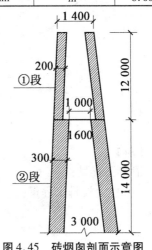

图 4.45　砖烟囱剖面示意图

表 4.67　清单工程量计算表

项目编码	项目名称	项目特征描述	计量单位	工程量
010303001001	砖烟囱、水塔	筒身高 26 m	m³	36.19

【例 4.34】　如图 4.46 所示砖水池,水池长 20 m,试计算砖砌水池清单工程量。

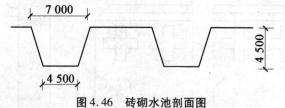

图 4.46　砖砌水池剖面图

【解】

砖砌水池清单工程量:2 座

清单工程量计算见表 4.68。

表 4.68　清单工程量计算表

项目编码	项目名称	项目特征描述	计量单位	工程量
010303004001	砖水池、化粪池	池截面上口宽 7 000 mm,下口宽 4 500 mm,高 4 500 mm	座	2

【例 4.35】　某砌块柱尺寸如图 4.47 所示,试计算该砌块柱的清单工程量。

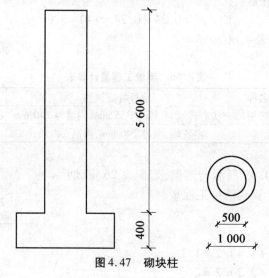

图 4.47　砌块柱

【解】

清单工程量:

(1)柱大放脚工程量:

$$V_1/m^3 = \frac{1}{4} \times 3.141\ 6 \times 1.0^2 \times 0.4 = 0.31$$

(2)柱身工程量:

$$V_2/\text{m}^3 = \frac{1}{4} \times 3.141\ 6 \times 0.5^2 \times 5.6 = 1.10$$

（3）该砌块柱工程量：

$$V/\text{m}^3 = V_1 + V_2 = 0.31 + 1.10 = 1.41$$

清单工程量见表 4.69。

表 4.69　清单工程量计算表

项目编码	项目名称	项目特征描述	计量单位	工程量
010304002001	空心砖柱、砌块柱	柱高 5.6 m 柱截面 $R = 0.5$ m 的圆形截面	m³	1.41

【例 4.36】　某建筑外墙基础如图 4.48 所示，其外墙中心线长度为 80 m，试计算该基础砌体工程量。

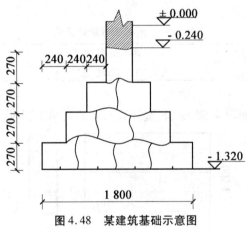

图 4.48　某建筑基础示意图

【解】

清单工程量：

根据清单中基础与墙身的划分，当基础与墙身使用不同材料时，位于设计地面 ±300 mm 以内时，以不同材料分界线，超过 ±300 mm 时，以设计室内地面为分界线。据此，该基础高度为 1.08 m。则

$$V_{基础}/\text{m}^3 = 砌体基础断面面积 \times 外墙中心线长度 =$$
$$(1.80 \times 1.08 - 0.24 \times 0.27 \times 12) \times 80 = 93.31$$

清单工程量计算见表 4.70。

表 4.70　清单工程量计算表

项目编码	项目名称	项目特征描述	计量单位	工程量
010305001001	石基础	基础深 1.08 m，条形基础	m³	93.31

【例 4.37】　某毛石挡土墙如图 4.49 所示，用 1:1.5 水泥砂浆砌筑毛石挡土墙 160 m，计算其毛石挡土墙的工程量。

【解】

清单工程量/m^3：

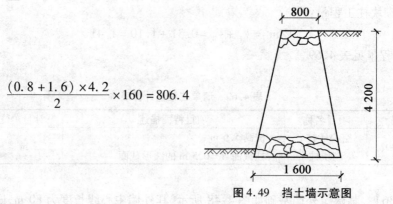

$$\frac{(0.8+1.6)\times4.2}{2}\times160=806.4$$

图 4.49　挡土墙示意图

清单工程量计算见表 4.71。

表 4.71　清单工程量计算表

项目编码	项目名称	项目特征描述	计量单位	工程量
010305004001	石挡土墙	毛石挡土墙,墙厚 800 mm	m^3	806.4

【例 4.38】　某石墙如图 4.50 所示,试计算石墙的清单工程量。

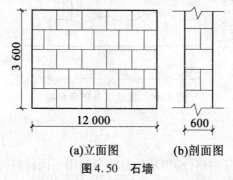

(a)立面图　　　(b)剖面图

图 4.50　石墙

【解】

清单工程量/m^3：

$$12\times3.6\times0.6=25.92$$

清单工程量计算见表 4.72。

表 4.72　清单工程量计算表

项目编码	项目名称	项目特征描述	计量单位	工程量
010305003001	石墙	墙厚 600 mm	m^3	25.92

【例 4.39】　某砖地沟如图 4.51 所示,其地沟长度为 80m,计算地沟砌砖清单工程量。

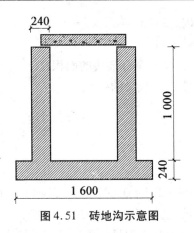

图 4.51　砖地沟示意图

【解】

地沟砌砖清单工程量：

$$L_{地沟}/\text{m} = 80.00$$

清单工程量计算见表 4.73。

表 4.73　清单工程量计算表

项目编码	项目名称	项目特征描述	计量单位	工程量
010306002001	转地沟、明沟	沟截面尺寸 1 600 mm × 1 240 mm	m	80.00

【例 4.40】　某工程等高式标准砖大放脚基础如图 4.52，基础墙高 $h = 2.5$ m、基础长 $l = 36.25$ m，试计算砖基础工程量。

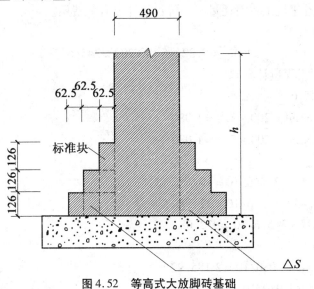

图 4.52　等高式大放脚砖基础

【解】

$V_{砖基} = ($基础墙厚 × 基础墙高 + 大放脚增加面积$) ×$ 基础长 $=$

$\qquad (d × h + \triangle S) × l =$

$$[d \times h + 0.126 \times 0.062\ 5n(n+1)] \times l =$$
$$[d \times h + 0.007\ 875n(n+1)] \times l$$

式中　0.007 875——标准砖大放脚一个标准块的面积；

　　　0.007 875$n(n+1)$——全部大放脚的面积；

　　　n——大放脚层数；

　　　d——基础墙厚(m)；

　　　h——基础墙高(m)；

　　　l——砖基础长(m)。

$$V_{砖基}/\text{m}^3 = (0.49 \times 2.5 + 0.007\ 875 \times 3 \times 4) \times 36.25 = 47.83$$

【例 4.41】　如图 4.53 所示,已知毛石护坡 200 m,M2.5 水泥砂浆砌筑,水泥砂浆勾凸缝,毛石表面按整砌毛石处理,试编制工程量清单计价表及综合单价计算表。

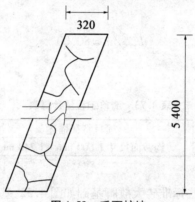

图 4.53　毛石护坡

【解】　依据某省建筑工程消耗量定额价目表计取有关费用。

(1)清单工程量计算：

$$V/\text{m}^3 = 0.32 \times 5.4 \times 200 = 345.6$$

(2)消耗量定额工程量计算。

砌筑/m³：$V = 345.6$

毛石表面勾缝：$S/\text{m}^2 = 200 \times 5.4 = 1\ 080$

毛石表面处理：$S/\text{m}^2 = 200 \times 5.4 = 1\ 080$

(3)毛石护坡。

人工费/元：$311.52 \times 345.6/10 = 10\ 766.13$

材料费/元：$934.45 \times 345.6/10 = 32\ 294.59$

机械费/元：$26.97 \times 345.6/10 = 932.08$

(4)石表面勾缝。

人工费/元：$20.24 \times 1\ 080/10 = 2\ 185.92$

材料费/元：$5.73 \times 1\ 080/10 = 618.84$

机械费/元：$0.25 \times 1\ 080/10 = 27$

(5)表面处理。

人工费/元：$109.12 \times 1\ 080/10 = 11\ 784.96$

材料费/元:48.90×1 080/10 = 5 281.2

机械费/元:无

(6)综合。

直接费合计/元:63 890.72 元

管理费/元:63 890.72×35% = 22 361.75

利润/元:63 890.72×5% = 3 194.54

合价/元:63 890.72 + 22 361.75 + 3 194.54 = 89 447.01

综合单价/元:89 447.01÷3.456 = 25 881.66

结果见表4.74 和表4.75。

表4.74　分部分项工程量清单计价表

序号	项目编码	项目名称	项目特征描述	计量单位	工程数量	金额/元		
						综合单价	合价	其中:直接费
1	010305005001	毛石护坡	毛石护坡,MU20毛石,M2.5 水泥砂浆砌筑	m³	345.6	25 881.66	89 447.01	63 890.72

表4.75　分部分项工程量清单综合单价计算表

项目编号	010305005001		项目名称		毛石护坡		计量单位		m³
清单综合单价组成明细									
定额编号	定额内容	定额单位	数量	单价/元			合价/元			
				人工费	材料费	机械费	人工费	材料费	机械费	管理费和利润
3 – 2 – 4	毛石护坡	10 m³	34.56	311.52	934.45	26.97	10 766.13	32 294.59	932.08	17 597.12
9 – 2 – 65	石表面勾缝	10 m²	108	20.24	5.73	0.25	2 185.92	618.84	27	1 132.70
3 – 2 – 10	表面处理	10 m²	108	109.12	48.90	—	11 784.96	5 281.2	—	6 826.46
人工单价		小　计					24 737.01	38 194.63	959.08	25 556.28
28 元/工日		未计价材料费					—			
清单项目综合单价/元							25 881.66			

4.4　混凝土及钢筋混凝土工程

4.4.1　工程量清单项目设置及工程量计算规则

1.现浇混凝土基础

工程量清单项目设置及工程量计算规则,应按表4.76 的规定执行。

表 4.76　现浇混凝土基础(编码:010401)

项目编码	项目名称	项目特征	计量单位	工程量计算规则	工程内容
010401001	带形基础	1. 混凝土强度等级 2. 混凝土拌和料要求 3. 砂浆强度等级	m³	按设计图示尺寸以体积计算。不扣除构件内钢筋、预埋铁件和伸入承台基础的桩头所占体积	1. 混凝土制作、运输、浇筑、振捣、养护 2. 地脚螺栓二次灌浆
010401002	独立基础				
010401003	满堂基础				
010401004	设备基础				
010401005	桩承台基础				
010401006	垫层				

2.现浇混凝土柱

工程量清单项目设置及工程量计算规则,应按表4.77的规定执行。

表 4.77　现浇混凝土柱(编码:010402)

项目编码	项目名称	项目特征	计量单位	工程量计算规则	工程内容
010402001	矩形柱	1.柱高度 2.柱截面尺寸 3.混凝土强度等级 4.混凝土拌和料要求	m³	按设计图示尺寸以体积计算。不扣除构件内钢筋、预埋铁件所占体积 柱高: 1. 有梁板的柱高,应自柱基上表面(或楼板上表面)至上一层楼板上表面之间的高度计算 2. 无梁板的柱高,应自柱基上表面(或楼板上表面)至柱帽下表面之间的高度计算 3. 框架柱的柱高,应自柱基上表面至柱顶高度计算 4. 构造柱按全高计算,嵌接墙体部分并入柱身体积 5. 依附柱上的牛腿和升板的柱帽,并入柱身体积计算	混凝土制作、运输、浇筑、振捣、养护
010402002	异形柱				

3.现浇混凝土梁

工程量清单项目设置及工程量计算规则,应按表4.78的规定执行。

表 4.78　现浇混凝土梁(编码:010403)

项目编码	项目名称	项目特征	计量单位	工程量计算规则	工程内容
010403001	基础梁	1.梁底标高 2.梁截面 3.混凝土强度等级 4.混凝土拌和料要求	m³	按设计图示尺寸以体积计算。不扣除构件内钢筋、预埋铁件所占体积,伸入墙内的梁头、梁垫并入梁体积内 梁长: 1. 梁与柱连接时,梁长算至柱侧面 2. 主梁与次梁连接时,次梁长算至主梁侧面	混凝土制作、运输、浇筑、振捣、养护
010403002	矩形梁				
010403003	异形梁				
010403004	圈梁				
010403005	过梁				
010403006	弧形、拱形梁				

4. 现浇混凝土墙

工程量清单项目设置及工程量计算规则,应按表 4.79 的规定执行。

表 4.79　现浇混凝土墙(编码:010404)

项目编码	项目名称	项目特征	计量单位	工程量计算规则	工程内容
010404001	直形墙	1. 墙类型 2. 墙厚度 3. 混凝土强度等级 4. 混凝土拌和料要求	m^3	按设计图示尺寸以体积计算。不扣除构件内钢筋、预埋铁件所占体积,扣除门窗洞口及单个面积 0.3 m^2 以外的孔洞所占体积,墙垛及突出墙面部分并入墙体体积内计算	混凝土制作、运输、浇筑、振捣、养护
010404002	弧形墙				

5. 现浇混凝土板

工程量清单项目设置及工程量计算规则,应按表 4.80 的规定执行。

表 4.80　现浇混凝土板(编码:010405)

项目编码	项目名称	项目特征	计量单位	工程量计算规则	工程内容
010405001	有梁板	1. 板底标高 2. 板厚度 3. 混凝土强度等级 4. 混凝土拌和料要求	m^3	按设计图示尺寸以体积计算。不扣除构件内钢筋、预埋铁件及单个面积 0.3 m^2 以内的孔洞所占体积。有梁板(包括主、次梁与板)按梁、板体积之和计算,无梁板按板和柱帽体积之和计算,各类板伸入墙内的板头并入板体积内计算,薄壳板的肋、基梁并入薄壳体积内计算	混凝土制作、运输、浇筑、振捣、养护
010405002	无梁板				
010405003	平板				
010405004	拱板				
010405005	薄壳板				
010405006	栏板				
010405007	天沟、挑檐板	1. 混凝土强度等级 2. 混凝土拌和料要求		按设计图示尺寸以体积计算	
010405008	雨篷、阳台板			按设计图示尺寸以墙外部分体积计算。包括伸出墙外的牛腿和雨篷反挑檐的体积	
010405009	其他板			按设计图示尺寸以体积计算	

6. 现浇混凝土楼梯

工程量清单项目设置及工程量计算规则,应按表 4.81 的规定执行。

表 4.81　现浇混凝土板(编码:010405)

项目编码	项目名称	项目特征	计量单位	工程量计算规则	工程内容
010406001	直形楼梯	1. 混凝土强度等级 2. 混凝土拌和料要求	m^2	按设计图示尺寸以水平投影面积计算。不扣除宽度小于 500 mm 的楼梯井,伸入墙内部分不计算	混凝土制作、运输、浇筑、振捣、养护
010406002	弧形楼梯				

7. 现浇混凝土其他构件

工程量清单项目设置及工程量计算规则,应按表4.82的规定执行。

表4.82　现浇混凝土其他构件(编码:010407)

项目编码	项目名称	项目特征	计量单位	工程量计算规则	工程内容
010407001	其他构件	1. 构件的类型 2. 构件规格 3. 混凝土强度等级 4. 混凝土拌和料要求	m^3、 (m^2、m)	按设计图示尺寸以体积计算。不扣除构件内钢筋、预埋铁件所占体积	混凝土制作、运输、浇筑、振捣、养护
010407002	散水、坡道	1. 垫层材料种类、厚度 2. 面层厚度 3. 混凝土强度等级 4. 混凝土拌和料要求 5. 填塞材料种类	m^2	按设计图示尺寸以面积计算。不扣除单个0.3 m^2以内的孔洞所占面积	1. 地基夯实 2. 铺设垫层 3. 混凝土制作、运输、浇筑、振捣、养护 4. 变形缝填塞
010407003	电缆沟、地沟	1. 沟截面 2. 垫层材料种类、厚度 3. 混凝土强度等级 4. 混凝土拌和料要求 5. 防护材料种类	m	按设计图示以中心线长度计算	1. 挖运土石 2. 铺设垫层 3. 混凝土制作、运输、浇筑、振捣、养护 4. 刷防护材料

8. 后浇带

工程量清单项目设置及工程量计算规则,应按表4.83的规定执行。

表4.83　后浇带(编码:010408)

项目编码	项目名称	项目特征	计量单位	工程量计算规则	工程内容
010408001	后浇带	1. 部位 2. 混凝土强度等级 3. 混凝土拌和料要求	m^3	按设计图示尺寸以体积计算	混凝土制作、运输、浇筑、振捣、养护

9. 预制混凝土柱

工程量清单项目设置及工程量计算规则,应按表4.84的规定执行。

表 4.84　预制混凝土柱(编码:010409)

项目编码	项目名称	项目特征	计量单位	工程量计算规则	工程内容
010409001	矩形柱	1. 柱类型 2. 单件体积 3. 安装高度 4. 混凝土强度等级 5. 砂浆强度等级	m³ (根)	1. 按设计图示尺寸以体积计算。不扣除构件内钢筋、预埋铁件所占体积 2. 按设计图示尺寸以"数量"计算	1. 混凝土制作、运输、浇筑、振捣、养护 2. 构件制作、运输 3. 构件安装 4. 砂浆制作、运输 5. 接头灌缝、养护
010409002	异形柱				

10. 预制混凝土梁

工程量清单项目设置及工程量计算规则,应按表4.85的规定执行。

表 4.85　预制混凝土梁(编码:010410)

项目编码	项目名称	项目特征	计量单位	工程量计算规则	工程内容
010410001	矩形梁	1. 单件体积 2. 安装高度 3. 混凝土强度等级 4. 砂浆强度等级	m³ (根)	按设计图示尺寸以体积计算。不扣除构件内钢筋、预埋铁件所占体积	1. 混凝土制作、运输、浇筑、振捣、养护 2. 构件制作、运输 3. 构件安装 4. 砂浆制作、运输 5. 接头灌缝、养护
010410002	异形梁				
010410003	过梁				
010410004	拱形梁				
010410005	鱼腹式吊车梁				
010410006	风道梁				

11. 预制混凝土屋架

工程量清单项目设置及工程量计算规则,应按表4.86的规定执行。

表 4.86　预制混凝土屋架(编码:010411)

项目编码	项目名称	项目特征	计量单位	工程量计算规则	工程内容
010411001	折线型屋架	1. 屋架的类型、跨度 2. 单件体积 3. 安装高度 4. 混凝土强度等级 5. 砂浆强度等级	m³ (榀)	按设计图示尺寸以体积计算。不扣除构件内钢筋、预埋铁件所占体积	1. 混凝土制作、运输、浇筑、振捣、养护 2. 构件制作、运输 3. 构件安装 4. 砂浆制作、运输 5. 接头灌缝、养护
010411002	组合屋架				
010411003	薄腹屋架				
010411004	门式刚架屋架				
010411005	天窗架屋架				

12. 预制混凝土板

工程量清单项目设置及工程量计算规则,应按表4.87的规定执行。

表 4.87　预制混凝土板(编码:010412)

项目编码	项目名称	项目特征	计量单位	工程量计算规则	工程内容
010412001	平板	1. 构件尺寸 2. 安装高度 3. 混凝土强度等级 4. 砂浆强度等级	m³ (块)	按设计图示尺寸以体积计算。不扣除构件内钢筋、预埋铁件及单个尺寸300 mm×300 mm 以内的孔洞所占体积,扣除空心板空洞体积	1. 混凝土制作、运输、浇筑、振捣、养护 2. 构件制作、运输 3. 构件安装 4. 升板提升 5. 砂浆制作、运输 6. 接头灌缝、养护
010412002	空心板				
010412003	槽形板				
010412004	网架板				
010412005	折线板				
010412006	带肋板				
010412007	大型板				
010412008	沟盖板、井盖板、井圈		m³ (块、套)	按设计图示尺寸以体积计算。不扣除构件内钢筋、预埋铁件所占体积	1. 混凝土制作、运输、浇筑、振捣、养护 2. 构件制作、运输 3. 构件安装 4. 砂浆制作、运输 5. 接头灌缝、养护

13. 预制混凝土楼梯

工程量清单项目设置及工程量计算规则,应按表 4.88 的规定执行。

表 4.88　预制混凝土楼梯(编码:010413)

项目编码	项目名称	项目特征	计量单位	工程量计算规则	工程内容
010413001	楼梯	1. 楼梯类型 2. 单件体积 3. 混凝土强度等级 4. 砂浆强度等级	m³	按设计图示尺寸以体积计算。不扣除构件内钢筋、预埋铁件所占体积,扣除空心踏步板空洞体积	1. 混凝土制作、运输、浇筑、振捣、养护 2. 构件制作、运输 3. 构件安装 4. 砂浆制作、运输 5. 接头灌缝、养护

14. 其他预制构件

工程量清单项目设置及工程量计算规则,应按表 4.89 的规定执行。

表 4.89　其他预制构件(编码:010414)

项目编码	项目名称	项目特征	计量单位	工程量计算规则	工程内容
010414001	烟道、垃圾道、通风道	1. 构件类型 2. 单件体积 3. 安装高度 4. 混凝土强度等级 5. 砂浆强度等级	m³	按设计图示尺寸以体积计算。不扣除构件内钢筋、预埋铁件及单个尺寸300 mm×300 mm 以内的孔洞所占体积,扣除烟道、垃圾道、通风道的孔洞所占体积	1. 混凝土制作、运输、浇筑、振捣、养护 2. (水磨石)构件制作、运输 3. 构件安装 4. 砂浆制作、运输 5. 接头灌缝、养护 6. 酸洗、打蜡

续表 4.89

项目编码	项目名称	项目特征	计量单位	工程量计算规则	工程内容
010414002	其他构件	1.构件的类型 2.单件体积 3.水磨石面层厚度 4.安装高度 5.混凝土强度等级 6.水泥石子浆配合比 7.石子品种、规格、颜色 8.酸洗、打蜡要求	m³（根）	按设计图示尺寸以体积计算。不扣除构件内钢筋、预埋铁件及单个尺寸 300 mm × 300 mm 以内的孔洞所占体积，扣除烟道、垃圾道、通风道的孔洞所占体积	1.混凝土制作、运输、浇筑、振捣、养护 2.（水磨石）构件制作、运输 3.构件安装 4.砂浆制作、运输 5.接头灌缝、养护 6.酸洗、打蜡
010414003	水磨石构件				

15.混凝土构筑物

工程量清单项目设置及工程量计算规则,应按表4.90 的规定执行。

表 4.90　　混凝土构筑物(编码:010415)

项目编码	项目名称	项目特征	计量单位	工程量计算规则	工程内容
010415001	贮水（油）池	1.池类型 2.池规格 3.混凝土强度等级 4.混凝土拌和料要求	m³	按设计图示尺寸以体积计算。不扣除构件内钢筋、预埋铁件及单个面积 0.3 m² 以内的孔洞所占体积	混凝土制作、运输、浇筑、振捣、养护
010415002	贮仓	1.类型、高度 2.混凝土强度等级 3.混凝土拌和料要求			混凝土制作、运输、浇筑、振捣、养护
010415003	水塔	1.类型 2.支筒高度、水箱容积 3.倒圆锥形罐壳厚度、直径 4.混凝土强度等级 5.混凝土拌和料要求 6.砂浆强度等级	m³	按设计图示尺寸以体积计算。不扣除构件内钢筋、预埋铁件及单个面积 0.3 m² 以内的孔洞所占体积	1.混凝土制作、运输、浇筑、振捣、养护 2.预制倒圆锥形罐壳、组装、提升、就位 3.砂浆制作、运输 4.接头灌缝、养护
010415004	烟囱	1.高度 2.混凝土强度等级 3.混凝土拌和料要求			混凝土制作、运输、浇筑、振捣、养护

16.钢筋工程

工程量清单项目设置及工程量计算规则,应按表4.91 的规定执行。

表 4.91　钢筋工程(编码:010416)

项目编码	项目名称	项目特征	计量单位	工程量计算规则	工程内容
010416001	现浇混凝土钢筋	钢筋种类、规格		按设计图示钢筋(网)长度(面积)乘以单位理论质量计算	1. 钢筋(网、笼)制作、运输 2. 钢筋(网、笼)安装
010416002	预制构件钢筋				
040416003	钢筋网片				
010416004	钢筋笼				
010416005	先张法预应力钢筋	1. 钢筋种类、规格 2. 锚具种类		按设计图示钢筋长度乘以单位理论质量计算	1. 钢筋制作、运输 2. 钢筋张拉
010416006	后张法预应力钢筋	1. 钢筋种类、规格 2. 钢丝束种类、规格 3. 钢绞线种类、规格 4. 锚具种类 5. 砂浆强度等级	t	按设计图示钢筋(丝束、绞线)长度乘以单位理论质量计算 1. 低合金钢筋两端均采用螺杆锚具时,钢筋长度按孔道长度减 0.35 m 计算,螺杆另行计算 2. 低合金钢筋一端采用镦头插片、另一端采用螺杆锚具时,钢筋长度按孔道长度计算,螺杆另行计算 3. 低合金钢筋一端采用镦头插片、另一端采用帮条锚具时,钢筋长度按孔道长度增加 0.15 m 计算;两端均采用帮条锚具时,钢筋长度按孔道长度增加 0.3 m 计算 4. 低合金钢筋采用后张混凝土自锚时,钢筋长度按孔道长度增加 0.35 m 计算 5. 低合金钢筋(钢铰线)采用 JM、XM、QM 型锚具,孔道长度在 20 m 以内时,钢筋长度按孔道长度增加 1 m 计算;孔道长度 20 m 以外时,钢筋(钢铰线)长度按孔道长度增加 1.8 m 计算 6. 碳素钢丝采用锥形锚具,孔道长度在 20 m 以内时,钢丝束长度按孔道长度增加 1 m 计算;孔道长在 20 m 以上时,钢丝束长度按孔道长度增加 1.8 m 计算 7. 碳素钢丝束采用镦头锚具时,钢丝束长度按孔道长度增加 0.35 m 计算	1. 钢筋、钢丝束、钢绞线制作、运输 2. 钢筋、钢丝束、钢绞线安装 3. 预埋管孔道铺设 4. 锚具安装 5. 砂浆制作、运输 6. 孔道压浆、养护
010416007	预应力钢丝				
010416008	预应力钢绞线				

17. 螺栓、铁件

工程量清单项目设置及工程量计算规则,应按表 4.92 的规定执行。

表 4.92 螺栓、铁件(编码:010417)

项目编码	项目名称	项目特征	计量单位	工程量计算规则	工程内容
010417001	螺栓	1. 钢材种类、规格 2. 螺栓长度 3. 铁件尺寸	t	按设计图示尺寸以质量计算	1. 螺栓(铁件)制作、运输 2. 螺栓(铁件)安装
010417002	预埋铁件

18. 其他相关问题

其他相关问题应按下列规定处理:

(1)混凝土垫层包括在基础项目内。

(2)有肋带形基础、无肋带形基础应分别编码(第五级编码)列项,并注明肋高。

(3)箱式满堂基础,可按表 4.76、表 4.77、表 4.78、表 4.79、表 4.80 中满堂基础、柱、梁、墙、板分别编码列项;也可利用表 4.76 的第五级编码分别列项。

(4)框架式设备基础,可按表 4.76、表 4.77、表 4.78、表 4.79、表 4.80 中设备基础、柱、梁、墙、板分别编码列项;也可利用表 4.76 的第五级编码分别列项。

(5)构造柱应按表 4.77 中矩形柱项目编码列项。

(6)现浇挑檐、天沟板、雨篷、阳台与板(包括屋面板、楼板)连接时,以外墙外边线为分界线;与圈梁(包括其他梁)连接时,以梁外边线为分界线。外边线以外为挑檐、天沟、雨篷或阳台。

(7)整体楼梯(包括直形楼梯、弧形楼梯)水平投影面积包括休息平台、平台梁、斜梁和楼梯的连接梁。当整体楼梯与现浇楼板无梯梁连接时,以楼梯的最后一个踏步边缘加 300 mm 为界。

(8)现浇混凝土小型池槽、压顶、扶手、垫块、台阶、门框等,应按表 4.82 中其他构件项目编码列项。其中扶手、压顶(包括伸入墙内的长度)应按延长米计算,台阶应按水平投影面积计算。

(9)三角形屋架应按表 4.86 中折线型屋架项目编码列项。

(10)不带肋的预制遮阳板、雨篷板、挑檐板、栏板等,应按表 4.87 中平板项目编码列项。

(11)预制 F 形板、双 T 形板、单肋板和带反挑檐的雨篷板、挑檐板、遮阳板等,应按表 4.87 中带肋板项目编码列项。

(12)预制大型墙板、大型楼板、大型屋面板等,应按表 4.87 中大型板项目编码列项。

(13)预制钢筋混凝土楼梯,可按斜梁、踏步分别编码(第五级编码)列项。

(14)预制钢筋混凝土小型池槽、压顶、扶手、垫块、隔热板、花格等,应按表 4.89 中其他构件项目编码列项。

(15)贮水(油)池的池底、池壁、池盖可分别编码(第五级编码)列项。有壁基梁的,应以壁基梁底为界,以上为池壁、以下为池底;无壁基梁的,锥形坡底应算至其上口,池壁下部的八字靴脚应并入池底体积内。无梁池盖的柱高应从池底上表面算至池盖下表面,柱帽和柱座应并在柱体积内。肋形池盖应包括主、次梁体积;球形池盖应以池壁顶面为界,边侧梁应并入球形池盖体积内。

(16)贮仓立壁和贮仓漏斗可分别编码(第五级编码)列项,应以相互交点水平线为界,壁上圈梁应并入漏斗体积内。

(17)滑模筒仓按表 4.90 中贮仓项目编码列项。

（18）水塔基础、塔身、水箱可分别编码（第五级编码）列项。筒式塔身应以筒座上表面或基础底板上表面为界；柱式（框架式）塔身应以柱脚与基础底板或梁顶为界，与基础板连接的梁应并入基础体积内。塔身与水箱应以箱底相连接的圈梁下表面为界，以上为水箱，以下为塔身。依附于塔身的过梁、雨篷、挑檐等，应并入塔身体积内；柱式塔身应不分柱、梁合并计算。依附于水箱壁的柱、梁，应并入水箱壁体积内。

（19）现浇构件中固定位置的支撑钢筋、双层钢筋用的"铁马"、伸出构件的锚固钢筋、预制构件的吊钩等，应并入钢筋工程量内。

4.4.2　工程量计算常用数据

1. 钢筋混凝土柱计算高度的确定

（1）有梁板的柱高，按照自柱基上表面（或楼板上表面）至上一层楼板上表面之间的高度计算，如图4.54（a）所示。

（2）无梁板的柱高，按照自柱基上表面（或楼板上表面）至柱帽下表面之间的高度计算，如图4.54（b）所示。

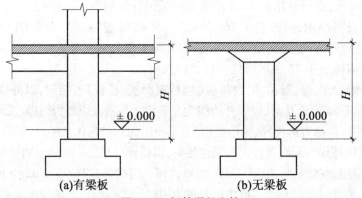

(a)有梁板　　　　　　　(b)无梁板

图4.54　钢筋混凝土柱

（3）框架柱的柱高，按照自柱基上表面至柱顶高度计算，如图4.55所示。

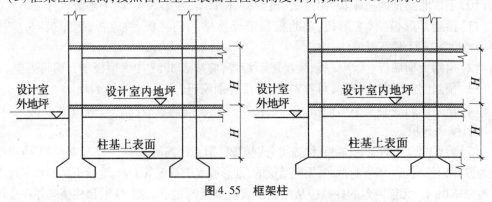

图4.55　框架柱

（4）构造柱按照设计高度计算，与墙嵌接部分的体积并入柱身体积内计算，如图4.56（a）所示。

（5）依附柱上的牛腿，并入柱体积内计算，如图4.56（b）所示。

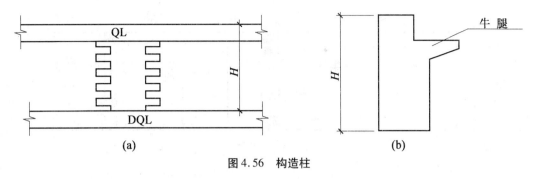

图 4.56　构造柱

2. 钢筋混凝土梁分界线的确定

(1)若梁与柱连接,梁长算至柱侧面,如图 4.57 所示。

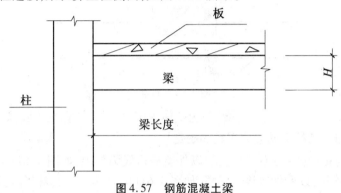

图 4.57　钢筋混凝土梁

(2)若主梁与次梁连接,次梁长算至主梁侧面。伸入墙体内的梁头和梁垫体积并入梁体积内计算,如图 4.58 所示。

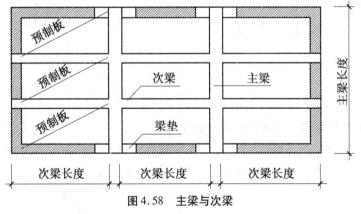

图 4.58　主梁与次梁

(3)若圈梁与过梁连接,分别套用圈梁和过梁项目。过梁长度按照设计规定计算,若设计无规定,按照门窗洞口宽度两端各加 250 mm 计算,如图 4.59 所示。

(4)若圈梁与梁连接,圈梁体积应扣除伸入圈梁内的梁体积,如图 4.60 所示。

(5)在圈梁部位挑出外墙的混凝土梁,以外墙外边线为界限,挑出部分按照图示尺寸以 m^3 计算,如图 4.59 所示。

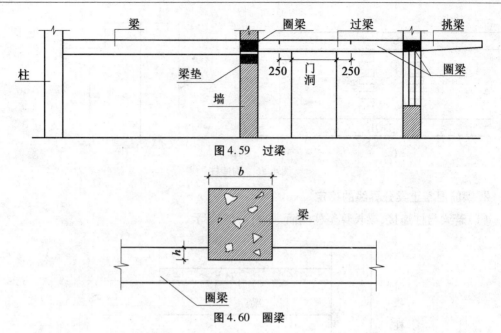

图 4.59　过梁

图 4.60　圈梁

（6）梁（单梁、框架梁、圈梁或过梁）与板整体现浇时,梁高计算至板底,如图 4.57 所示。

3. 现浇挑檐与现浇板及圈梁分界线的确定

若现浇挑檐与板（包括屋面板）连接,以外墙外边线为界限,如图 4.61（a）所示。若与圈梁（包括其他梁）连接,以梁外边线为界限,如图 4.61（b）所示,外边线以外为挑檐。

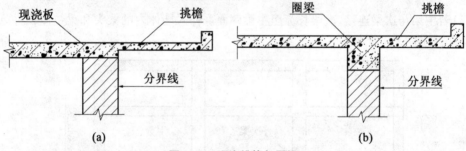

（a）　　　　　　　　　　　　　　（b）

图 4.61　现浇挑檐与圈梁

4. 阳台板与栏板及现浇楼板的分界线确定

阳台板与栏板以阳台板顶面为界;阳台板与现浇楼板以墙外皮为界,其嵌入墙内的梁应按照梁有关规定单独计算,如图 4.62 所示。伸入墙内的栏板,合并计算。

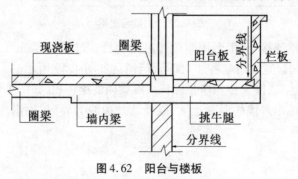

图 4.62　阳台与楼板

5.钢筋长度的计算

(1)直筋如图4.63所示,钢筋弯头、搭接长度计算见表4.93。钢筋净长的计算公式如下:

$$钢筋净长 = L - 26 + 12.5D$$

表4.93　钢筋弯头、搭接长度计算表

钢筋直径 D/mm	保护层 b/cm			钢筋直径 D/mm	保护层 b/cm		
	1.5	2.0	2.5		1.5	2.0	2.5
	按 L 增加长度/cm				按 L 增加长度/cm		
4	2.0	1.0	—	16	17.0	16.0	15.0
6	4.5	3.5	2.5	18	19.5	18.5	17.5
8	7.0	6.0	5.0	19	20.8	19.8	18.8
9	8.3	7.3	6.3	20	22.0	21.0	20.0
10	9.5	8.5	7.5	22	24.5	23.5	22.5
12	12.0	11.0	10.0	24	27.0	26.0	25.0
14	14.5	13.5	12.5	25	28.3	27.3	26.3
26	29.5	28.5	27.5	35	40.8	39.8	38.8
28	32.0	31.0	30.0	38	44.5	43.5	42.5
30	34.5	33.5	32.5	40	47.0	46.0	45.0
32	37.0	36.0	35.0				

(2)弯筋。计算弯筋斜长度的基本原理如下:

如图4.64所示,D 为钢筋的直径,H' 为弯筋需要弯起的高度,A 为局部钢筋的斜长度,B 为 A 向水平面的垂直投影长度。

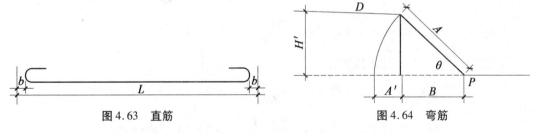

图4.63　直筋　　　　　　　图4.64　弯筋

假使以起弯点 P 为圆心,以 A 长为半径作圆弧向 B 的延长线投影,则 $A = B + A'$,A' 是 A 与 B 的长度差。

θ 为弯筋在垂直平面中要求弯起的水平面所形成的角度(夹角);在工程上以30°、45°和60°最为普遍,45°比较常见。

弯筋斜长度的计算可以按照表4.94确定。

表4.94　弯筋斜长度的计算表

弯起角度 θ/℃	30	45	60	弯起角度 θ/°		30	45	60
$A' = \tan\dfrac{\theta}{2}H'$	0.268	0.414	0.577	弯起高度 H' 每 5 cm 增加长度/cm	一端	1.34	2.07	2.885
					两端	2.68	4.14	5.77

(3)弯钩增加长度。绑扎骨架中的受力钢筋,应在末端做弯钩。HPB235 级钢筋末端做

180°弯钩其圆弧弯曲直径不应小于钢筋直径的 2.5 倍,平直部分长度不宜小于钢筋直径的 3 倍;若 HRB335、HRB400 级钢筋末端需作 90°或 135°弯折,HRB335 级钢筋的弯曲直径不宜小于钢筋直径的 4 倍;HRB400 级钢筋不宜小于钢筋直径的 5 倍。

钢筋弯钩,如图 4.65 所示,其增加长度按下列公式计算(弯曲直径为 2.5d,平直部分为 3d),其计算值如下:

$$半圆弯钩 = (2.5d + 1d) \times \pi \times \frac{180}{360} - 2.5d/2 - 1d + (平直)3d = 6.25d;$$

$$直弯钩 = (2.5d + 1d) \times \pi \times \frac{180 - 90}{360} - 2.5d/2 - 1d + (平直)3d = 3.5d;$$

$$斜弯钩 = (2.5d + 1d) \times \pi \times \frac{180 - 45}{360} - 2.5d/2 - 1d + (平直)3d = 4.9d。$$

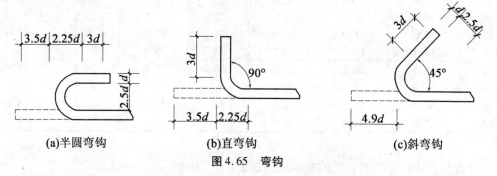

(a)半圆弯钩　　　　(b)直弯钩　　　　(c)斜弯钩

图 4.65　弯钩

若弯曲直径为 4d,其计算值如下:

$$直弯钩 = (4d + 1d) \times \pi \times \frac{180 - 90}{360} - 4d/2 - 1d + 3d = 3.9d;$$

$$斜弯钩 = (4d + 1d) \times \pi \times \frac{180 - 45}{360} - 4d/2 - 1d + 3d = 5.9d。$$

若弯曲直径为 5d,其计算值为:

$$直弯钩 = (5d + 1d) \times \pi \times \frac{180 - 90}{360} - 5d/2 - 1d + 3d = 4.2d;$$

$$斜弯钩 = (5d + 1d) \times \pi \times \frac{180 - 45}{360} - 5d/2 - 1d + 3d = 6.6d。$$

注:钢筋的下料长度是钢筋的中心线长度。

(4)箍筋。

1)箍筋分为包围箍和开口箍,如图 4.66 所示,其计算公式如下:

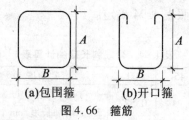

(a)包围箍　　　(b)开口箍

图 4.66　箍筋

$$包围箍的长度 = 2(A + B) + 弯钩增加长度$$
$$开口箍的长度 = 2A + B + 弯钩增加长度$$

箍筋弯钩增加长度见表4.95。

表4.95 钢筋弯钩长度

弯钩形式		180°	90°	135°
弯钩增加值	一般结构	8.25d	5.5d	6.87d
	有抗震要求结构	13.25d	10.5d	11.87d

2)用于圆柱的螺旋箍,如图4.67所示,其长度计算公式如下:

$$L = N\sqrt{p^2 + (D - 2a - d)^2\pi^2} + 弯钩增加长度$$

式中 N——螺旋箍圈数;

D——圆柱直径(m);

P——螺距。

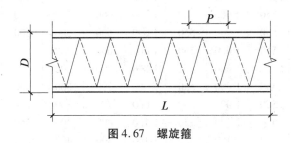

图4.67 螺旋箍

6. 锥形独立基础工程量计算

锥形独立基础,如图4.68所示,其下部为矩形,上部为截头锥体,可分别计算相加后得其体积,即

$$V = ABh_1 + \frac{h - h_1}{b}[AB + ab + (A + a)(B + b)]$$

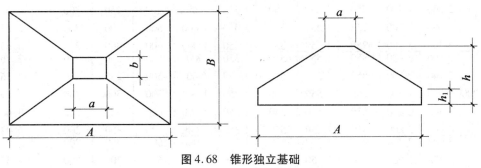

图4.68 锥形独立基础

7. 杯形基础工程量计算

杯形基础的体积计算见表4.96。

表 4.96　杯形基础的体积计算表

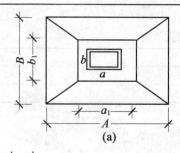
(a)

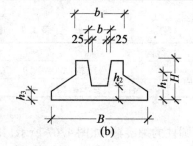
(b)

$$V = ABh_3 + \frac{h_1 - h_3}{6}\left[AB + (A + a_1)(B + b_1) + a_1 b_1\right] + a_1 b_1 (H - h_1) - (H - h_2)(a - 0.025)(b - 0.025)$$

柱断面 /mm	杯形柱基规格尺寸/mm										基础混凝土用
	A	B	a	a_1	b	b_1	H	h_1	h_2	h_3	量/($m^3 \cdot 个^{-1}$)
	1 300	1 300	550	1 000	550	1 000	600	300	200	200	0.66
	1 400	1 400	550	1 000	550	1 000	600	300	200	200	0.73
	1 500	1 500	550	1 000	550	1 000	600	300	200	200	0.80
	1 600	1 600	550	1 000	550	1 000	600	300	250	200	1.87
	1 700	1 700	550	1 000	550	1 000	700	300	250	200	1.04
400 × 400	1 800	1 800	550	1 000	550	1 000	700	300	250	200	1.13
	1 900	1 900	550	1 000	550	1 000	700	300	250	200	1.22
	2 000	2 000	550	1 100	550	1 100	800	400	250	200	1.63
	2 100	2 100	550	1 100	550	1 100	800	400	250	200	1.74
	2 200	2 200	550	1 100	550	1 100	800	400	250	200	1.86
	2 300	2 300	550	1 200	550	1 200	800	400	250	200	2.12
	2 300	1 900	750	1 400	550	1 200	800	400	250	200	1.92
	2 300	2 100	750	1 450	550	1 250	800	400	250	200	2.13
	2 400	2 200	750	1 450	550	1 250	800	400	250	200	2.26
400 × 600	2 500	2 300	750	1 450	550	1 250	800	400	250	200	2.40
	2 600	2 400	750	1 550	550	1 350	800	400	250	200	2.68
	3 000	2 700	750	1 550	550	1 350	1 000	500	300	200	2.83
	3 300	3 900	750	1 550	550	1 350	1 000	600	300	200	4.63
	2 500	2 300	850	1 550	550	1 350	900	500	250	200	2.76
	2 700	2 500	850	1 550	550	1 350	900	500	250	200	3.16
400 × 700	3 000	2 700	850	1 550	550	1 350	1 000	500	300	200	3.89
	3 300	2 900	850	1 550	550	1 350	1 000	600	300	200	4.60
	4 000	2 800	850	1 750	550	1 350	1 000	700	300	200	6.02
	3 000	2 700	950	1 700	550	1 350	1 000	500	300	200	3.90
400 × 800	3 300	2 900	950	1 750	550	1 350	1 000	600	300	200	4.65
	4 000	2 800	950	1 750	550	1 350	1 000	700	300	250	5.98
	4 500	3 000	950	1 850	550	1 350	1 000	800	300	250	7.93
	3 000	2 700	950	1 700	650	1 450	1 000	500	300	200	3.96
500 × 800	3 300	2 900	950	1 750	650	1 450	1 000	600	300	200	4.70
	4 000	2 800	950	1 750	650	1 450	1 000	700	300	250	6.02
	4 500	3 000	950	1 850	650	1 450	1 200	800	300	250	7.99
500 × 1 000	4 000	2 800	1 150	1 950	650	1 450	1 200	800	300	250	6.90
	4 500	3 000	1 150	1 950	650	1 450	1 200	800	300	250	8.00

8. 现浇无筋倒圆台基础工程量计算

倒圆台基础如图4.69所示,其体积计算公式如下:

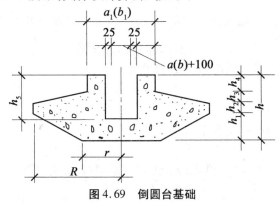

图4.69　倒圆台基础

$$V = \frac{\pi h_1}{3}(R^2 + r^2 + Rr) + \pi R^2 h_2 + \frac{\pi h_3}{3}\left[R^2 + \left(\frac{a_1}{2}\right)^2 + R\frac{a_1}{2}\right] +$$

$$a_1 b_1 h_4 - \frac{h_5}{3}\left[(a + 0.1 + 0.025 \times 2)(b + 0.1 + 0.025 \times 2) + \right.$$

$$\left. ab + \sqrt{(a + 0.1 + 0.025 \times 2)(b + 0.1 + 0.025 \times 2)ab}\right]$$

式中　　a——柱长边尺寸(m);

a_1——杯口外包长边尺寸(m);

R——底最大半径(m);

r——底面半径(m);

b——柱短边尺寸(m);

b_1——杯口外包短边尺寸(m);

h、$h_{1\sim5}$——断面高度(m);

π——3.141 6。

9. 现浇钢筋混凝土倒圆锥形薄壳基础工程量计算

现浇钢筋混凝土倒圆锥形薄壳基础,如图4.70所示,其体积计算公式如下:

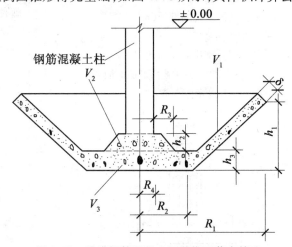

图4.70　现浇钢筋混凝土倒圆锥形薄壳基础

$$V/\mathrm{m}^3 = V_1 + V_2 + V_3$$

$$V_1(\text{薄壳部分}) = \pi(R_1 + R_2)\delta h_1 \cos\theta$$

$$V_2(\text{截头圆锥体部分}) = \frac{\pi h_2}{3}(R_3^2 + R_2 R_4 + R_4^2)$$

$$V_3(\text{圆体部分}) = \pi R_2^2 h_2$$

（公式中半径、高度、厚度均用 m 为计算单位。）

4.4.3　工程量计算常用公式

（1）混凝土及钢筋混凝土工程工程量计算见表 4.97。

表 4.97　混凝土及钢筋混凝土工程工程量计算表

项目	计算公式	计算规则
现梁钢筋混凝土条形基础 T 形接头重合体积	$V_d = V_1 + V_2 + 2V_3 =$ $L_d \times [b \times h_3 + h_2 \times (B+2b)/6]$ $h_3 = 0$ 时，即无梁式基础 $$V_d = L_d \times h_2(B+2b)/6$$ 式中各量标示于下图中： 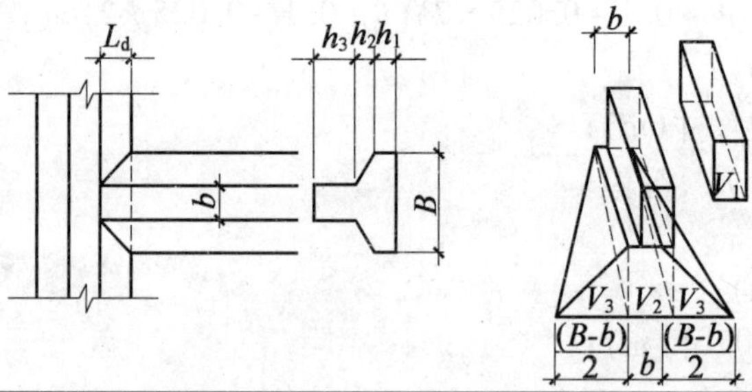 	
现浇钢筋混凝土条形基础（有梁）	$$V/\mathrm{m}^3 = [B \times h_1 + (B+b) \times h_2/2 + b \times h_3] \times L_{1槽}$$ 式中　h_1、h_2、h_3——如下图所注 　　　B——基础底宽度（m） 　　　b——基础梁宽度（m） 　　　$L_{1槽}$——断面基础的槽长（m） 　　　C——工作面宽度 　　　$B \times h_1$——基础矩形截面面积 　　　$(B+b) \times h_2/2$——基础梯形截面面积 　　　$b \times h_3$——基础梁断面面积 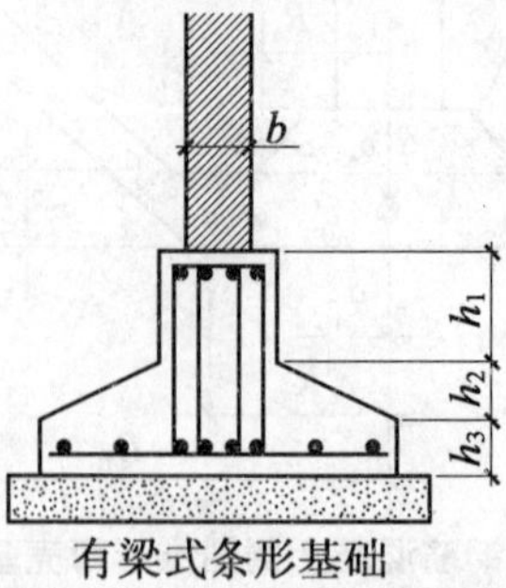 有梁式条形基础	不分有梁式与无梁式，分别按毛石混凝土、混凝土、钢筋混凝土基础计算。凡有梁式条形基础，其梁高（指基础扩大顶面至梁顶面的高）超过 1.2 m 时，其基础底板按条形基础计算，扩大顶面以上部分按混凝土墙项目计算

续表 4.97

项目	计算公式	计算规则
现浇钢筋混凝土独立基础(阶梯形)	$V/m^3 = (a_1 \times b_1 \times H_1) + (a_2 \times b_2 \times H_2) + (a_3 \times b_3 \times H_3)$ 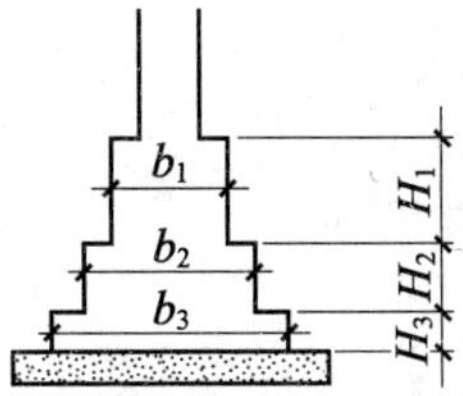 独立基础	
现浇钢筋混凝土独立基础(截锥形)	$V_z = \dfrac{h_2}{3}(a_1 b_1 + \sqrt{a_1 b_1 a_2 b_2} + a_2 b_2)$ 或 $V_z = \dfrac{h_2}{6}[a_1 b_1 + (a_1 + a_2)(b_1 + b_2) + a_2 b_2]$ $V_d = a_1 \cdot b_1 \cdot h_1 + V_z$ 式中　V_d——独立基础的体积 　　　　V_z——独立基础截锥部分的体积	分别按毛石混凝土和混凝土独立基础,以设计图示尺寸的实体积计算,其高度从垫层上表面算至柱基上表面。现浇独立柱基与柱的划分:高度 H 为相邻下一个高度 H_1 的 2 倍以内者为柱基,2 倍以上者为柱身,套用相应柱的项目
现浇钢筋混凝土锥形基础	圆柱部分 $V_1/m^3 = \pi r_1^2 h_1$ 圆台部分 $V_2/m^3 = \dfrac{1}{3}\pi h_2 (r_1^2 + r_2^2 + r_1 r_2)$ 式中符号含义如下图: 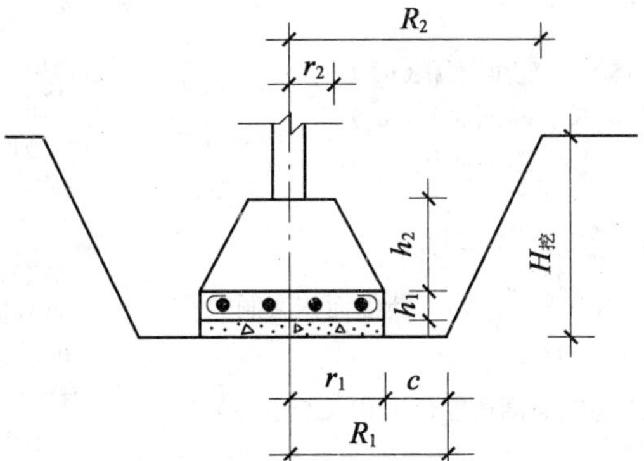	

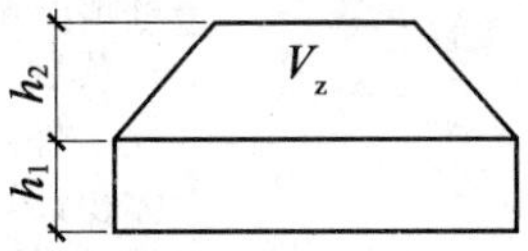

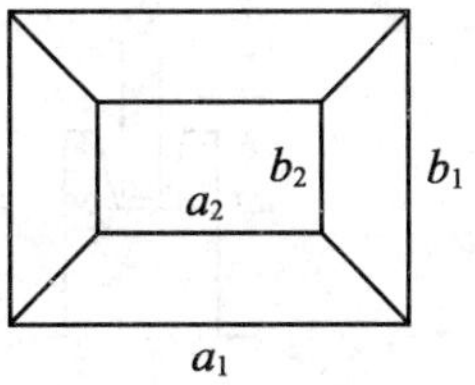

续表 4.97

项目	计算公式	计算规则
现浇钢筋混凝土满堂基础(有梁)	$V/\mathrm{m}^3 = a \times b \times h + V_{基础梁}$ 式中　a——满堂基础的长(m) 　　　b——满堂基础的宽(m) 　　　h——满堂基础的高(m) 　　　$V_{基础梁}$——基础梁的体积(m^3)	满堂基础不分有梁式与无梁式,均按满堂基础项目计算。满堂基础有扩大或角锥形柱墩时,应并入满堂基础内计算。满堂基础梁高超过1.2 m时,底板按满堂基础项目计算,梁按混凝土墙项目计算。箱式满堂基础应分别按满堂基础、柱、墙、梁、板的有关规定计算
现浇钢筋混凝土满堂基础(无梁)	$V/\mathrm{m}^3 = a \times b \times h$ 式中　a——满堂基础的长(m) 　　　b——满堂基础的宽(m) 　　　h——满堂基础的高(m)	
现浇钢筋混凝土杯形基础	$V/\mathrm{m}^3 = V_1 - V_2$ 式中　V_1——不扣除杯口的杯形基础的体积(m^3) 　　　V_2——杯口的体积(m^3),推荐经验公式: 　　　$V_2 \approx h_{\mathrm{b}}(a_{\mathrm{d}} + 0.025)(b_{\mathrm{d}} + 0.025)$ 　　　h_{b}——杯口高(m) 　　　a_{d}——杯口底长(m) 　　　b_{d}——杯口底宽(m) 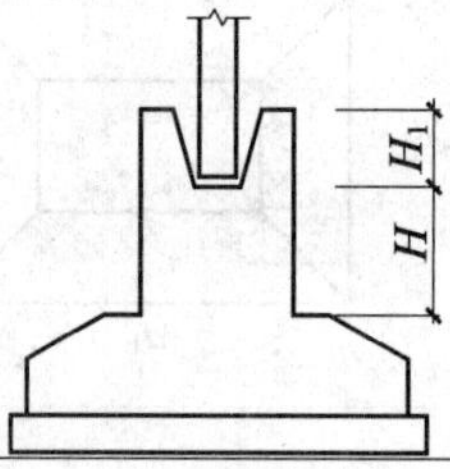 	杯形基础连接预制柱的杯口底面至基础扩大顶面(H)高度在0.50 m以内的按杯形基础项目计算;在0.50 m以上,H部分按现浇柱项目计算,其余部分套用杯形基础项目 　预制混凝土构件除另有规定外均按图示尺寸以实体积计算,不扣除构件内钢筋、铁件所占体积
现浇钢筋混凝土箱形基础	$V/\mathrm{m}^3 = V_{底板} + V_{墙} + V_{顶板} + V_{梁} + V_{柱}$	箱形满堂基础应分别按满堂基础、柱、墙、梁、板的有关规定计算
现浇钢筋混凝土圈梁	圈梁QL-1:梁长×断面面积(m^3) 圈梁QL-2:梁长×断面面积(m^3) 圈梁QL-3:梁长×断面面积(m^3) …… 扣圈梁兼过梁/m^3: 　$-\sum[(洞口宽 + 0.5) \times 断面面积 \times 洞数]$ 扣与柱重叠部分/m^3: 　$-\sum(柱宽 \times 圈梁断面面积 \times 交点数)$ 工程量总计/m^3: 式中　$\sum$——不同宽度洞口、不同断面圈梁算出的体积之和及不同宽度柱、不同断面圈梁计算的体积之和	圈梁通过门窗洞口时,可按门窗洞口宽度两端共加50 cm并按过梁项目计算,其他按圈梁计算 　圆形圈梁及地圈梁套用圈梁项目 　柱与圈梁相交时,要从圈梁中扣除柱占的体积,但不要从圈梁长度中扣除柱占的长度,因为钢筋通过柱,计算钢筋要利用圈梁长度 　圈梁与阳台挑梁伸入内墙的部分相连接时,及外墙上圈梁与阳台过梁相连接时,圈梁的长度应算至与阳台梁相交处,及内横墙圈梁长要扣除阳台挑梁长,外纵墙圈梁长要扣除阳台的过梁长

续表 4.97

项目	计算公式	计算规则
现浇钢筋混凝土基础梁	$V/\mathrm{m}^3 = \sum(S \times L)$ 式中　S——基础梁的断面积(m^2) 　　　L——基础梁的长度(m)	梁按图示断面尺寸乘以梁长以立方米计算。各种梁的长度按下列规定计算：梁与柱交接时，梁长算至柱侧面；次梁与主梁交接时，次梁长度算至主梁侧面 伸入墙内的梁头或梁垫体积并入梁的体积内计算
现浇钢筋混凝土单梁连续梁	$V/\mathrm{m}^3 = B \times H \times L$ 式中　B——梁的宽度(m) 　　　H——梁的高度(m) 　　　L——梁的长度(m)	(见上)
现浇钢筋混凝土楼板(有梁)	$V/\mathrm{m}^3 = a \times b \times h$	凡带有梁(包括主、次梁)的楼板，梁和板的工程量分别计算，梁的高度算至板的底面，梁、板分别套用相应项目。无梁板是指不带梁，直接由柱支撑的板，无梁板体积按板与柱头(帽)的和计算。钢筋混凝土板伸入墙砌体内的板头应并入板体积内计算。钢筋混凝土板与钢筋混凝土墙交接时，板的工程量算至墙内侧，板中的预留孔洞在0.3 m^2 以内者不扣除
现浇钢筋混凝土楼板(无梁)	B_1 板：长×宽×厚(m^3) B_2 板：长×宽×厚(m^3) …… 扣除板上的洞：$-\sum$(洞面积×板厚)(m^3) $V = B_1$ 板体积 + B_2 板体积 + … + $\sum$ 柱帽体积 $-\sum$(洞面积×板厚)	板上开洞超过 0.05 m^2 时应扣除，但留洞口的工料应另列项目计算。板深入墙内部分的板头在墙体工程量计算时应扣除 板的净空面积可作为楼地面、天棚装饰工程的参考数据 　无梁板的工程量应包括柱帽的体积
现浇钢筋混凝土柱(圆形)	$V/\mathrm{m}^3 = \pi r^2 \times H$ 式中　πr^2——柱的断面积(m^2) 　　　H——柱高(m) 　　　r——柱的半径(m)	按图示尺寸以实体积计算工程量。柱高按柱基上表面或楼板上表面至柱顶上表面的高度计算。无梁楼板的柱高，应按自柱基上表面或楼板上表面至柱头(帽)下表面的高度计算。依附于柱上的牛腿应并入柱身体积内计算
现浇钢筋混凝土柱(矩形)	$V/\mathrm{m}^3 = S \times H$ 式中　S——柱的断面积(m^2) 　　　H——柱高(m) 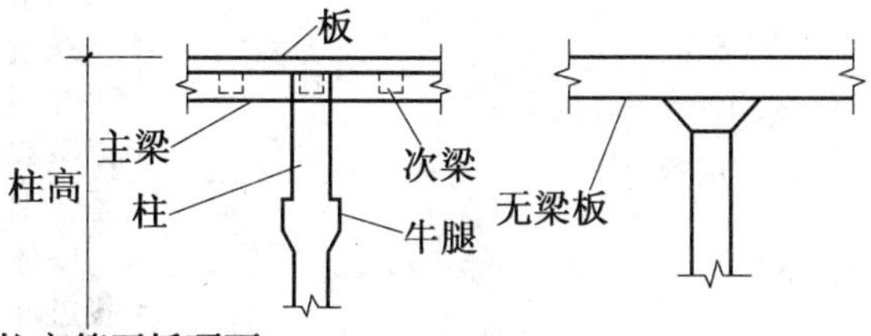 	(见上)

续表 4.97

项目	计算公式	计算规则
现浇钢筋混凝土构造柱	$V/\mathrm{m}^3 = S' \times H$ 式中 S'——构造柱的平均断面积(m^2) H——构造柱的高(m)	构造柱按图示尺寸计算实体积,包括与砖墙咬接部分的体积,其高度应按自柱基上表面至柱顶面的高度计算 现浇女儿墙柱,套用构造柱项目
现浇钢筋混凝土墙	$V/\mathrm{m}^3 = B \times H \times L$ 式中 B——混凝土墙的厚度(m) H——混凝土墙的高度(m) L——混凝土墙的长度(m)	按图示墙长度乘以墙高度及厚度,以立方米计算 计算各种墙体积时,应扣除门窗洞口及 0.3 m^2 以上的孔洞体积 墙垛及突出部分并入墙体积内计算
现浇钢筋混凝土整体楼梯	$S_{楼梯}/\mathrm{m}^2 = \sum(a \times b)$ 式中 $\sum$——各层投影面积之和 a——楼梯间净宽度(m) b——外墙里边线至楼梯梁(TL-2)的外边缘的长度(m) 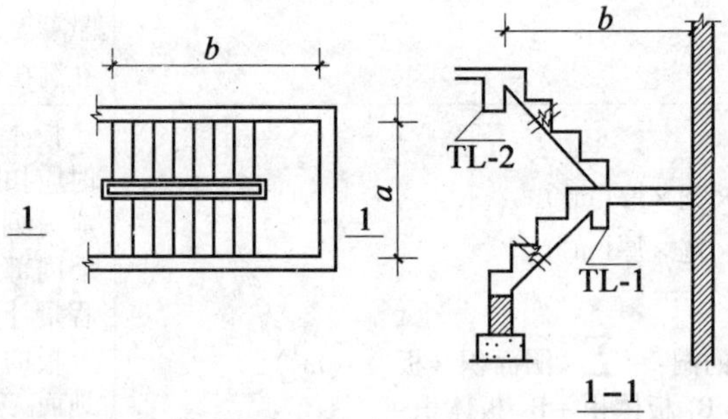 	整体楼梯(包括板式、单梁式或双梁式楼梯)应按楼梯和楼梯平台的水平投影面积计算 楼梯与楼板的划分以楼梯梁的外边缘为界,该楼梯梁已包括在楼梯水平投影面积内 楼梯段间(楼梯井)空隙宽度在 50 cm 以外者,应扣除其面积
现浇钢筋混凝土螺旋楼梯(柱式)	$S/\mathrm{m}^2 = \pi(R^2 - r^2)$ 式中 r——圆柱半径(m) R——螺旋楼梯半径(m) S——每一旋转层楼梯的水平投影面积(m^2)	整体螺旋楼梯、柱式螺旋楼梯,按每一旋转层的水平投影面积计算,楼梯与走道板分界以楼梯梁外边缘为界,该楼梯梁包括在楼梯水平投影面积内 柱式螺旋楼梯扣除中心混凝土柱所占的面积。中间柱的工程量另按相应柱的项目计算,其人工及机械乘以系数 1.5
现浇钢筋混凝土螺旋楼梯(整体)	$S/\mathrm{m}^2 = S_{投影} \times N$ 式中 $S_{投影}$——楼梯的投影面积(m^2) N——楼梯的层数	螺旋楼梯栏板、栏杆、扶手套用相应项目,其人工乘以系数 1.3,材料、机械乘以系数 1.1 整体螺旋楼梯由楼梯的投影面积与楼梯的分层层数得出楼梯的面积

续表 4.97

项目	计算公式	计算规则
现浇钢筋混凝土阳台(弧形)	$V/\text{m}^3 = A \times B \times H + S_{弧} \times H$ 式中　A——阳台的长度(m) 　　　B——阳台的宽度(m) 　　　H——阳台的厚度(m) 　　　$S_{弧}$——弧形部分的阳台的面积(根据实际尺寸计算)	阳台按图示尺寸以实体积计算。伸入墙内部分的梁及通过门窗口的过梁应合并按过梁项目另行计算。阳台如伸出墙外超过1.50 m时,梁、板分别计算,套用相应项目
现浇钢筋混凝土阳台(直形)	现浇钢筋混凝土阳台工程量/m^2: $L \times b$ 式中　L——阳台长度(m) 　　　b——阳台宽度(m) 	阳台四周外边沿的弯起,如其高度(指板上表面至弯起顶面)超过 6 cm 时,按全高计算,套用栏板项目 弧形阳台凹进墙内的阳台按现浇平板计算
现浇钢筋混凝土雨篷(弧形)	$V/\text{m}^3 = A \times B \times H + S_{弧} \times H$ 式中　A——雨篷的长度(m) 　　　B——雨篷的宽度(m) 　　　H——雨篷的厚度(m) 　　　$S_{弧}$——弧形部分的雨篷的面积(根据实际尺寸计算)	雨篷按图示尺寸以实体积计算。伸入墙内部分的梁及通过门窗口的过梁应合并按过梁项目另行计算。雨篷如伸出墙外超过1.50 m时,梁、板分别计算,套用相应项目
现浇钢筋混凝土雨篷(直形)	$V/\text{m}^3 = A \times B \times H$ 式中　A——雨篷的长度(m) 　　　B——雨篷的宽度(m) 　　　H——雨篷的厚度(m)	雨篷四周外边沿的弯起,如其高度(指板上表面至弯起顶面)超过 6 cm 时,按全高计算,套用栏板项目 水平遮阳板按雨篷项目计算
现浇钢筋混凝土挑檐	$V/\text{m}^3 = (B + H) \times h \times L$ 式中　B——挑檐的宽度(m) 　　　H——挑檐的高度(m) 　　　h——挑檐的厚度(m) 　　　L——挑檐的长度(m)	挑檐天沟按实体积计算 当与板(包括屋面板、楼板)连接时,以外墙身外边缘为分界线;当与圈梁(包括其他梁)连接时,以梁外边线为分界线 外墙外边缘以外或梁外边线以外为挑檐天沟 挑檐天沟壁高度在 40 cm 以内时,套用挑檐项目;挑檐天沟壁高度超过 40 cm 时,按全高计算,套用栏板项目

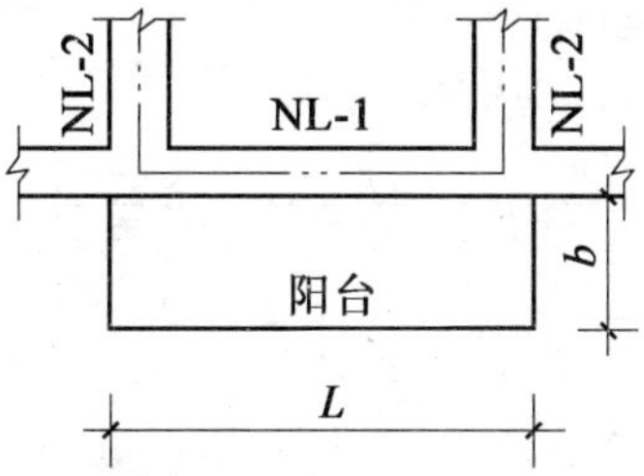

续表 4.97

项目	计算公式		计算规则
现浇钢筋混凝土栏板	$V/\mathrm{m}^3 = b \times H \times L$ 式中 b——栏板的宽(m) H——栏板的高(m) L——栏板的长(m)		栏板按实体积计算
现浇钢筋混凝土遮阳板	$V/\mathrm{m}^3 = B \times H \times L$ 式中 B——遮阳板的宽(m) H——遮阳板的高(m) L——遮阳板的长(m)		水平遮阳板按雨篷项目计算 水平遮阳板按图示尺寸以实体积计算
现浇钢筋混凝土板缝(后浇带)	$V/\mathrm{m}^3 = B \times H \times L$ 式中 B——后浇带的宽(m) H——后浇带的高(m) L——后浇带的长(m)		混凝土后浇带按图示尺寸以实体积计算
预制过梁	$V/\mathrm{m}^2 = \sum V_i \times n$ 式中 V_i——不同规格的预制混凝土过梁体积 N——不同规格的预制混凝土过梁的数量		预算定额中关于预制过梁的定额项目分别列有预制过梁的制作(包括其钢筋加工和绑扎)、预制过梁的安装。若在预制构件厂制作或购买时,尚需计算预制过梁的蒸汽养护费、从预制厂至工地的运输费。因此一般需要计算预制过梁的制作、蒸汽养护、运输、安装四项费用,也即计算四项工程量。按预制过梁的根数计算出的为安装工程量。安装工程量再增加1.5%的安装损耗为制作、养护、运输的工程量。钢筋数量也要计算出来
预制圆孔板	$V/\mathrm{m}^3 = \sum (V_1 - V_2) \times N$ 式中 V_1——不扣除圆孔的板的体积(m^3) V_2——圆孔的体积(m^3) $\sum$——不同规格的圆空板的汇总 N——圆空板的数量		预制钢筋混凝土圆孔板按图示尺寸以实体积计算,不扣除构件内钢筋、铁件所占体积 预制构件的制作工程量,应按图纸计算的实体积(即安装工程量)另加相应安装项目中规定的损耗量

(2)钢筋的工程量计算见表4.98。

表 4.98　钢筋的工程量计算表

项目	计算公式	计算规则
直线钢筋下料长度	1. 构件内布置的为两端无弯起直钢筋时： 设计长度 $=L-2b$ 2. 当构件内布置的为两端有弯钩的直钢筋时： 设计长度 $=L-2b+2\triangle L_g$ 式中　L——混凝土构件的长度(m) 　　　　b——保护层的厚度(m) 　　　　$\triangle L_g$——弯钩增加长度(m)，见下表 弯钩增加长度表见下 <table><tr><td rowspan="2">弯钩形式</td><td colspan="3">增加长度 $\triangle L_g$</td></tr><tr><td>Ⅰ级钢筋</td><td>Ⅱ级钢筋</td><td>Ⅲ级钢筋</td></tr><tr><td>90°</td><td>$3.5d$</td><td>$X+0.9d$</td><td>$X+1.2d$</td></tr><tr><td>135°</td><td>$4.9d$</td><td>$X+2.9d$</td><td>$X+3.6d$</td></tr><tr><td>180°</td><td>$6.25d$</td><td></td><td></td></tr></table>	钢筋接头设计图纸已规定的按设计图纸计算；设计图纸未作规定的，现浇混凝土的水平通长钢筋搭接量，直径 25 mm 以内者，按 8 m 长一个接头，直径 25 mm 以上者按 6 m 长一个接头，搭接长度按规范及设计规定计算。现浇混凝土竖向通长钢筋(指墙、柱的竖向钢筋)亦按以上规定计算，但层高小于规定接头间距的竖向钢筋接头，按每自然层一个计算
弯起钢筋下料长度	设计长度 $=L-2b+2(s-l)+2\times6.25d=$ 　　　　　　$L-2b+2(H-2b)\tan(\alpha/2)+12.5d$ 式中　L——混凝土构件的长度(m) 　　　　b——保护层的厚度(m) 　　　　s——钢筋弯起部分斜边长度(m) 　　　　l——钢筋弯起部分底边长度(m) 　　　　H——构件截面的高度(m) 　　　　α——钢筋弯起角度(°) 	钢筋接头设计图纸已规定的按设计图纸计算；设计图纸未作规定的，现浇混凝土的水平通长钢筋搭接量，直径 25 mm 以内者，按 8 m 长一个接头，直径 25 mm 以上者按 6 m 长一个接头，搭接长度按规范及设计规定计算

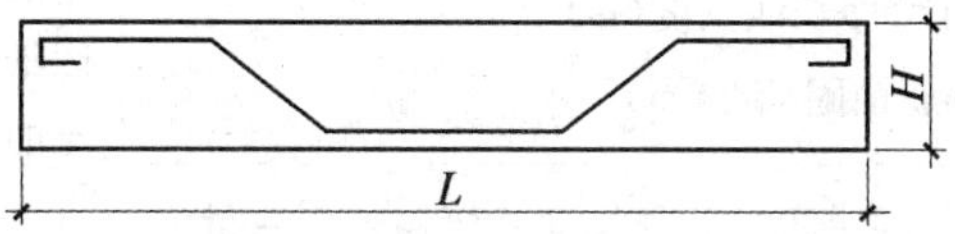

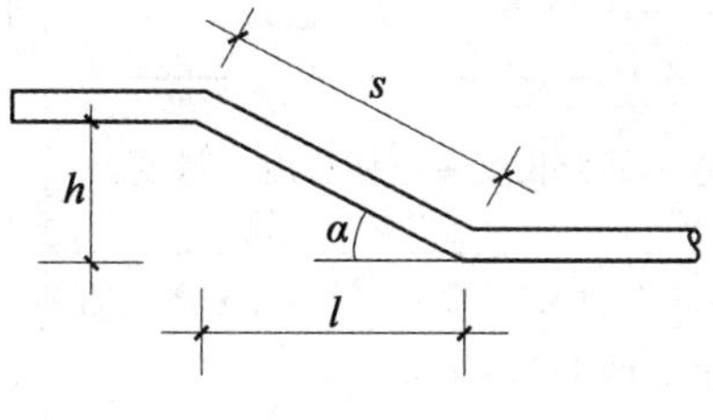

续表 4.98

项目	计算公式	计算规则
箍筋（双箍）下料长度	目前常用以下几种方法： 1）箍筋长度 = 箍筋矩（方）形长度 $+ 6.25d \times 2$（钩）（d 为箍筋直径，下同） 2）箍筋长度 = 箍筋矩（方）形长度 $+ 4.9d \times 2$（钩） 3）箍筋长度 = 箍筋矩（方）形长度 + 不同直径的估计钩长 4）箍筋长度 = 构件横截面外形长度 $- 5$ cm 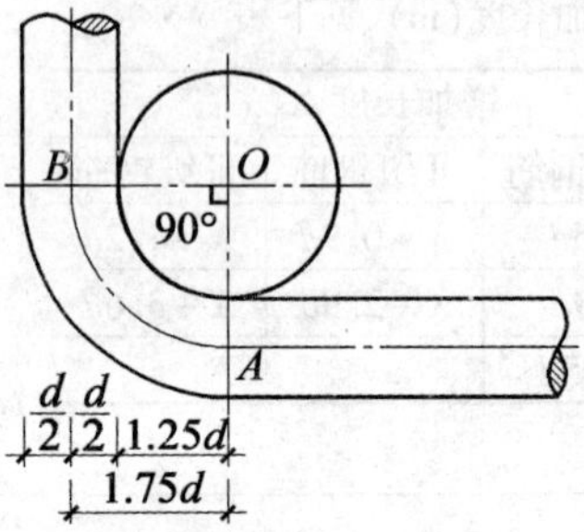 	很多实际工作者，在工作中为了简化计算，用构件的外围周长作为箍筋的计算长度，不再扣保护层厚度，也不再增加弯钩的长度 这种方法计算比较粗略，有可能会产生一定的误差
内墙圈梁纵向钢筋长度	内墙圈梁纵向钢筋长度（每层）/m $= (L_{内} + L_{d} \times 2 \times$ 内侧圈梁根数）× 钢筋根数 式中　$L_{内}$——内墙净长线长度（m） 　　　　L_{d}——钢筋锚固长度（m）	钢筋接头设计图纸已规定的按设计图纸计算；设计图纸未作规定的，现浇混凝土的水平通长钢筋搭接量，直径 25 mm 以内者，按 8 m 长一个接头，直径 25 mm 以上者按 6 m 长一个接头，搭接长度按规范及设计规定计算
外墙圈梁纵向钢筋长度	外墙圈梁纵向钢筋长度（每层）/m $= L_{中} \times$ 钢筋根数 $+ L_{d} \times$ 内侧钢筋根数 × 转角数 式中　$L_{中}$——外墙净长线长度（m） 　　　　L_{d}——钢筋锚固长度（m）	
板底圈梁抗震附加筋	$L =$ 平直部分长度 + 弯起部分长度 + 弯钩长度 - 量度差	
屋盖板底圈梁抗震附加筋	$L =$ 平直部分长度 + 弯起部分长度 + 弯钩长度 - 量度差	
螺旋钢筋长度	螺旋钢筋长度 = 螺旋筋圈数 $\times [($螺距$)^2 + ($π × 螺圈直径$)^2]^{1/2}$ + 两个圆形筋 + 两个端钩长 式中 　　　　螺旋筋圈数 = 螺旋筋设计高度（h）÷ 螺距 　　　　螺圈直径 = 圆形构件直径 - 保护层厚度 ×2 　　螺距——螺旋筋间距	

续表 4.98

项目	计算公式	计算规则
变长度钢筋(梯形)长度	根据梯形中位线原理(以下图为例): $$L_1 + L_6 = L_2 + L_5 = L_3 + L_4 = 2L_0$$ 所以:$L_1 + L_2 + L_3 + L_4 + L_5 + L_6 = 2L_0 \times 3$ 即 $$\sum L_{1-6} = 6L_0$$ $$\sum L_{1-n} = nL_0$$ 式中　n——钢筋总根数(不管与中位线是否重合) 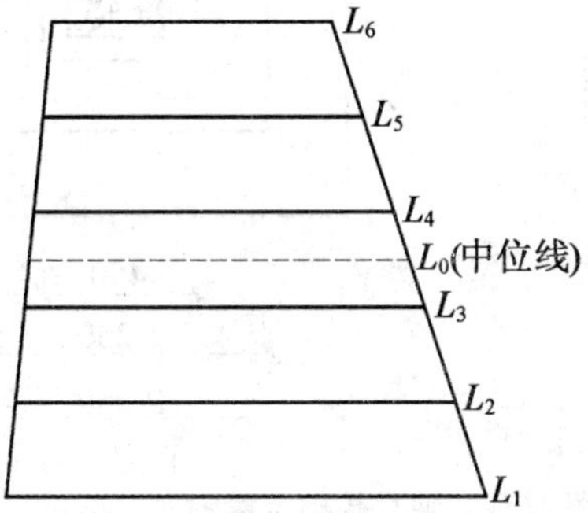	钢筋接头设计图纸已规定的按设计图纸计算;设计图纸未作规定的,现浇混凝土的水平通长钢筋搭接量,直径 25 mm 以内者,按 8 m 长一个接头,直径 25 mm 以上者,按 6 m 长一个接头,搭接长度按规范及设计规定计算。现浇混凝土竖向通长钢筋(指墙、柱的竖向钢筋)亦按以上规定计算,但层高小于规定接头间距的竖向钢筋接头,按每自然层一个计算
变长度钢筋(三角形)长度	根据三角形中位线原理(以下图为例): $$L_1 = L_2 + L_5 = L_3 + L_4 = 2L_0$$ 所以:$L_1 + L_2 + L_3 + L_4 + L_5 + L_6 = 2L_0 \times 3$ 即: $$\sum L_{1-5} = 6L_0 = (5+1)L_0$$ $$\sum L_{1-n} = (n+1)L_0$$ 式中　n 为钢筋总根数(不管与中位线是否重合) 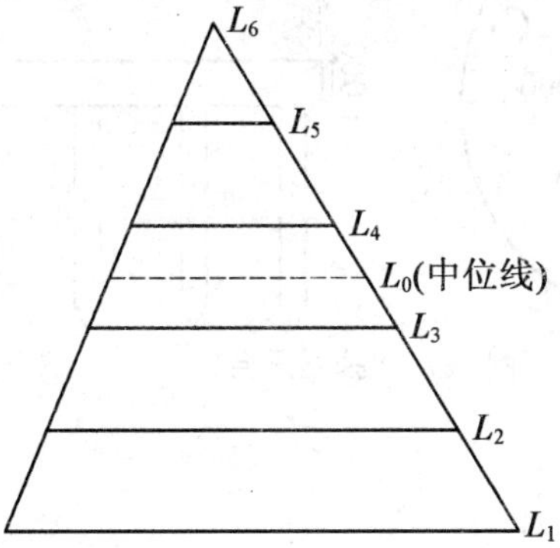	
圆形构件钢筋长度	$L = n($外圆周长 + 内圆周长$) \times 1/2 =$ 　　$n(2\pi r + 2\pi a) \times 1/2 =$ 　　$n(r + a)\pi$ 式中　r——外圆钢筋半径 　　　a——钢筋间距 　　　n——钢筋根数	钢筋接头设计图纸已规定的按设计图纸计算;设计图纸未作规定的,现浇混凝土的水平通长钢筋搭接量,直径 25 mm 以内者,按 8 m 长一个接头,直径 25 mm 以上者,按 6 m 长一个接头,搭接长度按规范及设计规定计算

4.4.4　工程量计算应用实例

【例4.42】　某现浇钢筋混凝土独立基础如图4.71所示,试计算独立基础工程量。

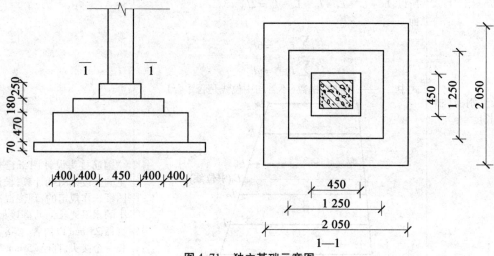

图4.71　独立基础示意图

【解】　现浇钢筋混凝土独立基础工程量,应按图示尺寸计算其实体积。

$$V/m^3 = (2.05 \times 2.05 \times 0.47 + 1.25 \times 1.25 \times 0.18 + 0.45 \times 0.45 \times 0.25) = 2.31$$

【例4.43】　某独立承台如图4.72所示,混凝土强度等级为C25,试计算独立承台的清单工程量。

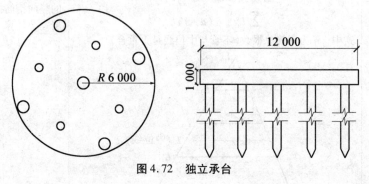

图4.72　独立承台

【解】

清单工程量:

$$V/m^3 = 3.1416 \times 6^2 \times 1 = 113.10$$

清单工程量计算见表4.99。

表4.99　清单工程量计算表

项目编码	项目名称	项目特征描述	计量单位	工程量
010401005001	桩承台基础	混凝土强度等级为C25	m³	113.10

【例 4.44】　某独立桩承台基础如图 4.73 所示,试计算该基础的清单工程量。

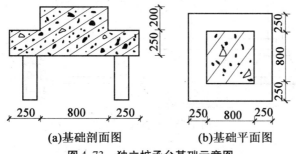

(a)基础剖面图　　　(b)基础平面图

图 4.73　独立桩承台基础示意图

【解】

清单工程量/m³:

$1.3 \times 1.3 \times 0.25 + 0.8 \times 0.8 \times 0.2 = 0.55$

清单工程量计算见表 4.100。

表 4.100　清单工程量计算表

项目编码	项目名称	项目特征描述	计量单位	工程量
010401005001	桩承台基础	混凝土强度等级为 C30	m³	0.55

【例 4.45】　如图 4.74 所示为某混凝土构造柱。已知柱高 4.0 m,断面尺寸 400 mm × 400 mm,与砖墙咬接 60 mm,试计算其清单工程量。

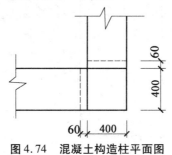

图 4.74　混凝土构造柱平面图

【解】

混凝土构造柱清单工程量/m³:

$$(0.4 \times 0.4 + 0.06 \times 0.4) \times 4.0 = 0.74$$

清单工程量计算见表 4.101。

表 4.101　清单工程量计算表

项目编码	项目名称	项目特征描述	计量单位	工程量
010402001001	构造柱	柱高 4.0 m,断面尺寸为 400 mm×400 mm,与砖墙咬接 60 mm	m³	0.74

【例4.46】　某地基梁如图4.75所示,用组合钢模板、钢支撑,试计算其清单工程量。

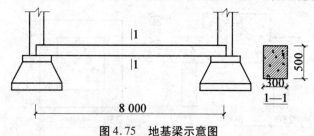

图4.75　地基梁示意图

【解】

地基梁清单工程量:

$$V/m^3 = 8.0 \times 0.3 \times 0.5 = 1.2$$

清单工程量计算见表4.102。

表4.102　清单工程量计算表

项目编码	项目名称	项目特征描述	计量单位	工程量
010403001001	基础梁	地基梁断面为300 mm × 500 mm	m³	1.20

【例4.47】　组合钢模板、钢支撑挡土墙如图4.76所示,长15 m,计算其清单工程量。

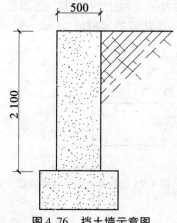

图4.76　挡土墙示意图

【解】

挡土墙清单工程量/m³:

$$15 \times 0.5 \times 2.1 = 15.75$$

清单工程量计算见表4.103。

表4.103　清单工程量计算表

项目编码	项目名称	项目特征描述	计量单位	工程量
010404001001	直形墙	挡土墙墙厚500 mm	m³	15.75

【例 4.48】　有梁式满堂基础的尺寸如图 4.77 所示。机械原土夯实,铺设混凝土垫层,混凝土强度等级为 C15,有梁式满堂基础,混凝土强度等级为 C20,场外搅拌量为 50 m^3/h,运距为 5 km。试计算梁式满堂基础的工程量。

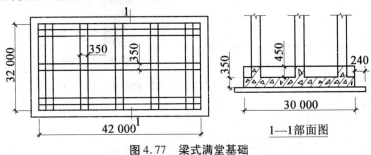

图 4.77　梁式满堂基础

【解】　满堂基础工程量 = 图示长度 × 图示宽度 × 厚度 + 翻梁体积

满堂基础工程量/m^3 = $42 \times 32 \times 0.35 + 0.35 \times 0.45 \times [42 \times 3 + (32 - 0.35 \times 3) \times 5]$ =
　　　514.62

【例 4.49】　某阳台板如图 4.78 和图 4.79 所示,试计算其混凝土工程量。

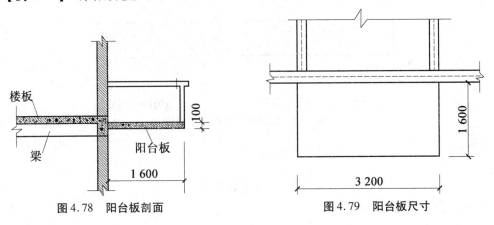

图 4.78　阳台板剖面　　　　　　　　图 4.79　阳台板尺寸

【解】

清单工程量:

$$V/\text{m}^3 = 1.6 \times 3.2 \times 0.1 = 0.51$$

清单工程量计算见表 4.104。

表 4.104　清单工程量计算表

项目编码	项目名称	项目特征描述	计量单位	工程量
010405008001	雨篷、阳台板	阳台板	m^3	0.51

【例 4.50】　某建筑物的雨篷如图 4.80 所示,试用清单的方法计算出其混凝土的工程量。

【解】

清单工程量:

$$V/\text{m}^3 = \frac{1}{2} \times (0.08 + 0.11) \times 2.0 \times 3.5 = 0.67$$

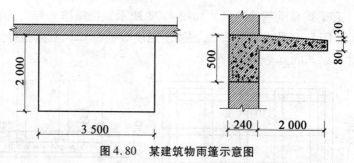

图 4.80　某建筑物雨篷示意图

清单工程量计算见表 4.105。

表 4.105　清单工程量计算表

项目编码	项目名称	项目特征描述	计量单位	工程量
010405008001	雨篷、阳台板	雨篷,C20 混凝土	m³	0.67

【例 4.51】　钢筋混凝土檩条如图 4.81 所示,试计算其清单工程量。

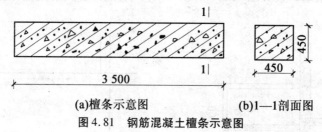

(a)檩条示意图　　　　　　(b)1—1剖面图

图 4.81　钢筋混凝土檩条示意图

【解】

清单工程量:

$$V/\mathrm{m}^3 = 3.5 \times 0.45 \times 0.45 = 0.71$$

清单工程量计算见表 4.106。

表 4.106　清单工程量计算表

项目编码	项目名称	项目特征描述	计量单位	工程量
010407001001	其他构件	檩条单体体积为 0.71 m³	m³	0.71

【例 4.52】　某地沟如图 4.82 所示,长 30 m,试计算其清单工程量。

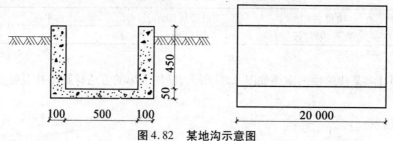

图 4.82　某地沟示意图

【解】

清单工程量：

地沟长度：30 m。

清单工程量计算见表4.107。

表4.107　清单工程量计算表

项目编码	项目名称	项目特征描述	计量单位	工程量
010407003001	电缆沟、地沟	地沟尺寸如图4.82所示	m	30

【例4.53】　现浇钢筋混凝土的后浇带如图4.83所示，板的长度为6.5 m，宽度为3.2 m，厚度为100 mm，混凝土采用C20，钢筋为HPB235，试计算现浇板的后浇带的清单工程量。

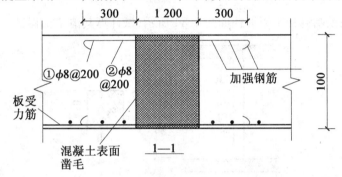

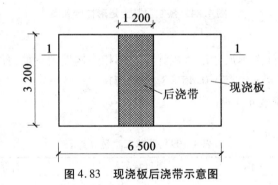

图4.83　现浇板后浇带示意图

【解】

清单工程量：

(1)后浇带的混凝土工程量：

$$V/\text{m}^3 = 1.2 \times 3.2 \times 0.1 = 0.38$$

(2)后浇带的钢筋工程量：

①号加强钢筋：

$$长度/\text{mm} = 1\ 200 + 300 \times 2 + 4.9 \times 8 \times 2 = 1\ 878.4$$

根数/根：$\left(\dfrac{3\ 200}{200} - 1\right) \times 2 = 30$

②号加强钢筋：

$$长度/mm = 3\,200 - 2 \times 15 + 4.9 \times 8 \times 2 = 3\,248.4$$

$$根数/根:\left(\frac{1\,200 + 300 \times 2}{200} - 1\right) \times 2 = 16$$

则钢筋总工程量/t $= (1.878\,4 \times 30 + 3.248\,4 \times 16) \times 0.395 = 42.79 = 0.042$

清单工程量计算见表 4.108。

表 4.108　清单工程量计算表

项目编码	项目名称	项目特征描述	计量单位	工程量
010408001001	后浇带	现浇板后浇带,混凝土强度等级为 C20	m^3	0.38
010416001001	现浇混凝土钢筋	$\phi8$,HPB235	t	0.042

【例 4.54】　预制混凝土矩形柱如图 4.84 所示,试计算其清单工程量。

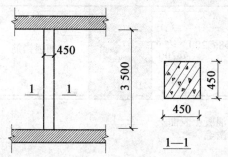

图 4.84　预制混凝土矩形柱示意图

【解】

清单工程量:按设计图示尺寸以体积计算。不扣除构件内钢筋、预埋铁件所占体积。

矩形柱工程量:$V/m^3 = 0.45 \times 0.45 \times 3.5 = 0.71$

清单工程量计算见表 4.109。

表 4.109　清单工程量计算表

项目编码	项目名称	项目特征描述	计量单位	工程量
010409001001	矩形柱	矩形柱尺寸如图 4.84 所示	m^3	0.71

【例 4.55】　预制混凝土 T 形吊车梁如图 4.85 所示,试计算其清单工程量。

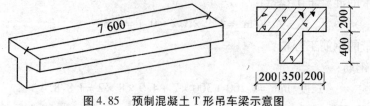

图 4.85　预制混凝土 T 形吊车梁示意图

【解】

吊车梁清单工程量:

$$V/\mathrm{m}^3 = (0.2 \times 0.75 + 0.4 \times 0.35) \times 7.6 = 2.20$$

清单工程量计算见表4.110。

表4.110 清单工程量计算表

项目编码	项目名称	项目特征描述	计量单位	工程量
010410002001	异形梁	T形吊车梁	m^3	2.20

【例4.56】 预制过梁及配筋如图4.86所示,试计算其清单工程量。

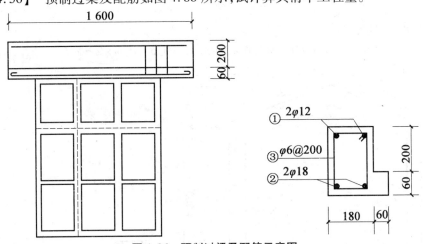

图4.86 预制过梁及配筋示意图

【解】

清单工程量:

(1)混凝土工程量:

$$V/\mathrm{m}^3 = (0.18 \times 0.26 + 0.06 \times 0.06) \times 1.6 = 0.08$$

(2)钢筋用量:

$\varphi 6 : \rho/(\mathrm{kg \cdot m^{-1}}) = 0.222$;

$\varphi 12 : \rho/(\mathrm{kg \cdot m^{-1}}) = 0.888$;

$\varphi 18 : \rho/(\mathrm{kg \cdot m^{-1}}) = 1.998$

①$\varphi 12/\mathrm{t}$:

$(1.6 - 0.05) \times 2 \times 0.888 = 2.75 \ \mathrm{kg} = 0.003$

②$\varphi 18/\mathrm{t}$:

$(1.6 - 0.05 + 6.25 \times 0.018 \times 2) \times 2 \times 1.998 = 7.09 \ \mathrm{kg} = 0.007$

③$\varphi 6/\mathrm{t}$:

$[(1.6 - 0.05) \div 0.2 + 1] \times 0.904 \times 0.222 = 1.76 \ \mathrm{kg} = 0.002$

清单工程量计算见表4.111。

表 4.111　清单工程量计算表

项目编码	项目名称	项目特征描述	计量单位	工程量
010410003001	过梁	过梁如图 4.86 所示	m³	0.08
010416002001	预制构件钢筋	φ6	t	0.002
010416002002	预制构件钢筋	φ12	t	0.003
010416002003	预制构件钢筋	φ18	t	0.007

【例 4.57】　预制门式刚架屋架如图 4.87 所示,试计算其清单工程量。

【解】

屋架清单工程量:

$$V/m^3 = 0.4 \times 0.4 \times 4.0 \times 2 + 3.32 \times 0.5 \times 0.4 \times 2 = 2.61$$

清单工程量计算见表 4.112。

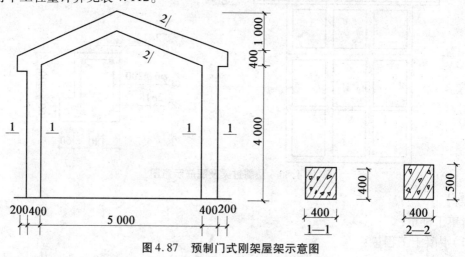

图 4.87　预制门式刚架屋架示意图

表 4.112　清单工程量计算表

项目编码	项目名称	项目特征描述	计量单位	工程量
010411004001	门式钢架屋架	门式钢架屋架如图 4.87 所示	m³	2.61

【例 4.58】　预制槽形板如图 4.88 所示,试计算其清单工程量。

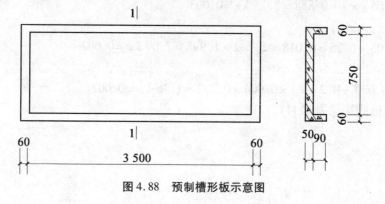

图 4.88　预制槽形板示意图

【解】

清单工程量:按设计图示尺寸以体积计算。不扣除构件内钢筋、预埋铁件及单个尺寸 300 mm×300 mm 以内的孔洞所占体积。

槽形板工程量:

$$V/m^3 = 0.09 \times 0.06 \times (3.62 \times 2 + 0.75 \times 2) + 0.05 \times 0.87 \times 3.5 = 0.20$$

清单工程量计算见表4.113。

表4.113 清单工程量计算表

项目编码	项目名称	项目特征描述	计量单位	工程量
010412003001	槽形板	槽形板尺寸如图4.88所示	m³	0.20

【例4.59】 某段楼梯斜梁如图4.89所示,试计算其清单工程量。

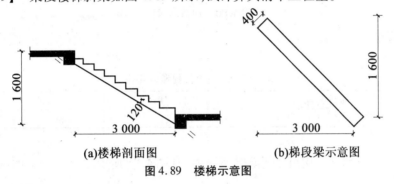

(a)楼梯剖面图　　　　　　(b)梯段梁示意图

图4.89 楼梯示意图

【解】

清单工程量:

$$V/m^3 = \sqrt{3.0^2 + 1.6^2} \times 0.4 \times 0.12 = 0.16$$

清单工程量计算见表4.114。

表4.114 清单工程量计算表

项目编码	项目名称	项目特征描述	计量单位	工程量
010413001001	楼梯	直形楼梯单体体积为0.16 m³	m³	0.16

【例4.60】 如图4.90所示的烟道,计算其清单工程量。

【解】

清单工程量:

$$V/m^3 = \frac{\pi}{4} \times 0.9^2 \times (2.5 + 3.2 - 0.9) - \frac{\pi}{4} \times 0.5^2 \times (2.3 + 3.2 - 0.2 - 0.5) =$$

2.11

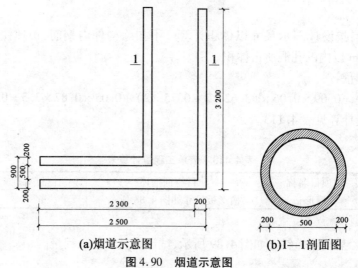

(a)烟道示意图　　　　　(b)1—1剖面图

图 4.90　烟道示意图

清单工程量计算见表 4.115。

表 4.115　清单工程量计算表

项目编码	项目名称	项目特征描述	计量单位	工程量
010414001001	烟道	烟道体积为 2.11 m³	m³	2.11

【例 4.61】　某水池采用组合钢模板、钢支撑,如图 4.91 所示,试计算水池的清单工程量。

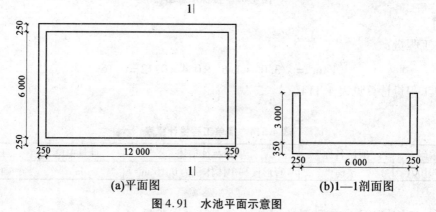

(a)平面图　　　　　　　(b)1—1剖面图

图 4.91　水池平面示意图

【解】

清单工程量/m³:

池底工程量 $= (6 + 0.25 \times 2) \times (12 + 0.25 \times 2) \times 0.35 = 28.44$

池壁工程量 $= (12 + 0.25 + 6 + 0.25) \times 2 \times 3.0 \times 0.25 = 27.75$

总工程量 $= 28.44 + 27.75 = 56.19$

清单工程量计算见表 4.116。

表4.116　清单工程量计算表

项目编码	项目名称	项目特征描述	计量单位	工程量
010415001001	贮水池	贮水池尺寸如图4.91所示	m³	56.19

【例4.62】　某公寓晾衣设备计1 000件,其尺寸如图4.92所示,计算其钢筋的清单工程量。

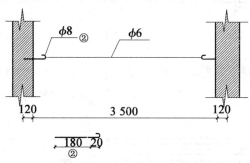

图4.92　晾衣设备尺寸示意图

【解】

清单工程量/t:

①号钢筋:$3.5 \times 0.222 \times 1\,000 = 777$ kg $= 0.777$

②号钢筋:$(0.2 + 6.25 \times 0.008) \times 2 \times 0.395 \times 1\,000 = 197.5$ kg $= 0.198$

清单工程量计算见表4.117。

表4.117　清单工程量计算表

项目编码	项目名称	项目特征描述	计量单位	工程量
010417002001	预埋铁件	φ6	t	0.777
010417002002	预埋铁件	φ8	t	0.198

【例4.63】　某框剪结构一段剪力墙板如图4.93所示,采用组合钢模板、钢支撑,墙厚240 mm,计算该现浇混凝土墙清单工程量。

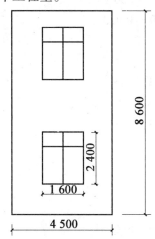

图4.93　某框剪结构一段剪力墙板示意图

【解】

墙的清单工程量/m³:(4.5×8.6-1.6×2.4×2)×0.24=7.44

清单工程量计算见表4.118。

表4.118　清单工程量计算表

项目编码	项目名称	项目特征描述	计量单位	工程量
010404001001	直形墙	剪力墙墙厚240 mm	m³	7.44

【例4.64】　钢筋混凝土异形梁如图4.94所示,混凝土强度等级C25(石子<31.5 mm),现场搅拌混凝土,钢筋及模板计算从略。试编制工程量清单计价表及综合单价计算表。

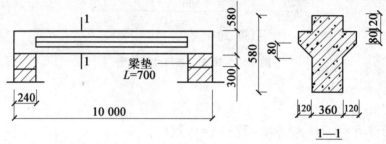

图4.94　钢筋混凝土异形梁

【解】

(1)清单工程量计算/m³:

异形梁工程量=10×0.36×0.58+(10-0.24×2)×0.12×(0.08+0.08+0.08)+

　　　　　　0.24×0.3×0.7×2=2.46

(2)消耗量定额工程量计算/m³:

现浇混凝土异形梁:C25:2.46

现场搅拌混凝土:2.50

(3)现浇混凝土异形梁C25/元:

①人工费:302.28×2.46/10=74.36

②材料费:1 582.57×2.46/10=389.31

③机械费:7.01×2.46/10=1.72

(4)现场搅拌混凝土/元:

①人工费:50.38×2.50/10=12.60

②材料费:13.91×2.50/10=3.48

③机械费:34.99×2.50/10=8.75

(5)综合/元:

直接费合计:490.22

管理费:490.22×35%=171.58

利润:490.22×5%=24.51

合价:490.22+171.58+24.51=686.31

综合单价:686.31÷2.46=278.99

结果见表4.119和表4.120。

表4.119　分部分项工程量清单计价表

序号	项目编码	项目名称	项目特征描述	计量单位	工程数量	金额/元		
						综合单价	合价	其中:直接费
1	010403003001	异形梁	现浇混凝土异形梁:现浇混凝土异形梁 C25	m³	2.46	278.99	686.31	490.22

表4.120　分部分项工程量清单综合单价计算表

项目编号	010403003001		项目名称		异形梁	计量单位		m³
清单综合单价组成明细								
定额编号	定额内容	定额单位	数量	单价/元			合价/元		
				人工费	材料费	机械费	人工费	材料费	机械费	管理费和利润
4-2-25	现浇混凝土异形梁 C25	10 m³	0.246	302.28	1582.57	7.01	74.36	389.31	1.72	186.16
4-4-15	现场搅拌混凝土	10 m³	0.25	50.38	13.91	34.99	12.60	3.48	8.75	9.93
人工单价		小　　计					86.96	392.79	10.47	196.09
28 元/工日		未计价材料费					—			
清单项目综合单价/元							278.99			

4.5　门窗及木结构工程

4.5.1　工程量清单项目设置及工程量计算规则

1.厂库房大门、特种门

工程量清单项目设置及工程量计算规则,应按表4.121的规定执行。

表4.121　厂库房大门、特种门(编码:010501)

项目编码	项目名称	项目特征	计量单位	工程量计算规则	工程内容
010501001	木板大门	1.开启方式 2.有框、无框 3.含门扇数 4.材料品种、规格 5.五金种类、规格 6.防护材料种类 7.油漆品种、刷漆遍数	樘(m²)	按设计图示数量或设计图示洞口尺寸以面积计算	1.门(骨架)制作、运输 2.门、五金配件安装 3.刷防护材料、油漆
010501002	钢木大门				
010501003	全钢板大门				
010501004	特种门				
010501005	围墙铁丝门				

2.木屋架

工程量清单项目设置及工程量计算规则,应按表4.122的规定执行。

表4.122　木屋架(编码:010502)

项目编码	项目名称	项目特征	计量单位	工程量计算规则	工程内容
010502001	木屋架	1. 跨度 2. 安装高度 3. 材料品种、规格 4. 刨光要求 5. 防护材料种类 6. 油漆品种、刷漆遍数	榀	按设计图示数量计算	1. 制作、运输 2. 安装 3. 刷防护材料、油漆
010502002	钢木屋架				

3. 木构件

工程量清单项目设置及工程量计算规则,应按表4.123的规定执行。

表4.123　木构件(编码:010503)

项目编码	项目名称	项目特征	计量单位	工程量计算规则	工程内容
010503001	木柱	1. 构件高度、长度 2. 构件截面 3. 木材种类 4. 刨光要求 5. 防护材料种类 6. 油漆品种、刷漆遍数	m^3	按设计图示尺寸以体积计算	1. 制作 2. 运输 3. 安装 4. 刷防护材料、油漆
010503002	木梁				
010503003	木楼梯	1. 木材种类 2. 刨光要求 3. 防护材料种类 4. 油漆品种、刷漆遍数	m^2	按设计图示尺寸以水平投影面积计算。不扣除宽度小于300 mm的楼梯井,伸入墙内部分不计算	
010503004	其他木构件	1. 构件名称 2. 构件截面 3. 木材种类 4. 刨光要求 5. 防护材料种类 6. 油漆品种、刷漆遍数	$m^3(m)$	按设计图示尺寸以体积或长度计算	

4. 其他相关问题

其他相关问题应按下列规定处理:

(1)冷藏门、冷冻间门、保温门、变电室门、隔音门、防射线门、人防门、金库门等,应按表4.121中特种门项目编码列项。

(2)屋架的跨度应以上、下弦中心线两交点之间的距离计算。

(3)带气楼的屋架和马尾、折角以及正交部分的半屋架,应按相关屋架项目编码列项。

（4）木楼梯的栏杆（栏板）、扶手,应按《建设工程工程量清单计价规范》（GB 50500—2008）的 B.1.7 中相关项目编码列项。

4.5.2　工程量计算常用数据

1.屋架杆件长度系数

木屋杆件的长度系数可按表4.124 选用。

表4.124　屋架杆件长度系数表

杆件	30°	1/2	1/2.5	1/3	30°	1/2	1/2.5	1/3
1	1	1	1	1	1	1	1	1
2	0.577	0.559	0.539	0.527	0.577	0.559	0.539	0.527
3	0.289	0.250	0.200	0.167	0.289	0.250	0.200	0.167
4	0.289	0.280	0.270	0.264	—	0.236	0.213	0.200
5	0.144	0.125	0.100	0.083	0.192	0.167	0.133	0.111
6	—	—	—	—	0.192	0.186	0.180	0.176
7	—	—	—	—	0.095	0.083	0.067	0.056

杆件	30°	1/2	1/2.5	1/3	30°	1/2	1/2.5	1/3
1	1	1	1	1	1	1	1	1
2	0.577	0.559	0.539	0.527	0.577	0.559	0.539	0.527
3	0.289	0.250	0.200	0.167	0.289	0.250	0.200	0.167
4	0.250	0.225	0.195	0.177	0.252	0.224	0.189	0.167
5	0.216	0.188	0.150	0.125	0.231	0.200	0.160	0.133
6	0.181	0.177	0.160	0.150	0.200	0.10	0.156	0.141
7	0.144	0.125	0.100	0.083	0.173	0.150	0.120	0.100
8	0.144	0.140	0.135	0.132	0.153	0.141	0.128	0.120
9	0.070	0.063	0.050	0.042	0.116	0.100	0.080	0.067
10	—	—	—	0.110	0.112	0.108	0.105	—
11	—	—	—	0.058	0.050	0.040	0.033	—

2.屋面坡度与斜面长度系数

屋面坡度与斜面长度的系数可按表4.125 选用。

表 4.125　屋面坡度与斜面长度系数

层面坡度	高度系数	1.00	0.67	0.50	0.45	0.40	0.33	0.25	0.20	0.15	0.125	0.10	0.083	0.066
	坡度	1/1	1/1.5	1/2	—	1/2.5	1/3	1/4	1/5	—	1/8	1/10	1/12	1/15
	角度	45°	30°40′	26°34′	24°14′	21°48′	18°26′	14°02′	11°19′	8°32′	7°08′	5°42′	4°45′	3°49′
斜长系数		1.414 2	1.201 5	1.118 0	1.096 6	1.077 0	1.054 1	1.038 0	1.019 8	1.011 2	1.007 8	1.005 0	1.003 5	1.002 2

3. 人字钢木屋架每榀材料参考用量

人字钢木屋架每榀材料的用料可参考表 4.126 进行计算。

表 4.126　人字钢木屋架每榀材料用料参考表

类别	屋架跨度/m	屋架间距/m	层面荷载 /(N·m⁻²)	每榀用料 木材/m³	每榀用料 钢材/kg	每榀屋架平均用支撑 木材用量/m³
方木	9.0	3.0	1 510	0.235	63.60	0.032
			2 960	0.285	83.80	0.082
		3.3	1 510	0.235	72.60	0.090
			2 960	0.297	96.30	0.090
	10.0	3.0	1 510	0.390	80.20	0.085
			2 960	0.503	130.90	0.085
		3.3	1 510	0.405	85.70	0.093
			2 960	0.524	130.90	0.093
	12.0	3.0	1 510	0.390	80.20	0.085
			2 960	0.503	130.00	0.085
		3.3	1 510	0.405	85.70	0.093
			2 960	0.524	130.0	0.093
	15.0	3.0	1 510	0.602	105.00	0.091
		3.3	1 510	0.628	105.00	0.099
		4.0	1 510	0.690	118.70	0.116
	18.0	3.0	1 510	0.709	160.60	0.087
		3.3	1 510	0.738	163.04	0.095
		4.0	1 510	0.898	248.36	0.112
圆木	9.0	3.0	1 510	0.259	63.60	0.080
			2 960	0.269	83.80	0.080
		3.3	1 510	0.259	72.60	0.089
			2 960	0.272	96.30	0.089
	10.0	3.0	1 510	0.290	70.50	0.081
			2 960	0.304	101.70	0.081
		3.3	1 510	0.290	74.50	0.090
			2 960	0.304	101.70	0.090
	12.0	3.0	1 510	0.463	80.20	0.083
			2 960	0.416	130.90	0.083
		3.3	1 510	0.463	85.70	0.092
			2 960	0.447	130.90	0.092
	15.0	3.0	1 510	0.766	105.00	0.089
		3.3	1 510	0.776	105.00	0.097

4. 每 100 m² 屋面檩条木材参考用量

每 100 m² 屋面檩条木材参考用量见表 4.127。

表 4.127　每 100 m² 屋面檩条木材用量参考表

跨度 /m	每平方米屋面木檩条木材用量参考表									
	1 000		1 500		2 000		2 500		3 000	
	方木	圆木	方木	圆木	方木	圆木	方木	圆木	方木	圆木
2.0	0.68	1.00	0.77	1.13	0.86	1.26	1.11	1.63	1.35	1.93
2.5	0.69	1.16	1.03	1.51	1.27	1.87	1.61	2.37	1.94	1.85
3.0	1.01	1.48	1.26	1.88	1.55	2.28	2.00	2.94	2.44	3.59
3.5	1.28	1.88	1.59	2.34	1.90	2.79	2.44	3.59	2.98	4.38
4.0	1.55	2.28	1.90	2.79	2.25	3.31	2.89	—	3.52	
4.5	1.81	—	2.20	—	2.56	—	3.31	—	4.03	
5.0	2.06	—	2.49	—	2.92	—	3.73	—	4.53	
5.5	2.36	—	2.86	—	3.35	—	4.27	—	5.19	
6.0	2.65	—	3.21	—	3.77	—	4.31	—	5.85	

5. 每 100 m² 屋面椽条木材参考用量

每 100 m² 屋面椽条木材参考用量见表 4.128。

表 4.128　每 100 m² 屋面椽条木材用量参考表

名称	椽条断面尺寸 /cm	断面面积 /cm²	椽条间距/cm					
			25	30	35	40	45	50
方椽	4×6	24	1.10	0.91	0.78	0.69	—	—
	5×6	30	1.37	1.14	0.98	0.86	—	—
	6×6	36	1.66	1.38	1.18	1.03	—	—
	5×7	35	1.61	1.33	1.14	1.00	0.89	0.81
	6×7	42	1.92	1.60	1.47	1.20	1.60	0.96
	5×8	40	1.83	1.52	1.31	1.14	1.01	0.92
	6×8	48	2.19	1.82	1.56	1.37	1.22	1.10
	6×9	54	2.47	2.05	1.76	1.54	1.37	1.24
	6×10	60	2.74	2.28	1.96	1.72	1.52	1.37
圆椽	$\phi 6$		1.64	1.37	1.18	1.03	0.92	0.82
	$\phi 7$		2.16	1.82	1.56	1.37	1.32	1.08
	$\phi 8$		2.69	2.26	1.94	1.70	1.52	1.35
	$\phi 9$		3.38	2.84	2.44	2.14	1.90	1.69
	$\phi 10$		4.05	3.41	2.93	2.57	2.29	2.02

6. 屋面板材料

屋面板材料的参考用量见表 4.129。

表 4.129　屋面板材料用量参照表

檩椽条距离 /m	屋面板厚度 /mm	每 100 m² 屋面板 锯材/m³	当屋面板上钉挂瓦条时	
			100 m² 需挂瓦条/m	100 m² 需顺水条(灰板条)(100)根
0.5	15	1.659		
0.7	16	1.770		
0.75	17	1.882		
0.8	18	1.992		
0.85	19	2.104	0.19	1.76
0.9	20	2.213		
0.95	21	2.325		
1.00	22	2.434		

7. 厂房大门、特种门五金铁件参考用量

厂房大门、特种门五金铁件参考用量见表 4.130。

表 4.130　厂房大门、特种门五金铁件用量参考表

项目	单位	木板大门		平开钢木大门	推拉钢木大门	变电室门	防火门	折叠门	保温隔声门
		平开	推拉						
		100 m² 门扇面积							100 m² 框外围面积
铁件	kg	600	1 080	590	1 087	1 595	1 002	400	—
滑轮	个	—	48	—	48	—	—	—	—
单列圆锥子轴承 7360 号	套	—	—	2	—	—	—	—	—
单列向心球轴承(230 号)	套	—	48	—	40	—	—	—	—
单列向心球轴承(205 号)	套	—	—	—	9	—	—	—	—
折页(150 mm)	个	—	—	—	—	—	—	—	110
折页(100 mm)	24	24	24	22	58				—
拉手(125 mm)	个	24	24	—	11	58			—
暗插销(300 mm)	个								8
暗插销(150 mm)	个								8
水螺栓	百个	3.60	3.60	—	0.22	2.70	6.99	—	7.58

注:厂库房平开大门五金数量内不包括地轨及滑轮。

4.5.3　工程量计算常用公式

门窗及木结构工程工程量计算见表 4.131。

表 4.131　门窗及木结构工程工程量计算

项目	计算公式	计算规则
半圆窗	$A/\text{m}^2 = \dfrac{1}{2}\pi R^2 = 1.570\ 8R^2$ 简化公式为:$A = 0.393 \times B^2$ 式中　R——半圆窗的半径(m) 　　　A——窗框外围面积(m^2) 　　　B——窗框外围宽度(m) 	普通窗上部带有半圆窗的工程量(按面积以平方米计算),应分别按半圆窗和普通窗的相应定额计算,半圆窗的工程量,以普通窗和半圆窗之间横框上面的裁口线为界
木檩条 (方形)	$V_i = a_i b_i l_i \quad (i = 1,2,3,\cdots)$ $V = \sum V_i$ 式中　V_i——第 i 根檩木的体积 　　　$a_i b_i$——第 i 根檩木的计算断面的双向尺寸 　　　l_i——第 i 根檩木的计算长度,如无规定时,按轴线中距,每跨增加 20 cm	屋架按竣工木料以 m^3 计算,其后备长度及配制损耗均已包括在项目内,不另计算。屋架需刨光者,按加刨光损耗后的毛料计算。附属于屋架的木夹板、垫木、风撑和屋架连接的挑檐木均按竣工木料计算后,并入相应的屋架内。与圆木屋架连接的挑檐木、风撑等如为方木时,可另列项目按方檩木计算。单独的挑檐木也按方檩木计算
木檩条 (圆形)	$V_i = \dfrac{\pi(d_{1i}^2 + d_{2i}^2)}{8} l_i$ $V = \sum V_i$ 式中　l_i——第 i 根檩木的计算长度,如无规定时,按轴线中距,每跨增加 20 cm 　　　d_{1i}, d_{2i}——分别表示圆木大小头的直径	
窗框	框长 $= \sum$ 满外尺寸 断面面积$/\text{m}^2 =$(宽 + 刨光损耗)$\times$ (高 + 刨光损耗) 　将计算出的断面面积与定额中规定的断面面积相比较,判定是否需要换算	普通木门窗框及工业窗框分制作和安装项目,以设计框长每 100 m 为计算单位,分别按单、双裁口项目计算。余长和伸入墙内部分及安装用木砖已包括在项目内,不另计算。若设计框料断面与附注规定不同时,项目中烘干木材含量,应按比例换算,其他不变。换算时以立边断面为准
门框	框长 $= \sum$ 满外尺寸 断面面积$/\text{m}^2 =$(料高 + 0.5)$\times$(料宽 + 0.3) 　将计算出的断面面积与定额中规定的断面面积相比较,判定是否需要换算	 单裁口　　　　　双裁口

续表 4.131

项目	计算公式	计算规则
玻璃用量	玻璃面积按玻璃外形尺寸(不扣玻璃棂)计算 玻璃高 = 门扇高 − [门扇冒宽(不扣减玻璃棂) + 　　　　门扇玻璃裁口宽]×2 玻璃宽 = 门扇宽 − [门扇梃宽(不扣减玻璃棂) + 　　　　门扇玻璃裁口宽]×2 玻璃用量 = 玻璃高 × 玻璃宽 × 　　　　玻璃块数 × 含樘量/100 m²	普通木门窗、工业木窗,如设计规定为部分框上安装玻璃者,扇的制作、安装与框上安装玻璃的工程量应分别列项计算,框上安装玻璃的工程量应以安装玻璃部分的框外围面积计算
油灰用量	每 100 m² 洞口面积工程量油灰用量/kg = 玻璃面积 × 1.36 kg/m² × 1.02 式中　1.36 kg/m²——安装面积 　　　1.02——损耗系数	根据玻璃的安装面积计算,计取相应的损耗
纱扇	外围面积/cm² = $\sum$(扇高 × 扇宽) 纱扇料断面面积 = (料高 + 0.5) × 　　　　(料宽 + 0.5)	根据满外尺寸汇总计算出框长 断面面积则根据纱扇的宽度和高度分别加刨光损耗计算出
门扇、窗扇	外围面积/m² = $\sum$(扇长 × 扇宽) 扇料断面面积 = (料高 + 0.5) × 　　　　(料宽 + 0.5)	普通木门窗扇、工业窗扇及厂库房大门扇等有关项目分制作及安装,以 100 m² 扇面积为计算单位。如设计扇料边梃断面与附注规定不同时,项目中烘干木材含量,应按比例换算,其他不变

4.5.4　工程量计算应用实例

【例 4.65】　某屋顶尺寸如图 4.95 所示,试计算其木基层的椽子、挂瓦条清单工程量。

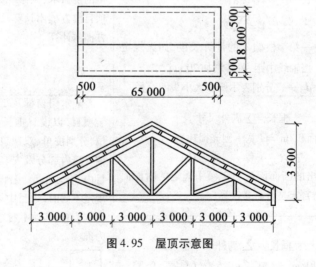

图 4.95　屋顶示意图

【解】

清单工程量:

椽子、挂瓦条工程量/m² = [(65 + 0.5 × 2) + (18 + 0.5 × 2)] × 2 = 170

工程量计算见表 4.132。

表 4.132 清单工程量计算表

项目编码	项目名称	项目特征描述	计量单位	工程量
010503004001	其他木构件	椽子、挂瓦条、柳木,刷底漆一遍、调合漆两遍	m	170

【例 4.66】 某推拉式钢木大门,如图 4.96 所示,两面板、两扇门,洞口尺寸为 3.2 m ×
3.6 m,共 12 樘,刷底油两遍、调合漆一遍,计算钢木大门的清单工程量。

图 4.96 某推拉门示意图

【解】

钢木大门的清单工程量/m²:

$$3.2 \times 3.6 \times 12 = 138.24$$

清单工程量计算见表 4.133。

表 4.133 清单工程量计算表

项目编码	项目名称	项目特征描述	计量单位	工程量
010501002001	钢木大门	推拉式,无框,两扇门,刷底油两遍,调合漆一遍	m²	138.24

【例 4.67】 某工程的木门如图 4.97 所示,总共 8 樘,木材为红松,一类薄板,试计算木
门的工程量。

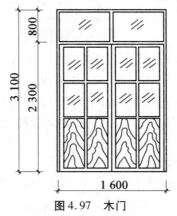

图 4.97 木门

【解】

木门工程量:8 樘

木门安装工程量/m^2:1.6 ×3.1 ×8 =39.68

【例 4.68】 屋面尺寸如图 4.98 所示,木基层厚度为 2.0 mm,计算屋面板的清单工程量。

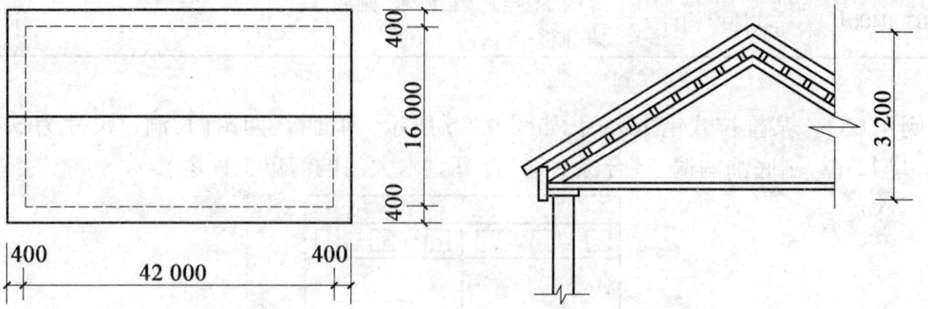

图 4.98 屋面示意图

【解】

屋面板的清单工程量:

$$V/m^2 = (42 + 0.4 \times 2) \times (16 + 0.4 \times 2) \times 0.002 = 1.44$$

清单工程量计算见表 4.134。

表 4.134 清单工程量计算表

项目编码	项目名称	项目特征描述	计量单位	工程量
010503004001	其他木构件	桐木,底漆一遍,调合漆两遍	m^3	1.44

【例 4.69】 某建筑屋面采用木结构,如图 4.99 所示,屋面坡度角度为 26°34′,木板材厚 30 mm。试计算封檐板、博风板的工程量。

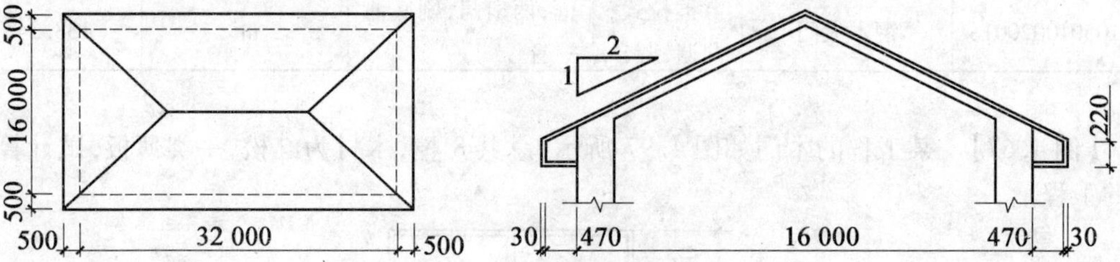

图 4.99 某建筑屋面

【解】 已知屋面坡度角度为 26°34′,对应的斜长系数为 1.118。

$$封檐板工程量/m = (32 + 0.47 \times 2) \times 2 = 65.88$$

$$博风板工程量/m = [16 + (0.47 + 0.03) \times 2] \times 1.118 \times 2 + 0.47 \times 4 = 39.89$$

【例 4.70】 某仓库冷藏库门尺寸如图 4.100 所示,保温层厚 150 mm,共 1 樘,计算其清单工程量。

【解】

清单工程量:

$$S/m^2 = 1.2 \times 2.5 = 3.00$$

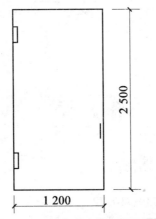

图 4.100　某仓库冷藏库门示意图

清单工程量计算见表 4.135。

表 4.135　清单工程量计算表

项目编码	项目名称	项目特征描述	计量单位	工程量
010501004001	特种门	平开,有框,一扇门,保温层厚 150 mm	m²	3.00

【例 4.71】　某钢木屋架如图 4.101 所示,试编制工程量清单计价表及综合单价计算表。

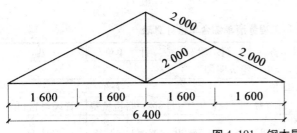
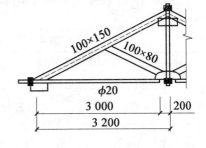

图 4.101　钢木屋架

【解】

(1)清单工程量:1 榀

(2)消耗量定额工程量/m³:

上弦:$(2.0+2.0)\times0.1\times0.15\times2=0.12$

斜撑:$(2.0+2.0)\times0.1\times0.08=0.032$

合计:$0.12+0.032=0.152$

(3)钢木屋架制作、安装:

①钢木屋架制作/元:

人工费:$291.7\times0.152=44.34$

材料费:$2\,656.7\times0.152=403.82$

机械费:$96.22\times0.152=14.63$

②钢木屋架安装/元:

人工费:72.73 × 0.152 = 11.05

机械费:222.53 × 0.152 = 33.82

(4)钢木屋架/元:

人工费:55.39 × 1 = 55.39

材料费:403.82 × 1 = 403.82

机械费:48.45 × 1 = 48.45

直接费:507.66

管理费:507.66 × 35% = 177.68

利润:507.66 × 5% = 25.38

合价:507.66 + 177.68 + 25.38 = 710.72

综合单价:710.72 ÷ 1 = 710.72

分部分项工程量清单计价见表4.136。

表 4.136　分部分项工程量清单计价表

序号	项目编码	项目名称	项目特征描述	计量单位	工程数量	金额/元		
						综合单价	合价	其中:直接费
1	010502002001	钢木屋架	跨度:6 400 mm 材料品种:φ20	榀	1	710.72	710.72	507.66

分部分项工程量清单综合单价计算见表4.137。

表 4.137　分部分项工程量清单综合单价计算表

项目编号	010502002001		项目名称	钢木屋架	计量单位	榀
清单综合单价组成明细						

定额编号	定额内容	定额单位	数量	单价/元			合价/元			
				人工费	材料费	机械费	人工费	材料费	机械费	管理费和利润
一	钢木屋架	榀	1	55.39	403.82	48.45	55.39	403.82	48.45	203.06
小　计							55.39	403.82	48.45	203.06
清单项目综合单价/元							710.72			

4.6　金属结构工程

4.6.1　工程量清单项目设置及工程量计算规则

1.钢屋架、钢网架

工程量清单项目设置及工程量计算规则,应按表4.138 的规定执行。

表 4.138　钢屋架、钢网架(编码:010601)

项目编码	项目名称	项目特征	计量单位	工程量计算规则	工程内容
010601001	钢屋架	1. 钢材品种、规格 2. 单榀屋架的重量 3. 屋架跨度、安装高度 4. 探伤要求 5. 油漆品种、刷漆遍数	t(榀)	按设计图示尺寸以质量计算。不扣除孔眼、切边、切肢的质量,焊条、铆钉、螺栓等不另增加质量,不规则或多边形钢板以其外接矩形面积乘以厚度乘以单位理论质量计算	1. 制作 2. 运输 3. 拼装 4. 安装 5. 探伤 6. 刷油漆
010601002	钢网架	1. 钢材品种、规格 2. 网架节点形式、连接方式 3. 网架跨度、安装高度 4. 探伤要求 5. 油漆品种、刷漆遍数			

2. 钢托架、钢桁架

工程量清单项目设置及工程量计算规则,应按表 4.139 的规定执行。

表 4.139　钢托架、钢桁架(编码:010602)

项目编码	项目名称	项目特征	计量单位	工程量计算规则	工程内容
010602001	钢托架	1. 钢材品种、规格 2. 单榀重量 3. 安装高度 4. 探伤要求 5. 油漆品种、刷漆遍数	t	按设计图示尺寸以质量计算。不扣除孔眼、切边、切肢的质量,焊条、铆钉、螺栓等不另增加质量,不规则或多边形钢板,以其外接矩形面积乘以厚度乘以单位理论质量计算	1. 制作 2. 运输 3. 拼装 4. 安装 5. 探伤 6. 刷油漆
010602002	钢桁架				

3. 钢柱

工程量清单项目设置及工程量计算规则,应按表 4.140 的规定执行。

表 4.140　钢柱(编码:010603)

项目编码	项目名称	项目特征	计量单位	工程量计算规则	工程内容
010603001	实腹柱	1. 钢材品种、规格 2. 单根柱重量 3. 探伤要求 4. 油漆品种、刷漆遍数	t	按设计图示尺寸以质量计算。不扣除孔眼、切边、切肢的质量,焊条、铆钉、螺栓等不另增加质量,不规则或多边形钢板,以其外接矩形面积乘以厚度乘以单位理论质量计算,依附在钢柱上的牛腿及悬臂梁等并入钢柱工程量内	1. 制作 2. 运输 3. 拼装 4. 安装 5. 探伤 6. 刷油漆
010603002	空腹柱				

续表 4.140

项目编码	项目名称	项目特征	计量单位	工程量计算规则	工程内容
010603003	钢管柱	1. 钢材品种、规格 2. 单根柱重量 3. 探伤要求 4. 油漆种类、刷漆遍数	t	按设计图示尺寸以质量计算。不扣除孔眼、切边、切肢的质量,焊条、铆钉、螺栓等不另增加质量,不规则或多边形钢板,以其外接矩形面积乘以厚度乘以单位理论质量计算,钢管柱上的节点板、加强环、内衬管、牛腿等并入钢管柱工程量内	1. 制作 2. 运输 3. 安装 4. 探伤 5. 刷油漆

4. 钢梁

工程量清单项目设置及工程量计算规则,应按表 4.141 的规定执行。

表 4.141　　钢梁(编码:010604)

项目编码	项目名称	项目特征	计量单位	工程量计算规则	工程内容
010604001	钢梁	1. 钢材品种、规格 2. 单根重量 3. 安装高度 4. 探伤要求 5. 油漆品种、刷漆遍数	t	按设计图示尺寸以质量计算。不扣除孔眼、切边、切肢的质量,焊条、铆钉、螺栓等不另增加质量,不规则或多边形钢板,以其外接矩形面积乘以厚度乘以单位理论质量计算,制动梁、制动板、制动桁架、车档并入钢吊车梁工程量内	1. 制作 2. 运输 3. 安装 4. 探伤要求 5. 刷油漆
010604002	钢吊车梁				

5. 压型钢板楼板、墙板

工程量清单项目设置及工程量计算规则,应按表 4.142 的规定执行。

表 4.142　　压型钢板楼板、墙板(编码:010605)

项目编码	项目名称	项目特征	计量单位	工程量计算规则	工程内容
010605001	压型钢板楼板	1. 钢材品种、规格 2. 压型钢板厚度 3. 油漆品种、刷漆遍数	m²	按设计图示尺寸以铺设水平投影面积计算。不扣除柱、垛及单个 0.3 m² 以内的孔洞所占面积	1. 制作 2. 运输 3. 安装 4. 刷油漆
010605002	压型钢板墙板	1. 钢材品种、规格 2. 压型钢板厚度、复合板厚度 3. 复合板夹芯材料种类、层数、型号、规格		按设计图示尺寸以铺挂面积计算。不扣除单个 0.3 m² 以内的孔洞所占面积,包角、包边、窗台泛水等不另增加面积	

6.钢构件

工程量清单项目设置及工程量计算规则,应按表4.143的规定执行。

表4.143 钢构件(编码:010606)

项目编码	项目名称	项目特征	计量单位	工程量计算规则	工程内容
010606001	钢支撑	1.钢材品种、规格 2.单式、复式 3.支撑高度 4.探伤要求 5.油漆品种、刷漆遍数	t	按设计图示尺寸以质量计算。不扣除孔眼、切边、切肢的质量,焊条、铆钉、螺栓等不另增加质量,不规则或多边形钢板以其外接矩形面积乘以厚度乘以单位理论质量计算	1.制作 2.运输 3.安装 4.探伤 5.刷油漆
010606002	钢檩条	1.钢材品种、规格 2.型钢式、格构式 3.单根重量 4.安装高度 5.油漆品种、刷漆遍数			
010606003	钢天窗架	1.钢材品种、规格 2.单榀重量 3.安装高度 4.探伤要求 5.油漆品种、刷漆遍数	t	按设计图示尺寸以质量计算。不扣除孔眼、切边、切肢的质量,焊条、铆钉、螺栓等不另增加质量,不规则或多边形钢板以其外接矩形面积乘以厚度乘以单位理论质量计算	1.制作 2.运输 3.安装 4.探伤 5.刷油漆
010606004	钢挡风架	1.钢材品种、规格 2.单榀重量 3.探伤要求 4.油漆品种、刷漆遍数			
010606005	钢墙架				
010606006	钢平台	1.钢材品种、规格 2.油漆品种、刷漆遍数			
010606007	钢走道				
010606008	钢梯	1.钢材品种、规格 2.钢梯形式 3.油漆品种、刷漆遍数			
010606009	钢栏杆	1.钢材品种、规格 2.油漆品种、刷漆遍数			
010606010	钢漏斗	1.钢材品种、规格 2.方形、圆形 3.安装高度 4.探伤要求 5.油漆品种、刷漆遍数		按设计图示尺寸以重量计算。不扣除孔眼、切边、切肢的质量,焊条、铆钉、螺栓等不另增加质量,不规则或多边形钢板以其外接矩形面积乘以厚度乘以单位理论质量计算,依附漏斗的型钢并入漏斗工程量内	
010606011	钢支架	1.钢材品种、规格 2.单件重量 3.油漆品种、刷漆遍数		按设计图示尺寸以质量计算。不扣除孔眼、切边、切肢的质量,焊条、铆钉、螺栓等不另增加质量,不规则或多边形钢板以其外接矩形面积乘以厚度乘以单位理论质量计算	
010606012	零星钢构件	1.钢材品种、规格 2.构件名称 3.油漆品种、刷漆遍数			

7. 金属网

工程量清单项目设置及工程量计算规则,应按表 4.144 的规定执行。

表 4.144　　金属网(编码:010607)

续表 4.140

项目编码	项目名称	项目特征	计量单位	工程量计算规则	工程内容
010607001	金属网	1. 材料品种、规格 2. 边框及立柱型钢品种、规格 3. 油漆品种、刷漆遍数	m²	按设计图示尺寸以面积计算	1. 制作 2. 运输 3. 安装 4. 刷油漆

8. 其他相关问题

其他相关问题应按下列规定处理:

(1)型钢混凝土柱、梁浇筑混凝土和压型钢板楼板上浇筑钢筋混凝土,混凝土和钢筋应按本章 4.4 节混凝土及钢筋混凝土工程中相关内容列项。

(2)钢墙架项目包括墙架柱、墙架梁和连接杆件。

(3)加工铁件等小型构件,应按表 4.143 中零星钢构件项目编码列项。

4.6.2　工程量计算常用数据

1. 钢屋架每榀参考重量

每榀钢屋架的参考重量见表 4.145。

表 4.145　　钢屋架每榀重量参考表

类别	荷重/(N·m⁻²)	屋架每榀重量参考表											
		6	7	8	9	12	15	18	21	24	27	30	36
		角钢组成每榀重量/(t·榀⁻¹)											
多边形	1 000					0.418	0.648	0.918	1.260	1.656	2.122	2.682	
	2 000					0.518	0.810	1.166	1.460	1.776	2.090	2.768	3.603
	3 000					0.677	1.035	1.459	1.662	2.203	2.615	3.830	5.000
	4 000					0.872	1.260	1.459	1.903	2.614	3.472	3.949	5.955
三角形	1 000				0.217	0.367	0.522	0.619	0.920	1.195			
	2 000				0.297	0.461	0.720	1.037	1.386	1.800			
	3 000				0.324	0.598	0.936	1.307	1.840	2.390			
		轻型角钢组成每榀重量/(t·榀⁻¹)											
	96	0.046	0.063	0.076									
	170				0.169	0.254	0.41						

2. 钢檩条每 1 m² 屋盖水平投影面积参考重量

每 1 m² 屋盖水平投影面积钢檩条的参考重量见表 4.146。

表 4.146 钢檩条每 1 m² 屋盖水平投影面积重量参考表

屋架间距 /m	屋面荷重/(N·m⁻²)					附注:
	1 000	2 000	3 000	4 000	5 000	1. 檩条间距为 1.8~2.5 m
	每 1 m² 屋盖檩条重量/kg					2. 本表不包括檩条间支撑量,如有支撑,每
4.5	5.63	8.70	10.50	12.50	14.70	1 m² 增加:圆钢制成为 1.0 kg,角钢制成为
6.0	7.10	12.50	14.70	17.00	22.00	1.8 kg
7.0	8.70	14.70	17.00	22.20	25.00	3. 如有组合断面构成之屋檐时,则檩条之重
8.0	10.50	17.00	22.20	25.00	28.00	量应增加 $\frac{36}{L}$(L 为屋架跨度)
9.0	12.59	19.50	22.20	28.00		

3. 钢屋架每 1 m² 屋盖水平投影面积参考重量

每 1 m² 屋盖水平投影面积钢屋架的参考重量见表 4.147。

表 4.147 钢屋架每 1 m² 屋盖水平投影面积重量参考表

屋架间蹋 /m	跨度 /m	屋面荷重/(N·m⁻²)					附注
		1 000	2 000	3 000	4 000	5 000	
		每 1 m² 屋盖钢架重量/kg					
三角形	9	6.0	6.92	7.50	9.53	11.32	1. 本表屋架间距按 6 m 计算,如间
	12	6.41	8.00	10.33	12.67	15.13	距为 a 时,则屋面荷重以系数 $\frac{a}{b}$,由
	15	7.20	10.00	13.00	16.30	19.20	此得知屋面新荷重,再从表中查出重
	18	8.00	12.00	15.13	19.20	22.90	量
	21	9.10	13.80	18.20	22.30	26.70	2. 本表重量中包括屋架支座垫板
	24	10.33	15.67	20.80	25.80	30.50	及上弦连接檩条之角钢
多角形	12	6.8	8.3	11.0	13.7	15.8	3. 本表系铆接。如采用电焊时,三
	15	8.5	10.6	13.5	16.5	19.8	角形屋架乘系数 0.85,多角形乘系数
	18	10	12.7	16.1	19.7	23.5	0.87
	21	11.9	15.1	19.5	23.5	27	
	24	13.5	17.6	22.6	27	31	
	27	15.4	20.5	26.1	30	34	
	30	17.5	23.4	29.5	33	37	

4. 钢屋架上弦支撑每 1 m² 屋盖水平投影面积参考重量

每 1 m² 屋盖水平投影面积钢屋架上弦支撑的参考重量见表 4.148。

表 4.148 钢屋架上弦支撑每 1 m² 屋盖水平投影面积重量参考表

屋架间距 /m	屋架跨度/m					
	12	15	18	21	24	30
	每 1 m² 屋盖上弦支撑重量/kg					
4.5	7.26	6.21	5.64	5.50	5.32	5.33
6.0	8.90	8.15	7.42	7.24	7.10	7.00
7.5	10.85	8.93	7.78	7.77	7.75	7.70

注:表中屋架上弦支撑重量已包括屋架间的垂直支撑钢材用量。

5. 钢屋架下弦支撑每 1 m² 屋盖水平投影面积参考重量

每 1 m² 屋盖水平投影面积钢屋架下弦支撑的参考重量见表 4.149。

表 4.149　钢屋架下弦支撑每 1 m² 屋盖水平投影面积重量参考表

建筑物高度 /m	屋架间距 /m	屋面风荷载/(kg·m⁻²)		
		30	50	80
		每 1 m² 屋盖下弦支撑重量/kg		
12	4.5	2.50	2.90	3.65
	6.0	3.60	4.00	4.60
	7.5	5.60	5.85	6.25
18	4.5	2.80	3.40	4.12
	6.0	3.90	4.40	5.20
	7.5	5.70	6.15	6.80
24	4.5	3.00	3.80	4.66
	6.0	4.18	4.80	5.87
	7.5	5.90	6.48	6.20

6. 轻型钢屋架每榀参考重量

每榀轻型钢屋架参考重量见表 4.150。

表 4.150　轻型钢屋架每榀重量表

类别		屋架跨度/m			
		8	9	12	15
		每榀重量/t			
梭形	下弦 16Mn	0.135 ~ 0.187	0.17 ~ 0.22	0.286 ~ 0.42	0.490 ~ 0.581
	下弦 A₃	0.151 ~ 0.702	0.17 ~ 0.25	0.306 ~ 0.45	0.519 ~ 0.625

7. 轻钢檩条每根参考重量

每根轻钢檩条的参考重量见表 4.151。

表 4.151　轻型钢檩条每根重量参考表

檩条/m	钢材规格		重量 /(kg·根⁻¹)	檩条/m	钢材规格		重量 /(kg·根⁻¹)
	下弦	上弦			下弦	上弦	
2.4	1ϕ8	2ϕ10	9.0	4.0	1ϕ10	1ϕ12	20.0
3.0	1ϕ16	$L45 \times 4$	16.4	5.0	1ϕ12	1ϕ14	25.6
3.3	1ϕ10	2ϕ12	14.5	5.3	1ϕ12	1ϕ14	27.0
3.6	1ϕ10	2ϕ12	15.8	5.7	1ϕ12	1ϕ14	32.0
3.75	1ϕ10	$L50 \times 5$	18.8	6.0	1ϕ14	$2L25 \times 2$	31.6
4.00	1ϕ16	$L50 \times 5$	23.5	6.0	1ϕ14	2ϕ16	38.5

8. 钢平台(带栏杆)每 1 m 参考重量

每 1 m 钢平台(带栏杆)的参考重量见表 4.152。

表 4.152　钢平台(带栏杆)每 1 m 重量参考表

平台宽度/m	3 m 长平台	4 m 长平台	5 m 长平台
	每 1 m 重量/kg		
0.6	54	60	65
0.8	67	74	81
1.0	78	84	97
1.2	87	100	107

注:表中栏杆为单面,如两面均有,每 1 m 平台增 10.2 kg。

9. 钢栏杆及扶手每 1 m 参考重量

每 1 m 钢栏杆及扶手的参考重量见表 4.153。

表 4.153　钢栏杆及扶手每 1 m 重量参考表

类别		屋架跨度/m			
		8	9	12	15
		每榀重量/t			
梭形	下弦 16Mn	0.135 ~ 0.187	0.17 ~ 0.22	0.286 ~ 0.42	0.49 ~ 0.581
	下弦 A₃	0.151 ~ 0.702	0.17 ~ 0.25	0.306 ~ 0.45	0.519 ~ 0.625

10. 扶梯每 1 m 参考重量

每 1 m 扶梯的参考重量见表 4.154。

表 4.154　扶梯每 1 m(垂直投影)重量参考表

项目	扶梯(垂直投影长)			
	踏步式		爬式	
	圆钢	钢板	扁钢	圆钢
	每米重量/kg			
扶梯制作	35	42	28.2	7.8

11. 算式平台每 1 m² 参考重量

每 1 m² 算式平台的参考重量见表 4.155。

表 4.155　算式平台(圆钢为主)每 1 m² 重量参考表

项目	单位	算式(圆钢为主)
算式平台制作	kg/m²	160

12. 钢车挡每个参考重量

每个钢车挡的参考重量见表 4.156。

表 4.156　钢车挡每个重量参考表

项目	吊车吨位/t						
	3	5	10	15	20	30	50
	每个重量/kg						
车挡制作	38	57	102	138	138	232	239

4.6.3　工程量计算常用公式

表 4.157　楼梯钢栏杆制工程量计算表

项目	计算公式	计算规则
楼梯钢栏杆制	栏杆长/m $= \left[\sum \text{梯段长} + 1.4 \times (n-1) \right] \times$ $1.15 + \dfrac{1}{2} \text{楼梯间宽}$ 式中　$\sum$ 梯段长——各层楼梯段长之和(m) 　　　1.4——栏杆拐弯处增加长度(m) 　　　n——楼层数($n-1$ 是楼梯层数) 　　　1.15——坡度系数 　　　$\dfrac{1}{2}$ 楼梯间宽——顶层封口栏杆长(m)	楼梯栏杆按设计规定计算,若设计无规定时,其长度可按全部投影长度乘以系数 1.15 计算 定额规定,栏杆以延长米(不包括伸入墙内部分的长度)计算 计算时先将各层楼梯段和拐弯处汇总;再将汇总值乘坡度系数;最后加顶层封口栏杆长度

4.6.4　工程量计算应用实例

【例 4.72】　钢屋架制作如图 4.102 所示,试计算其清单工程量。

【解】

清单工程量:

(1)上弦杆(ϕ57 × 3.0 钢管)工程量/kg:

$(0.097 + 0.825 \times 2 + 0.15) \times 2 \times 4 = 15.18$

(2)下弦杆工程量(ϕ54 × 3.0 钢管)/kg:

$(0.9 + 0.9) \times 2 \times 3.77 = 13.57$

(3)腹杆(ϕ38 × 2.5 钢管)工程量/kg:

$(0.3 \times 2 + \sqrt{0.3^2 + 0.9^2} \times 2 + 0.6) \times 2.19 = 6.78$

(4)连接板(厚 8 mm)工程量/kg:

$(0.1 \times 0.3 \times 4) \times 62.8 = 7.54$

(5)盲板(厚 6 mm)工程量/kg:

$\left(\dfrac{\pi \times 0.054^2}{4} \right) \times 2 \times 47.1 = 0.22$

(6)角钢($\llcorner$ 50 × 5)工程量/kg:

$0.9 \times 6 \times 3.7 = 19.98$

(7)加劲板(厚 6 mm)工程量/kg:

$0.03 \times 0.045 \times \dfrac{1}{2} \times 2 \times 6 \times 47.1 = 0.38$

(8)总的预算工程量/t：

15.18 + 13.57 + 6.78 + 7.54 + 0.22 + 19.98 + 0.38 = 63.65 kg = 0.064

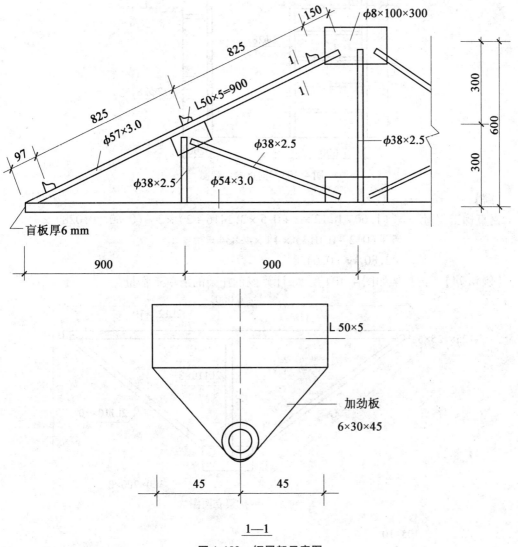

1—1

图 4.102　钢屋架示意图

清单工程量计算见表 4.158。

表 4.158　清单工程量计算表

项目编码	项目名称	项目特征描述	计量单位	工程量
010601001001	钢屋架	$\phi57 \times 3.0$ 钢管，$\phi54 \times 3.0$ 钢管，$\phi38 \times 2.5$ 钢管，8 mm 和 6 mm 厚钢板，$\llcorner$ 50 × 5 角钢	t	0.064

【例 4.73】　某钢直梯尺寸如图 4.103 所示，$\varphi28$ 光面钢筋线密度为 4.834 kg/m。试计算其工程量。

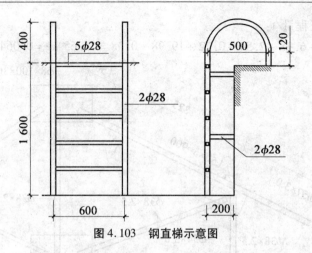

图 4.103　钢直梯示意图

【解】

钢直梯工程量/t = $[(1.60 + 0.12 \times 2 + 0.5 \times 3.1416 \div 2) \times 2 + (0.60 - 0.028) \times$
$5 + (0.2 - 0.014) \times 4] \times 4.834 =$
42.80 kg = 0.0428

【例 4.74】　钢托架如图 4.104 所示,计算该钢托架的清单工程量。

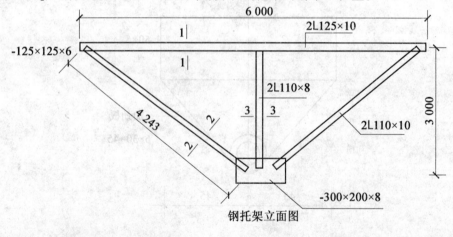

钢托架立面图

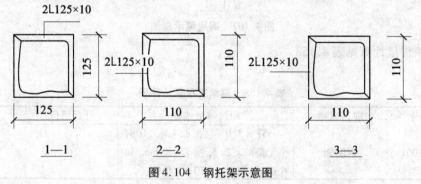

图 4.104　钢托架示意图

【解】

清单工程量:

(1)上弦杆的工程量:

∟ 125 × 10 的理论质量是 19.133 kg/m。

19.133 × 6.0 × 2 = 229.60 kg = 0.230

(2)斜向支撑杆的工程量/t：

∟ 110 × 10 的理论质量是 16.69 kg/m。

16.69 × 4.243 × 4 = 283.26 kg = 0.283

(3)竖向支撑杆的工程量/t：

∟ 110 × 8 的理论质量是 13.532 kg/m。

13.532 × 3.0 × 2 = 81.19 kg = 0.081

(4)连接板的工程量/t：

8 mm 厚的钢板的理论质量为 62.8 kg/m²。

62.8 × 0.2 × 0.3 = 3.77 kg = 0.004

(5)塞板的工程量/t：

6 mm 厚的钢板的理论质量为 47.1 kg/m²。

47.1 × 0.125 × 0.125 × 2 = 1.47 kg = 0.001

(6)总的预算工程量/t：

0.230 + 0.283 + 0.081 + 0.004 + 0.001 = 0.599

清单工程量计算见表 4.159。

表 4.159　清单工程量计算表

项目编码	项目名称	项目特征描述	计量单位	工程量
010602001001	钢托架	∟ 125 × 10、∟ 110 × 10、∟ 110 × 8 角钢,8 mm、6 mm 厚钢板	t	0.599

【例 4.75】　钢制漏斗如图 4.105 所示,已知钢板厚 2 mm,试计算其制作工程量。

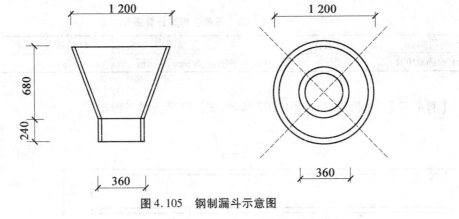

图 4.105　钢制漏斗示意图

【解】

上口板面积/m² = 1.2 × 3.141 6 × 0.68 = 2.56

下口板长及面积/m² = 0.36 × 3.141 6 × 0.24 = 0.27

重量/kg = (2.56 + 0.27) × 15.70 = 44.43

【例 4.76】　H 形实腹柱,如图 4.106 所示,其长度为 5 m,试计算其施工图预算工程量。

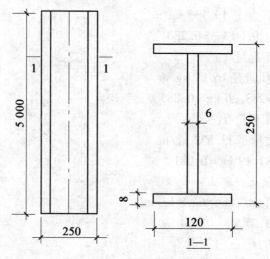

图 4.106　H 形实腹柱示意图

【解】

清单工程量：

6 mm 厚钢板的理论质量为 47.1 kg/m²,8 mm 厚钢板的理论质量为 62.8 kg/m²。

(1)翼缘板工程量/t：

$62.8 \times (0.12 \times 5) \times 2 = 75.36$ kg = 0.075

(2)腹翼板工程量/t：

$47.1 \times 5 \times (0.25 - 0.008 \times 2) = 55.11$ kg = 0.055

(3)总的预算工程量/t：

$0.075 + 0.055 = 0.13$

清单工程量计算见表 4.160。

表 4.160　清单工程量计算表

项目编码	项目名称	项目特征描述	计量单位	工程量
010603001001	实腹柱	6 mm 厚钢板,8 mm 厚钢板	t	0.13

【例 4.77】　槽形钢梁如图 4.107 所示,试计算其清单工程量。

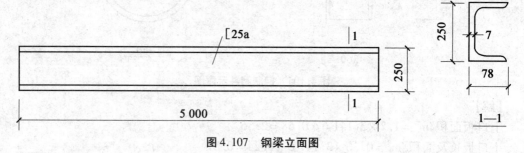

图 4.107　钢梁立面图

【解】

清单工程量/t：

[25a 的理论质量为 27.4 kg/m。

$27.4 \times 5.0 = 137$ kg $= 0.137$

清单工程量计算见表 4.161。

表 4.161　清单工程量计算表

项目编码	项目名称	项目特征描述	计量单位	工程量
010604001001	钢梁	[25a 槽钢	t	0.137

【例 4.78】　压型钢板墙板如图 4.108 所示,计算其清单工程量。

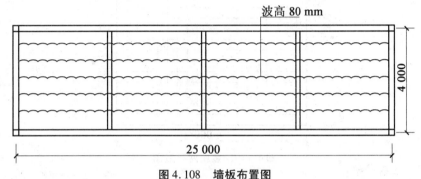

图 4.108　墙板布置图

【解】

清单工程量/m^2:$25 \times 4 = 100$

清单工程量计算见表 4.162。

表 4.162　清单工程量计算表

项目编码	项目名称	项目特征描述	计量单位	工程量
010605002001	压型钢板墙板	波高 80 mm 的压型钢板	m^2	100

【例 4.79】　钢直梯如图 4.109 所示,计算制作钢直梯的清单工程量。

【解】

清单工程量:

(1)扶手工程量/t:

6 mm 厚钢板的理论质量为 47.1 kg/m^2。

$47.1 \times (0.05 \times 2 + 0.038 \times 2) \times 4.2 \times 2 = 69.63$ kg $= 0.070$

(2)梯板工程量/t:

5 mm 厚钢板的理论质量为 39.2 kg/m^2。

$39.2 \times 0.6 \times 0.05 \times 11 = 12.94$ kg $= 0.013$

(3)总的预算工程量/t:

$0.070 + 0.013 = 0.083$

清单工程量计算见表 4.163。

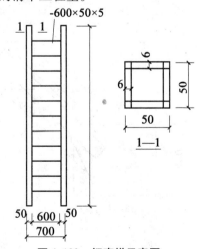

图 4.109　钢直梯示意图

表 4.163　　清单工程量计算表

项目编码	项目名称	项目特征描述	计量单位	工程量
010606008001	钢梯	5 mm 厚钢板,6 mm 厚钢板,钢直梯	t	0.083

【例 4.80】　金属网的布置如图 4.110 所示,试计算该金属网的清单工程量。

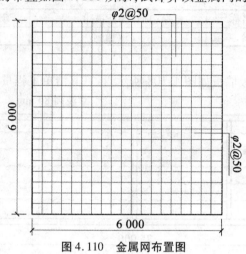

图 4.110　金属网布置图

【解】

金属网的清单工程量/m^2 = 6×6 = 36

清单工程量计算见表 4.164。

表 4.164　　清单工程量计算表

项目编码	项目名称	项目特征描述	计量单位	工程量
010607001001	金属网	$\varphi2$ 钢丝	m^2	36

【例 4.81】　某工程钢支撑如图 4.111 所示,钢屋架刷一遍防锈漆,一遍防火漆,试编制工程量清单计价表及综合单价计算表。

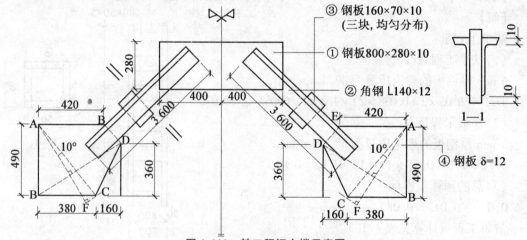

图 4.111　某工程钢支撑示意图

【解】

(1)工程量计算:

角钢($\llcorner$ 140×12)/kg:3.6×2×2×25.552＝367.95

钢板(δ10)/kg:0.8×0.28×78.5＝17.58

钢板(δ10)/kg:0.16×0.07×3×2×78.5＝5.28

钢板(δ12)/kg:(0.16＋0.38)×0.49×2×94.2＝49.85

工程量合计/t:440.66 kg＝0.441

(2)钢支撑。

①钢屋架支撑制作安装:

人工费/元:165.19×0.441＝72.85

材料费/元:4 716.47×0.441＝2 079.96

机械费/元:181.84×0.441＝80.19

②钢支撑刷一遍防锈漆:

人工费/元:26.34×0.441＝11.62

材料费/元:69.11×0.441＝30.48

机械费/元:2.86×0.441＝1.26

③钢屋架支撑刷二遍防火漆:

人工费/元:49.23×0.441＝21.71

材料费/元:133.64×0.441＝58.94

机械费/元:5.59×0.441＝2.47

④钢屋架支撑刷防火漆减一遍:

人工费/元:25.48×0.441＝11.24

材料费/元:67.71×0.441＝29.86

机械费/元:2.85×0.441＝1.26

(3)综合:

直接费合计/元:2 317.12

管理费/元:2 317.12×35%＝810.99

利润/元:2 317.12×5%＝115.86

总计/元:2 317.12＋810.99＋115.86＝3 243.97

综合单价/元:3 243.97÷0.441＝7 355.94

分部分项工程量清单计价见表4.165。

表 4.165　分部分项工程量清单计价表

序号	项目编码	项目名称	项目特征描述	计量单位	工程数量	金额/元		
						综合单价	合价	其中:直接费
1	010606001001	钢支撑	钢材品种,规格为:角钢$\llcorner$ 140×12;钢板厚10 mm:0.80×0.28;钢板厚10 mm:0.16×0.07;钢板厚12 mm:(0.16＋0.38)×0.49;钢支撑刷一遍防锈漆、防火漆	t	0.441	7 355.94	3 243.97	2 317.12

分部分项工程量清单综合单价计算见表 4.166。

表 4.166　分部分项工程量清单综合单价计算表

项目编号	010606001001			项目名称		钢支撑		计量单位			t
清单综合单价组成明细											
定额编号	工程内容	单位	数量	单价/元			合价/元				
				人工费	材料费	机械费	人工费	材料费	机械费	管理费和利润	
—	钢屋架支撑制作安装	t	0.441	165.19	4 716.47	181.84	72.85	2 079.96	80.19	893.2	
—	钢支撑刷一遍防锈漆	t	0.441	26.34	69.11	2.86	11.62	30.48	1.26	17.34	
—	钢屋架支撑刷两遍防火漆	t	0.441	49.23	133.64	5.59	21.71	58.94	2.47	33.25	
—	钢屋架支撑刷防火漆，减一遍	t	0.441	−25.48	−67.71	−2.85	−11.24	−29.86	−1.26	−16.94	
小计							94.94	2 139.52	82.66	926.85	
清单项目综合单价/元							7 355.94				

4.7　屋面及防水工程

4.7.1　工程量清单项目设置及工程量计算规则

1.瓦、型材屋面

工程量清单项目设置及工程量计算规则,应按表 4.167 的规定执行。

表 4.167　瓦、型材屋面(编码:010701)

项目编码	项目名称	项目特征	计量单位	工程量计算规则	工程内容
010701001	瓦屋面	1.瓦品种、规格、品牌、颜色 2.防水材料种类 3.基层材料种类 4.檩条种类、截面 5.防护材料种类	m²	按设计图示尺寸以斜面积计算。不扣除房上烟囱、风帽底座、风道、小气窗、斜沟等所占面积,小气窗的出檐部分不增加面积	1.骨架制作、运输、安装 2.屋面型材安装 3.接缝、嵌缝
010701002	型材屋面	1.型材品种、规格、品牌、颜色 2.骨架材料品种、规格 3.接缝、嵌缝材料种类			

续表 4.167

项目编码	项目名称	项目特征	计量单位	工程量计算规则	工程内容
010701003	膜结构屋面	1. 膜布品种、规格、颜色 2. 支柱(网架)钢材品种、规格 3. 钢丝绳品种、规格 4. 油漆品种、刷漆遍数	m²	按设计图示尺寸以需要覆盖的水平面积计算	1. 膜布热压胶接 2. 支柱(网架)制作、安装 3. 膜布安装 4. 穿钢丝绳、锚头锚固 5. 刷油漆

2. 屋面防水

工程量清单项目设置及工程量计算规则,应按表 4.168 的规定执行。

表 4.168　屋面防水(编码:010702)

项目编码	项目名称	项目特征	计量单位	工程量计算规则	工程内容
010702001	屋面卷材防水	1. 卷材品种、规格 2. 防水层做法 3. 嵌缝材料种类 4. 防护材料种类	m²	按设计图示尺寸以面积计算 1. 斜屋顶(不包括平屋顶找坡)按斜面积计算,平屋顶按水平投影面积计算 2. 不扣除房上烟囱、风帽底座、风道、屋面小气窗和斜沟所占面积 3. 屋面的女儿墙、伸缩缝和天窗等处的弯起部分,并入屋面工程量内	1. 基层处理 2. 抹找平层 3. 刷底油 4. 铺油毡卷材、接缝、嵌缝 5. 铺保护层
010702002	屋面涂膜防水	1. 防水膜品种 2. 涂膜厚度、遍数、增强材料种类 3. 嵌缝材料种类 4. 防护材料种类			1. 基层处理 2. 抹找平层 3. 涂防水膜 4. 铺保护层
010702003	屋面刚性防水	1. 防水层厚度 2. 嵌缝材料种类 3. 混凝土强度等级		按设计图示尺寸以面积计算。不扣除房上烟囱、风帽底座、风道等所占面积	1. 基层处理 2. 混凝土制作、运输、铺筑、养护
010702004	屋面排水管	1. 排水管品种、规格、品牌、颜色 2. 接缝、嵌缝材料种类 3. 油漆品种、刷漆遍数	m	按设计图示尺寸以长度计算。如设计未标注尺寸,以檐口至设计室外散水上表面垂直距离计算	1. 排水管及配件安装、固定 2. 雨水斗、雨水算子安装 3. 接缝、嵌缝
010702005	屋面天沟、沿沟	1. 材料品种 2. 砂浆配合比 3. 宽度、坡度 4. 接缝、嵌缝材料种类 5. 防护材料种类	m²	按设计图示尺寸以面积计算。铁皮和卷材天沟按展开面积计算	1. 砂浆制作、运输 2. 砂浆找坡、养护 3. 天沟材料铺设 4. 天沟配件安装 5. 接缝、嵌缝 6. 刷防护材料

3. 墙、地面防水、防潮

工程量清单项目设置及工程量计算规则,应按表 4.169 的规定执行。

表 4.169　墙、地面防水、防潮(编码:010703)

项目编码	项目名称	项目特征	计量单位	工程量计算规则	工程内容
010703001	卷材防水	1. 卷材、涂膜品种 2. 涂膜厚度、遍数、增强材料种类 3. 防水部位 4. 防水做法 5. 接缝、嵌缝材料种类 6. 防护材料种类	m²	按设计图示尺寸以面积计算 1. 地面防水:按主墙间净空面积计算,扣除凸出地面的构筑物、设备基础等所占面积,不扣除间壁墙及单个 0.3 m² 以内的柱、垛、烟囱和孔洞所占面积 2. 墙基防水:外墙按中心线,内墙按净长乘以宽度计算	1. 基层处理 2. 抹找平层 3. 刷黏结剂 4. 铺防水卷材 5. 铺保护层 6. 接缝、嵌缝
010703002	涂膜防水				1. 基层处理 2. 抹找平层 3. 刷基层处理剂 4. 铺涂膜防水层 5. 铺保护层
010703003	砂浆防水(潮)	1. 防水(潮)部位 2. 防水(潮)厚度、层数 3. 砂浆配合比 4. 外加剂材料种类			1. 基层处理 2. 挂钢丝网片 3. 设置分格缝 4. 砂浆制作、运输、摊铺、养护
010703004	变形缝	1. 变形缝部位 2. 嵌缝材料种类 3. 止水带材料种类 4. 盖板材料 5. 防护材料种类	m	按设计图示以长度计算	1. 清缝 2. 填塞防水材料 3. 止水带安装 4. 盖板制作 5. 刷防护材料

4. 其他相关问题

其他相关问题应按下列规定处理:

(1)小青瓦、水泥平瓦、琉璃瓦等,应按表 4.167 中瓦屋面项目编码列项。

(2)压型钢板、阳光板、玻璃钢等,应按表 4.167 中型材屋面编码列项。

4.7.2　工程量计算常用数据

1. 瓦屋面材料用量计算

各种瓦屋面的瓦及砂浆用量计算公式如下:

(1)100 m² 屋面瓦耗用量 $= \dfrac{100}{\text{瓦有效长度} \times \text{瓦有效宽度}} \times (1 + \text{损耗率})$

(2)每 100 m² 屋面脊瓦耗用量 $= \dfrac{11(9)}{\text{脊瓦长度} - \text{搭接长度}} \times (1 + \text{损耗率})$

(每 100 m² 屋面面积屋脊摊入长度:水泥瓦粘土瓦为 11 m,石棉瓦为 9 m。)

(3)每 100 m² 屋面瓦出线抹灰量/m³ = 抹灰宽×抹灰厚×

$$每100\ m^2\ 屋面摊入抹灰长度 \times (1 + 损耗率)$$

（每 100 m² 屋面面积摊入长度为 4 m。）

(4)脊瓦填缝砂浆用量/m³ = $\dfrac{脊瓦内圆面积 \times 70\%}{2} \times$

$$每100\ m^2\ 瓦屋面取定的屋脊长 \times$$
$$(1 - 砂浆孔隙率) \times (1 + 损耗率)$$

脊瓦用的砂浆量按照脊瓦半圆体积的 70% 计算;梢头抹灰宽度按 120 mm 计算,砂浆厚度按 30 mm 计算;铺瓦条间距为 300 mm。

瓦的选用规格、搭接长度以及综合脊瓦,梢头抹灰长度见表 4.170。

表 4.170　瓦的选用规格、搭接长度及综合脊瓦,梢头抹灰长度

项目	规格/mm		搭接/mm		有效尺寸/mm		每 100 m² 屋面摊入	
	长	宽	长向	宽向	长	宽	脊长	梢头长
黏土瓦	380	240	80	33	300	207	7 690	5 860
小青瓦	200	145	133	182	67	190	11 000	9 600
小波石棉瓦	1 820	720	150	62.5	1 670	657.5	9 000	—
大波石棉瓦	2 800	994	150	165.7	2 650	828.3	9 000	—
黏土脊瓦	455	195	55				11 000	
小波石棉脊瓦	780	180	200	1.5 波			11 000	
大波石棉脊瓦	850	460	200	1.5 波			11 000	

2.卷材屋面材量用量计算

$$每100\ m^2\ 屋面卷材用量/m^2 = \frac{100}{(卷材宽 - 横向搭接宽) \times (卷材长 - 顺向搭接宽)} \times$$
$$每卷卷材面积 \times (1 + 耗损率)$$

(1)卷材屋面的油毡搭接长度见表 4.171。

表 4.171　卷材屋面的油毡搭接长度

项目		单位	规范规定		定额取定	备注
			平顶	坡顶		
隔气层	长向	mm	50	50	70	油毡规格为 21.86 m × 0.915 m
	短向	mm	50	50	100	(每卷卷材按 2 个接头)
防水层	长向	mm	70	70	70	—
	短向	mm	100	150	100	(100 × 0.7 + 150 × 0.3)按 2 个接头

注:定额取定为搭接长向 70 mm,短向 100 mm,附加层计算 10.30 m²。

(2)每 100 m² 卷材屋面附加层含量见表 4.172。

表 4.172　每 100 m² 卷材屋面附加层含量

部位		单位	平檐口	檐口沟	天沟	檐口天沟	屋脊	大板端缝	过屋脊	沿墙
附加层	长度	mm	780	5 340	730	6 640	2 850	6 670	2 850	6 000
	宽度	mm	450	450	800	500	450	300	200	650

(3)卷材铺油厚度见表 4.173。

表 4.173　　屋面卷材铺油厚度

项目	底层	中层	面层	
			面层	带砂
规范规定	1.0 ~ 1.5 不大于 2 mm			2 ~ 4
定额取定	1.4	1.3	2.5	3

3. 屋面保温找坡层平均折算厚度

屋面保温找坡层平均折算厚度见表 4.174。

表 4.174　　屋面保温找坡层平均厚度折算表　　　　　　　　　　　　　m

跨度/m　坡度　类别	双坡					单坡				
	$\frac{1}{10}$	$\frac{1}{12}$	$\frac{1}{33.3}$	$\frac{1}{40}$	$\frac{1}{50}$	$\frac{1}{10}$	$\frac{1}{12}$	$\frac{1}{33.3}$	$\frac{1}{40}$	$\frac{1}{50}$
	10%	8.3%	3.0%	2.5%	2%	10%	8.3%	3.0%	2.5%	2%
4	0.100	0.083	0.030	0.25	0.020	0.200	0.167	0.060	0.050	0.040
5	0.125	0.104	0.038	0.31	0.025	0.250	0.208	0.075	0.063	0.050
6	0.150	0.125	0.045	0.038	0.030	0.300	0.250	0.090	0.075	0.060
7	0.175	0.146	0.053	0.044	0.035	0.350	0.292	0.105	0.088	0.070
8	0.200	0.167	0.060	0.050	0.040	0.400	0.333	0.120	0.100	0.080
9	0.225	0.188	0.068	0.056	0.045	0.450	0.375	0.135	0.113	0.090
10	0.250	0.208	0.075	0.063	0.050	0.500	0.416	0.150	0.125	0.100
11	0.275	0.229	0.083	0.069	0.055	0.550	0.458	0.165	0.138	0.110
12	0.300	0.250	0.090	0.075	0.060	0.600	0.500	0.180	0.150	0.120
13	—	0.271	0.098	0.081	0.065	—	0.195	0.163	0.130	—
14	—	0.292	0.105	0.088	0.070	—	0.210	0.175	0.140	—
15	—	0.312	0.113	0.094	0.075	—	0.225	0.188	0.150	—
18	—	0.375	0.135	0.113	0.090	—	0.270	0.225	1.180	—
21	—	0.437	0.158	0.131	0.105	—	0.315	0.263	0.210	—
24	—	0.500	0.180	0.150	0.120	—	0.360	0.30	0.240	—

4. 铁皮屋面单双咬口长度

铁皮屋面单双咬口长度见表 4.175。

表 4.175　　铁皮屋面单双咬口长度

项目	单位	立咬	平咬	铁皮规格	每张铁皮有效面积
单咬口	mm	55	30	1 800 × 900	1.496 m²
双咬口	mm	110	30	1 800 × 900	1.382 m²

铁皮咬口示意图如图 4.112 所示。

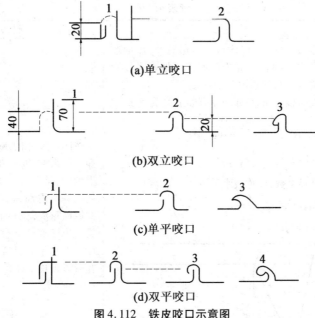

图4.112 铁皮咬口示意图

注:瓦垄铁皮规格为1 800 mm×600 mm,上下搭接长度为100 mm,短向搭接按左右压1.5 个波。

4.7.3 工程量计算常用公式

屋面及防水工程工程量计算见表4.176。

表4.176 屋面及防水工程工程量计算表

项目	计算公式	计算规则
屋面保温层	$V/\mathrm{m}^3 = S \times H$ 式中 S——所需铺保温层的屋面面积(m^2) H——所铺保温层的厚度(m)	保温隔热层应区别不同保温隔热材料,均按设计实铺厚度以立方米计算,另有规定者除外 墙体隔热层,均按墙中心线长乘以图示尺寸高度及厚度以立方米计算。应扣除门窗洞口和0.3 m^2 以上洞口所占体积 软木、泡沫塑料板铺贴在混凝土板下,按图示长、宽、厚的乘积,以立方米计算 聚苯乙烯泡沫板附墙铺贴(胶浆黏结)、混凝土板下粘贴(无龙骨胶浆黏结)项目,按图示尺寸以平方米计算,扣除门窗洞口和0.3 m^2 以上孔洞所占面积

续表 4.176

项目	计算公式	计算规则
瓦屋面	延迟系数的含义:在计算工程量时,将屋面或木基层的水平面积换算为斜面积或把水平投影长度换算为斜长的系数 由下图可以看出,C、A 与 θ 有如下关系: $$C = \frac{A}{\cos\theta}$$ 当 $A=1$ 时,$C = \frac{1}{\cos\theta}$ C 为延尺系数,或称坡水系数 D 为隔延尺系数,$D = \sqrt{A^2 + C^2}$ 当 $A=1$ 时,$D = \sqrt{1 + C^2}$ 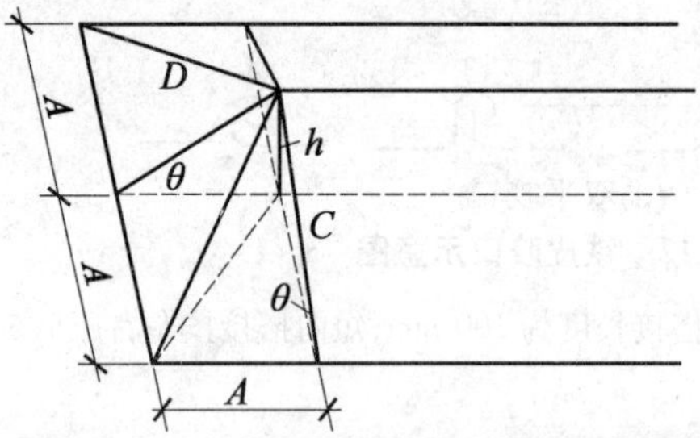 	按图示尺寸的水平投影面积乘以屋面延尺系数,以平方米计算。不扣除房上烟囱、风帽底座、风道、屋面小气窗和斜沟等所占面积。而屋面小气窗出檐与屋面重叠部分的面积亦不增加。但天窗出檐部分重叠的面积应并入相应屋面工程量内计算。琉璃瓦檐口线及瓦脊以延长米计算
卷材屋面	$$S/\text{m}^2 = S_{投} \times C + \sum (0.25L_1 + 0.5L_2)$$ 式中　$S_{投}$——屋面水平投影面积(m^2) 　　　　C——屋面延尺系数 　　　　L_1——女儿墙弯起部分长度(m) 　　　　L_2——天窗弯起部分长度(m)	按图示尺寸的水平投影面积乘以屋面延尺系数,以平方米计算。不扣除房上烟囱、风帽底座、风道、斜沟等所占面积。平屋面的女儿墙、天沟和天窗等处弯起部分和天窗出檐部分重叠的面积应按图示尺寸,并入相应屋面工程量内计算。若图纸无规定时,伸缩缝、女儿墙的弯起部分可按 25 cm 计算,天窗弯起部分可按 50 cm 计算,但是各部分的附加层已包括在项目内,不再另计
屋面找平层	$$挑檐面积/\text{m}^2 = L_外 \times 檐宽 + 4 \times 檐宽^2$$ $$栏板立面面积/\text{m}^2 = (L_外 + 8 \times 檐宽) \times 栏板高$$ $S/\text{m}^2 = $ 屋顶建筑面积(不含挑檐面积) + 　　　　挑檐面积 + 栏板立面面积 式中　$L_外$——外墙外边线长	找平层按主墙间净面积计算。应扣除凸出地面的构筑物、设备基础及室内铁道等所占的面积(不需作面层的地沟盖板所占的面积亦应扣除),不扣除柱、垛、间壁墙、附墙烟囱及 0.3 m^2 以内孔洞所占的面积,但门洞、空圈和暖气包槽、壁龛的开口部分亦不增加
屋面找坡层	$V/\text{m}^3 = $ 屋顶建筑面积 × 找平层平均厚度 = 　屋顶建筑面积 × [最薄处厚度 + 　$\frac{1}{2}$(找坡长度 × 坡度系数)] 式中　最薄处厚度——按施工图规定 　　　找坡长度——两面找坡时即为铺宽的一半 　　　坡度系数——按施工图规定	找坡层应区别不同保温隔热材料,均按设计实铺厚度以立方米计算,另有规定者除外

续表 4.176

项目	计算公式	计算规则
屋面排水水落管	$S/m^2 = [0.4 \times (H + H_差 - 0.2) + 0.85] \times 道数$ 式中　H——房屋檐高(m) 　　　$H_差$——室内外高差(m) 　　　0.2——出水口到室外地坪距离及水斗高度(m) 　　　0.85——规定水斗和下水口的展开面积(m^2)	铁皮排水管按表 4.177 规定以展开面积计算
平屋面面积	$S = S_投影 \times C$ 式中　$S_投影$——图示尺寸的水平投影面积(m^2) 　　　C——延尺系数	按图示尺寸的水平投影面积乘以屋面延尺系数,以平方米计算,不扣除房上烟囱、风帽底座、风道斜沟等所占面积
坡屋面面积	$\begin{array}{c}两坡水屋面\\的实际面积\end{array} = \begin{array}{c}屋面水平\\投影面积\end{array} \times \begin{array}{c}两坡水\\斜长系数\end{array}$ $\begin{array}{c}四坡水屋面\\的实际面积\end{array} = \begin{array}{c}水平投影\\宽度的一半\end{array} \times \begin{array}{c}四坡水\\斜长系数\end{array}$ 	按图示尺寸的水平投影面积乘以屋面延尺系数,以平方米计算。不扣除房上烟囱、风帽底座、风道、屋面小气窗和斜沟等所占面积,而屋面小气窗出檐与屋面重叠部分的面积亦不增加,但天窗出檐部分重叠的面积应并入相应屋面工程量内计算。琉璃瓦檐口线及瓦脊以延长米计算

表 4.177　铁皮排水管展开面积计算

名称	单位	折算/m^2	名称	单位	折算/m^2
圆形水落管	m	0.32	斜沟、天窗窗台泛水	m	0.50
方形水落管	m	0.40	天窗侧面泛水	m	0.70
檐沟	m	0.30	烟囱泛水	m	0.80
水斗	个	0.40	通风管泛水	m	0.22
漏斗	个	0.16	檐头泛水	m	0.24
下水口	个	0.45	滴水	m	0.11
天沟	m	1.30			

4.7.4　工程量计算应用实例

【例 4.82】　某仓库屋面为铁皮排水天沟如图 4.113 所示,排水天沟长 20 m,试计算该排水天沟所需铁皮工程量。

【解】　工程量$/m^2 = 20 \times (0.045 \times 2 + 0.056 \times 2 + 0.16 \times 2 + 0.09) = 12.24$

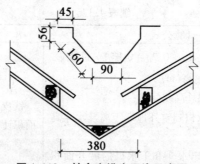

图 4.113　某仓库排水天沟示意图

【例 4.83】　某金属压型板单坡屋面如图 4.114 所示,檩距为 6 m,计算其清单工程量。

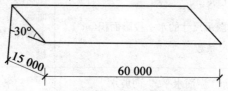

图 4.114　金属压型板单坡屋面示意图

【解】

清单工程量:

$$S/\mathrm{m}^2 = 60 \times \sqrt{15^2 + (15 \times \tan 30°)^2} = 1\,039.23$$

清单工程量计算见表 4.178。

表 4.178　清单工程量计算表

项目编码	项目名称	项目特征描述	计量单位	工程量
010701002001	型材屋面	金属压型板,檩距 6 m	m²	1 039.23

【例 4.84】　一屋面采用屋面刚性防水,如图 4.115 所示,计算其清单工程量。

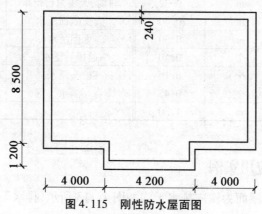

图 4.115　刚性防水屋面图

【解】

清单工程量/m²:

$$(4.0 + 4.2 + 4.0) \times 8.5 + 1.2 \times 4.2 = 108.74$$

清单工程量计算见表 4.179。

表 4.179　清单工程量计算表

项目编码	项目名称	项目特征描述	计量单位	工程量
010702003001	屋面刚性防水	40 mm 厚 1:2 防水砂浆防水	m²	108.74

【例 4.85】　某墙基防水如图 4.116 所示,采用苯乙烯涂料两遍,试计算该涂膜防水的清单工程量。

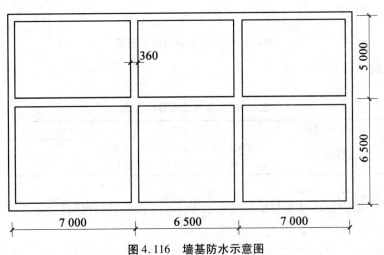

图 4.116　墙基防水示意图

【解】

清单工程量:

(1)外墙基的工程量/m²:

$(7.0+6.5+7.0+6.5+5.0) \times 2 \times 0.36 = 23.04$

(2)内墙基的工程量/m²:

$[(7.0 \times 2 + 6.5 - 0.36) + (5.0 - 0.36) \times 2 + (6.5 - 0.36) \times 2] \times 0.36 = 15.01$

(3)总的预算工程量/m²:

$23.04 + 15.01 = 38.05$

清单工程量计算见表 4.180。

表 4.180　清单工程量计算表

项目编码	项目名称	项目特征描述	计量单位	工程量
010703002001	涂膜防水	墙基防水,苯乙烯涂料两遍	m²	38.05

【例 4.86】　刚性防水屋面如图 4.117 所示,采用 40 mm 厚 1:2 防水砂浆,油膏嵌缝,50 mm厚 C30 细石混凝土,计算其清单工程量。

【解】

清单工程量:

$S/m^2 = 13 \times 72 = 936$

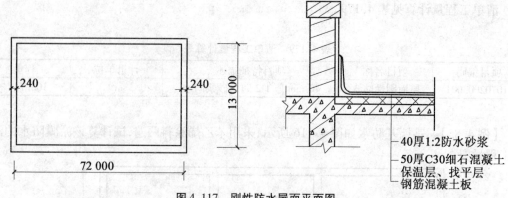

40厚1:2防水砂浆
50厚C30细石混凝土
保温层、找平层
钢筋混凝土板

图4.117　刚性防水屋面平面图

清单工程量计算见表4.181。

表4.181　清单工程量计算表

项目编码	项目名称	项目特征描述	计量单位	工程量
010702003001	屋面刚性防水	40 mm 厚 1:2 防水砂浆,油膏嵌缝,50 mm 厚 C30 细石混凝土	m²	936

【例4.87】　沥青玻璃布卷材楼面防水如图4.118所示,试计算其清单工程量。

【解】

清单工程量:

$$S/\text{m}^2 = (14-0.24) \times (5-0.24) + 14 \times (7-0.24) + [(14-0.24) \times 2 + (19-0.24) \times 2] \times 0.4 = 186.15$$

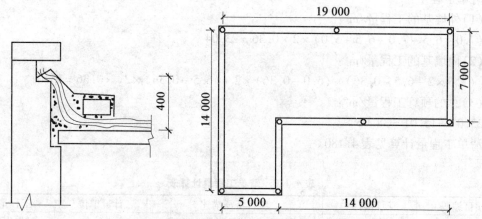

图4.118　沥青玻璃布卷材楼面防水示意图

清单工程量计算见表4.182。

表4.182　清单工程量计算表

项目编码	项目名称	项目特征描述	计量单位	工程量
010703001001	卷材防水	沥青玻璃布卷材楼面防水	m²	186.15

【例 4.88】 某地下室如图 4.119 所示,1:3 水泥砂浆找平 20 mm 厚,三元乙丙橡胶卷材防水(冷贴满铺),外墙防水高度做到 ±0.000,试计算卷材防水工程量。

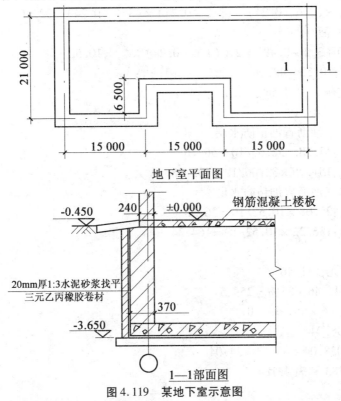

地下室平面图

1—1部面图
图 4.119 某地下室示意图

【解】

(1)卷材防水(平面)工程量/m²:$(45.00 + 0.50) \times (21.00 + 0.50) -$
$$6.50 \times (15.00 - 0.50) = 884$$

(2)卷材防水(立面)工程量/m²:$(45.00 + 0.50 + 21.00 + 0.50 + 6.50) \times 2 \times$
$$(3.65 + 0.12) = 554.19$$

【例 4.89】 地面防水(二毡三油)如图 4.120 所示,不考虑找平层。试编制工程量清单计价表及综合单价计算表。

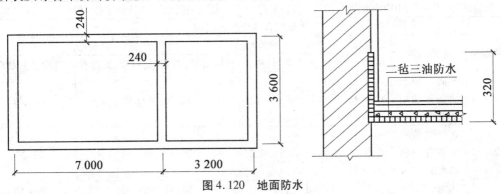

图 4.120 地面防水

【解】

依据某省建筑工程消耗量定额价目表计取有关费用。

(1)编制分部分项清单工程量。

1)二毡三油平面/m²：

$(7.0-0.24)\times(3.6-0.24)+(3.2-0.24)\times(3.6-0.24)=32.66$

2)二毡三油立面/m²：

$0.32\times[(7.0+3.2-0.48)\times2+(3.6-0.24)\times4]=10.52$

合计：$32.66+10.52=43.18$

(2)消耗量定额工程量/m²：

$32.66+10.52=43.18$

(3)平面二毡三油沥青油毡防水层。

1)人工费/元：$17.38\times32.66/10=56.76$

2)材料费/元：$151.25\times32.66/10=493.98$

(4)立面二毡三油沥青油毡防水层。

1)人工费/元：$25.08\times10.52/10=26.38$

2)材料费/元：$156.22\times10.52/10=164.34$

(5)综合。

直接费合计/元：741.46

管理费/元：$741.46\times35\%=259.51$

利润/元：$741.46\times5\%=37.07$

合价/元：1 038.04

综合单价：$1\ 038.04\div43.18=24.04$

结果见表4.183和表4.184。

表4.183　分部分项工程量清单计价表

序号	项目编码	项目名称	项目特征描述	计量单位	工程数量	金额/元		
						综合单价	合价	其中:直接费
1	010703001001	二毡三油防水	二毡三油防水	m²	43.18	24.04	1 038.04	741.46

表4.184　分部分项工程量清单综合单价计算表

项目编号	010703001001		项目名称	二毡三油防水	计量单位	m²

清单综合单价组成明细

定额编号	定额内容	定额单位	数量	单价/元			合价/元			
				人工费	材料费	机械费	人工费	材料费	机械费	管理费和利润
6-2-14	平面二毡三油沥青油毡防水层	10 m²	3.266	17.38	151.25	—	56.76	493.98		220.30
6-2-15	立面二毡三油沥青油毡防水层	10 m²	1.052	25.08	156.22	—	26.38	164.34		76.29
人工单价			小　计				83.14	658.32	—	296.59
28 元/工日			未计价材料费				—			
清单项目综合单价/元							24.04			

4.8　防腐、隔热、保温

4.8.1　工程量清单项目设置及工程量计算规则

1. 防腐面层

工程量清单项目设置及工程量计算规则,应按表 4.185 的规定执行。

表 4.185　防腐面层(编码:010801)

项目编码	项目名称	项目特征	计量单位	工程量计算规则	工程内容
010801001	防腐混凝土面层	1. 防腐部位 2. 面层厚度 3. 砂浆、混凝土、胶泥种类	m²	按设计图示尺寸以面积计算 1. 平面防腐:扣除凸出地面的构筑物、设备基础等所占面积 2. 立面防腐:砖垛等突出部分按展开面积并入墙面积内	1. 基层清理 2. 基层刷稀胶泥 3. 砂浆制作、运输、摊铺、养护 4. 混凝土制作、运输、摊铺、养护
010801002	防腐砂浆面层				
010801003	防腐胶泥面层				1. 基层清理 2. 胶泥调制、摊铺
010801004	玻璃钢防腐面层	1. 防腐部位 2. 玻璃钢种类 3. 贴布层数 4. 面层材料品种			1. 基层清理 2. 刷底漆、刮腻子 3. 胶浆配制、涂刷 4. 黏布、涂刷面层
010801005	聚氯乙烯板面层	1. 防腐部位 2. 面层材料品种 3. 黏结材料种类		按设计图示尺寸以面积计算 1. 平面防腐:扣除凸出地面的构筑物、设备基础等所占面积 2. 立面防腐:砖垛等突出部分按展开面积并入墙面积内 3. 踢脚板防腐:扣除门洞所占面积并相应增加门洞侧壁面积	1. 基层清理 2. 配料、涂胶 3. 聚氯乙烯板铺设 4. 铺贴踢脚板
010801006	块料防腐面层	1. 防腐部位 2. 块料品种、规格 3. 黏结材料种类 4. 勾缝材料种类			1. 基层清理 2. 砌块料 3. 胶泥调制、勾缝

2. 其他防腐

工程量清单项目设置及工程量计算规则,应按表 4.186 的规定执行。

表 4.186　　其他防腐(编码:010802)

项目编码	项目名称	项目特征	计量单位	工程量计算规则	工程内容
010802001	隔离层	1. 隔离层部位 2. 隔离层材料品种 3. 隔离层做法 4. 黏贴材料种类	m²	按设计图示尺寸以面积计算 　1. 平面防腐:扣除凸出地面的构筑物、设备基础等所占面积 　2. 立面防腐:砖垛等突出部分按展开面积并入墙面积内	1. 基层清理、刷油 2. 煮沥青 3. 胶泥调制 4. 隔离层铺设
010802002	砌筑沥青浸渍砖	1. 砌筑部位 2. 浸渍砖规格 3. 浸渍砖砌法(平砌、立砌)	m³	按设计图示尺寸以体积计算	1. 基层清理 2. 胶泥调制 3. 浸渍砖铺砌
010802003	防腐涂料	1. 涂刷部位 2. 基层材料类型 3. 涂料品种、刷涂遍数	m²	按设计图示尺寸以面积计算 　1. 平面防腐:扣除凸出地面的构筑物、设备基础等所占面积 　2. 立面防腐:砖垛等突出部分按展开面积并入墙面积内	1. 基层清理 2. 刷涂料

3. 隔热、保温

工程量清单项目设置及工程量计算规则,应按表 4.187 的规定执行。

表 4.187　　隔热、保温(编码:010803)

项目编码	项目名称	项目特征	计量单位	工程量计算规则	工程内容
010803001	保温隔热屋面	1. 保温隔热部位 2. 保温隔热方式(内保温、外保温、夹心保温) 3. 踢脚线、勒脚线保温做法 4. 保温隔热面层材料品种、规格、性能 5. 保温隔热材料品种、规格及厚度 6. 隔气层厚度 7. 黏结材料种类 8. 防护材料种类	m²	按设计图示尺寸以面积计算。不扣除柱、垛所占面积	1. 基层清理 2. 铺黏保温层 3. 刷防护材料
010803002	保温隔热天棚				
010803003	保温隔热墙			按设计图示尺寸以面积计算。扣除门窗洞口所占面积;门窗洞口侧壁需做保温时,并入保温墙体工程量内	1. 基层清理 2. 底层抹灰 3. 黏贴龙骨 4. 填贴保温材料 5. 黏贴面层 6. 嵌缝 7. 刷防护材料
010803004	保温柱			按设计图示以保温层中心线展开长度乘以保温层高度计算	
010803005	隔热楼地面			按设计图示尺寸以面积计算。不扣除柱、垛所占面积	1. 基层清理 2. 铺设黏贴材料 3. 铺贴保温层 4. 刷防护材料

4. 其他相关问题

其他相关问题应按下列规定处理:

(1)保温隔热墙的装饰面层,应按《建设工程工程量清单计价规范》(GB 50500—2008)B.2 中相关项目编码列项。

(2)柱帽保温隔热应并入天棚保温隔热工程量内。

(3)池槽保温隔热,池壁、池底应分别编码列项,池壁应并入墙面保温隔热工程量内,池底应并入地面保温隔热工程量内。

4.8.2　工程量计算常用数据

1. 沥青胶泥施工配合比

沥青胶泥施工配合比见表 4.188。

表 4.188　沥青胶泥施工配合比

沥青软化点/℃	配合比(重量计)			胶泥软化点/℃	适用部位
	沥青	粉料	石棉		
75	100	30	5	75	隔离层用
90~110	100	30	5	95~110	
75	100	80	5	95	灌缝用
90~110	100	80	5	110~115	
75	100	100	5	95	铺砌平面板块材用
90~110	100	100	10~15	120	
65~75	100	150	5	105~110	铺砌立面板块材用
90~110	100	150	10~5	125~35	
65~75	100	200	5	120~145	灌缝法铺砌平面结合层用
90~110	100	200	10~5	>145	
75	100	—	25	70~90	铺贴卷材

注:1. 配制耐热稳定性大于 70 ℃的沥青胶泥,可采用掺加沥青用量 5%左右的硫磺提高沥青软化点。

2. 沥青胶泥的比重为 1.35~1.48。

2. 沥青砂浆和沥青混凝土施工配合比

沥青砂浆和沥青混凝土施工配合比见表 4.189。

表 4.189　沥青砂浆和沥青混凝土施工配合比

种类	配合比(重量计)								适用部位
	石油沥青			粉料	石棉	砂子	碎石/mm		
	30 号	10 号	55 号				5~20	20~40	
沥青砂浆	100	—	—	166	—	466	—	—	砌筑用
	100	—	—	100	5~8	100~200	—	—	涂抹用
	—	100	—	150	—	583	—	—	砌筑用
	—	50	50	142	—	567	—	—	面层用
	—	—	—	100	—	400	—	—	砌筑用

种类	配合比(重量计)								适用部位
	石油沥青			粉料	石棉	砂子	碎石/mm		
	30 号	10 号	55 号				5~20	20~40	
沥青混凝土	100	—	—	90	—	360	140	310	作面层用
	100	—	—	67	—	244	266	—	
	—	—	100	100	—	500	300	—	
	—	50	50	84	—	333	417	—	
	—	—	—	33	—	400	300	—	

注:涂抹立面的沥青砂浆,抗压强度可不受限制。

3. 改性水玻璃混凝土配合比

改性水玻璃混凝土配合比见表 4.190。

表 4.190　改性水玻璃混凝土配合比

改性水玻璃溶液					氟硅酸钠	辉绿岩粉	石英砂	石英碎石
水玻璃	糠醇	六羟树脂	NNO	木钙				
100	3~5	—	—	—	15	180	250	320
100	—	7~8	—	—	15	190	270	345
100	—	—	10	—	15	190	270	345
100	—	—	—	2	15	210	230	320

注:1. 糠醇为淡黄色或微棕色液体,要求纯度 95% 以上,密度 1.278~1.296;六羟树脂为微黄色透明液体,要求固体含量 40%,游离醛不大于 2%~3%,NNO 呈粉状,要求硫酸钠含量小于 3%,PH 值 7~9;木钙为黄棕色粉末,密度 1.055,碱木素含量大于 55%,PH 值为 4~6。

2. 糠醇改性水玻璃溶液另加糠醇用量 3%~5% 的催化剂盐酸苯胺,盐酸苯胺要求纯度 98% 以上,细度通过 0.25 mm 筛孔。NNO 配成 1:1 水溶液使用;木钙加 9 份水配成溶液使用,表中为溶液掺量。氟硅酸钠纯度按 100% 计。

4. 各种胶泥、砂浆、混凝土、玻璃钢用料计算

各种胶泥、砂浆、混凝土和玻璃钢用料按下列公式计算(均按重量比计算):

设甲、乙、丙三种材料密度分别为 A、B、C,配合比分别为 a、b、c,则单位用量 $G = \dfrac{1}{a+b+c}$

甲材料用量(重量) $= G \times a$

乙材料用量(重量) $= G \times b$

丙材料用量(重量) $= G \times c$

配合后 1 m³ 砂浆(胶泥)重量/kg: $\dfrac{1}{\dfrac{G \times a}{A} + \dfrac{G \times b}{B} + \dfrac{G \times c}{C}}$

1 m³ 砂浆(胶泥)需要各种材料重量分别为:

甲材料/kg:1 m³ 砂浆(胶泥)重量 $\times G \times a$

乙材料/kg:1 m³ 砂浆(胶泥)重量 $\times G \times b$

丙材料/kg:1 m³ 砂浆(胶泥)重量 $\times G \times c$

注:树脂胶泥中的稀释剂:例如丙酮、乙醇、二甲苯等在配合比计算中未有比例成分,而是按取定值直接算入的具体见表 4.191。

表 4.191　树脂胶泥中的稀释剂考取定值

种类 材料名称	环氧胶泥	酚醛胶泥	环氧酚 醛胶泥	环氧呋 喃胶泥	环氧煤 焦油胶泥	环氧打底 材料
丙酮	0.10	—	0.06	0.06	0.04	1.00
乙醇	—	0.06	—	—	—	—
乙二胺苯磺酰氯	0.08	—	0.05	0.05	0.04	0.07
二甲苯	—	0.08	—	—	0.10	—

5.块料面层用料计算

（1）块料：

$$每 100\ m^2\ 块料用量 = \frac{100}{(块料长 + 灰缝宽) \times (块料宽 + 灰缝宽)}（另加损耗）$$

（2）胶料（各种胶泥或砂浆）：

计算量 = 结合层数量 + 灰缝胶料计算量（另加损耗）

其中：每 100 m^2 灰缝胶料计算量 = （100 − 块料长 × 块料宽 × 块数）× 灰缝深度。

（3）水玻璃胶料基层涂稀胶泥用量为 0.2 m^3/100 m^2。

（4）表面擦拭用的丙酮，按 0.1 kg/m^2 计算。

（5）其他材料费按每 100 m^2 用棉纱 2.4 kg 计算。

6.保温隔热材料计算

（1）胶结料的消耗量按隔热层不同部件以及缝厚的要求按实计算。

（2）熬制 1 kg 沥青损耗用木柴为 0.46 kg。

（3）关于稻壳损耗率问题，只包括了施工损耗 2%，晾晒损耗 5%，总共 7%。施工后墙体、屋面松散稻壳的自然沉陷损耗，未包括在定额内。露天堆放损耗约 4%（包括运输损耗），应计算在稻壳的预算价格内。

7.每 100 m^2 胶结料（沥青）参考消耗量

每 100 m^2 胶结料（沥青）参考消耗量见表 4.192。

表 4.192　每 100 m^2 胶结料（沥青）参考消耗量　　　　　　　　　　kg

隔热材料名称	缝厚 /mm	墙体、柱子、吊顶				楼地面	
		独立墙体		附墙、柱子、吊顶		基本层厚	
		基本层 厚100	基本层 厚200	基本层 100	基本层 厚200	100	200
软木板	4	47.41	—	—	—	—	—
软木板	5	—	93.50	—	—	115.50	—
聚苯乙烯泡沫塑料	4	47.41	—	—	—	—	—
聚苯乙烯泡沫塑料	5	—	—	93.50	—	115.50	—
加气混凝土块	5	—	34.10	—	60.50	—	—
膨胀珍珠岩板	4	—	—	93.50	—	—	60.50
稻壳板	4	—	—	93.50	—	—	—

注：1. 表内所示沥青用量未加耗损。

2. 独立板材墙体、吊顶的木框架以及龙骨所占体积已按设计扣除。

4.8.3 工程量计算常用公式

防腐、隔热、保温工程工程量计算见表4.193。

表4.193 防腐、隔热、保温工程工程量计算表

项目	计算公式	计算规则
隔离层、防腐涂料	实铺防腐 = 图示墙体间净空面积 − 应扣除的凸出地面物所占面积 + 踏脚板实铺面积	按设计图示尺寸以面积计算 1.平面防腐:扣除凸出地面的构筑物、设备基础等所占面积 2.立面防腐:砖垛等突出部分按展开面积并入墙面积内 3.踢脚板防腐:扣除门洞所占面积并相应增加门洞侧壁面积
砌筑沥青浸渍砖	V = 长度 × 高度 × 厚度	按设计图示尺寸以体积计算
保温隔热墙	墙面保温层 = 保温层长度 × 高度 − 门窗洞口所占面积 + 门窗洞口侧壁增加	按设计图示尺寸以面积计算。扣除门窗洞口所占面积;门窗洞口侧壁需做保温时,并入保温墙体工程量内
保温柱	柱面保温层 = 保温层中心线长度 × 高度	按设计图示以保温层中心线展开长度乘以保温层高度计算

4.3.4 工程量计算应用实例

【例4.90】 某重晶石混凝土台阶尺寸如图4.121所示,试计算其清单工程量。

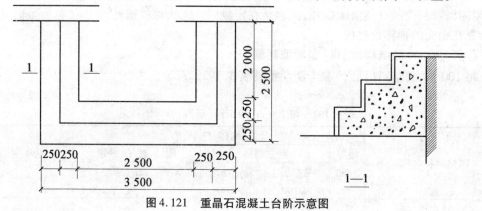

图4.121 重晶石混凝土台阶示意图

【解】

清单工程量:

根据表4.185可知,防腐混凝土面层的工程量是按设计图示尺寸以面积计算的,则

重晶石混凝土台阶面层的工程量/m²:3.5 × 2.5 = 8.75

清单工程量计算见表4.194。

表4.194 清单工程量计算表

项目编码	项目名称	项目特征描述	计量单位	工程量
010801001001	防腐混凝土面层	台阶,重晶石防腐混凝土	m²	8.75

【例 4.91】　重晶石砂浆面层如图 4.122 所示,厚度为 70 mm,计算其工程量。

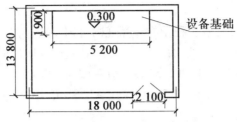

图 4.122　重晶石砂浆面层示意图

【解】

重晶石砂浆面层(图 4.122)工程量按图示尺寸计算,面积以平方米为单位,并扣除 0.3 m² 以上孔洞,突出地面的设备基础等所占的面积,其工程量计算如下:

工程量$/m^3 = [(18-0.24) \times (13.8-0.24) - 1.9 \times 5.2 + 0.12 \times 2.1] \times 0.07 = 17.53$

【例 4.92】　块料耐酸瓷砖示意图如图 4.123 所示,瓷砖、结合层、找平层厚度均为 90 mm,试计算其工程量。

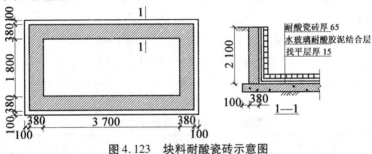

图 4.123　块料耐酸瓷砖示意图

【解】

(1)池底板耐酸瓷砖工程量:

$S_1/m^2 = 3.7 \times 1.8 = 6.66$

(2)池壁耐酸瓷砖工程量:

$S_2/m^2 = (3.7+1.8-2 \times 0.09) \times 2 \times (2.1-0.09) = 21.39$

【例 4.93】　某地面如图 4.124 所示,采用双层耐酸沥青胶泥黏青石板(180 mm × 110 mm × 30 mm),踢脚板高 150 mm,厚度为 20 mm,计算其清单工程量。

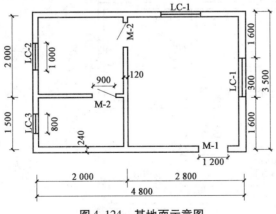

图 4.124　某地面示意图

【解】

清单工程量：

根据工程量清单项目设置及工程量的计算规则可知,块料防腐面层按设计图示尺寸以平方米计算,在平面防腐中扣除凸出地面的构筑物、设备基础等所占面积。

地面面积/m²:$[(2.0-0.18)\times(1.5-0.18)+(2.0-0.18)\times(2.0-0.18)+$

$\qquad(2.8-0.18)\times(3.5-0.24)]+0.9\times0.12\times2+1.2\times0.24=$

$\qquad14.76$

踢脚板防腐是按设计图示尺寸以平方米计算的,应扣除门洞所占的面积并相应增加侧壁展开面积。

踢脚板长度/m:$(4.8-0.24-0.12)\times2+(3.5-0.24)\times2+$

$\qquad[(3.5-0.24-0.12)+(2.0-0.18)]\times2=$

$\qquad25.32$

应扣除的面积：

门洞口所占面积/m²:$(1.2+0.9\times4)\times0.15=0.72$

应增加的面积：

侧壁展开面积/m²:$(0.12\times0.15\times2+0.12\times0.15\times4)=0.11$

则踢脚板的工程量/m²:$25.32\times0.15+0.11-0.72=3.19$

清单工程量计算见表 4.195。

表 4.195　　清单工程量计算表

项目编码	项目名称	项目特征描述	计量单位	工程量
010801006001	块料防腐面层	双层耐酸沥青胶泥黏青石板地面,厚度为 20 mm	m²	14.76
010801006002	块料防腐面层	双层耐酸沥青胶泥粘青石板踢脚板,高 150 mm	m²	3.19

【例 4.94】　某墙面如图 4.125 所示,用过氯乙烯漆耐酸防腐涂料抹灰 25 mm 厚,其中底漆一遍,计算其清单工程量。

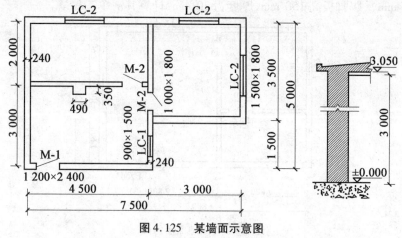

图 4.125　某墙面示意图

【解】

清单工程量:

根据表4.186可知,防腐涂料是按设计图示尺寸以"m^2"计算的,平面防腐扣除凸出地面的构筑物、设备基础等所占的面积,立面防腐砖垛等突出部分按展开面积并入墙面积内。由图可知,墙高为3m。

墙面长度/m:$(4.5-0.24)\times4+(3.0-0.24)\times2+(2.0-0.24)\times$
$$2+(3.0-0.24)\times2+(3.5-0.24)\times2=38.12$$

应扣除面积:

门窗洞口面积/m^2:$1.2\times2.4+0.9\times1.5\times1+1.8\times4+1.5\times1.8\times3=19.53$

应增加的面积:

砖垛展开面积/m^2:$0.35\times2\times3=2.1$

墙面工程量/m^2:$38.12\times3+2.1-19.53=96.93$

清单工程量计算见表4.196。

表4.196　清单工程量计算表

项目编码	项目名称	项目特征描述	计量单位	工程量
010802003001	防腐涂料	墙面,过氯乙烯漆耐酸防腐涂料抹灰25 mm厚	m^2	96.93

【例4.95】　某仓库如图4.126所示,仓库防腐地面、踢脚线抹铁屑砂浆,厚度为20 mm,试计算防腐砂浆工程量。

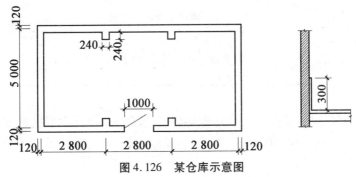

图4.126　某仓库示意图

【解】

防腐工程项目,应区分不同防腐材料种类及其厚度,按设计实铺面积以平方米计算。应扣除凸出地面的构筑物、设备基础等所占的面积,砖垛等突出墙面部分按展开面积计算后并入墙面防腐工程量之内。

踢脚板按实铺长度乘以高度以平方米计算,应扣除门洞所占面积并相应增加侧壁展开面积。

(1)地面防腐砂浆工程量/m^3:$(8.40-0.24)\times(5.00-0.24)=38.84$

(2)踢脚线防腐砂浆工程量/m^3:$[(8.4-0.24+0.24\times4+5.00-0.24)\times$
$$2-1.00+0.12\times2]\times0.3=8.1$$

【例4.96】　某顶棚尺寸如图4.127所示,采用聚苯乙烯塑料板保温层,厚80 mm,试计算其清单工程量。

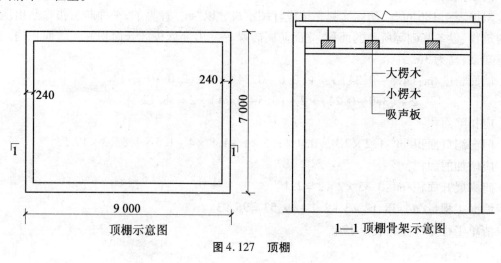

顶棚示意图　　　　　　　　　　　1—1 顶棚骨架示意图

图4.127　顶棚

【解】

清单工程量:

根据表4.187可知,保温隔热顶棚按设计图示尺寸以面积计算,不扣除柱、垛所占面积。则,聚苯乙烯塑料顶棚保温层的工程量为

$$S/m^3 = (9.0 - 0.24 \times 2) \times (7.0 - 0.24 \times 2) = 55.55$$

清单工程量计算见表4.197。

表4.197　清单工程量计算表

项目编码	项目名称	项目特征描述	计量单位	工程量
010803002001	保温隔热顶棚	顶棚,聚苯乙烯塑料板保温层(80 mm 厚)	m²	55.55

【例4.97】　某房间地面面层为水玻璃混凝土,厚50 mm。业主根据施工图计算,该水玻璃混凝土地面面层面积为65.80 m²。试编制工程量清单计价表及综合单价计算表。

【解】

1. 清单工程量计算

防腐混凝土面层:65.80 m²

2. 消耗量定额工程量计算

(1)水玻璃混凝土地面面层,厚60 mm。

①人工费/元:12.84 × 65.80 = 844.87

②材料费/元:49.17 × 65.80 = 3 235.39

③机械费/元:2.50 × 65.80 = 164.5

(2)水玻璃混凝土地面面层,减10 mm。

①人工费/元:1.88 × 65.80 = 123.70

②材料费/元:4.06×65.80=267.15

③机械费/元:0.28×65.80=18.42

(3)综合。

直接费合计/元:3 835.49

管理费/元:3 835.49×35%=1 342.42

利润/元:3 835.49×5%=191.77

合价/元:3 835.49+1 342.42+191.77=5 369.68

综合单价/元:5 369.68÷65.80=81.61

结果见表4.198和表4.199。

表4.198　分部分项工程量清单计价表

序号	项目编码	项目名称	项目特征描述	计量单位	工程数量	金额/元		
						综合单价	合价	其中:直接费
1	010801001001	防腐混凝土面层	防腐混凝土面层 地面面层 厚度为50 mm 水玻璃混凝土	m²	65.80	81.61	5 369.68	3 835.49

表4.199　分部分项工程量清单综合单价计算表

项目编号	010801001001			项目名称		防腐混凝土面层		计量单位		m²
清单综合单价组成明细										
定额编号	定额内容	定额单位	数量	单价/元			合价/元			
				人工费	材料费	机械费	人工费	材料费	机械费	管理费和利润
装饰1-121	水玻璃混凝土地面面层厚60 mm	m²	65.80	12.84	49.17	2.50	844.87	3 235.39	164.5	1 697.90
装饰1-122	水玻璃混凝土地面面层减10 mm	m²	65.80	-1.88	-4.06	-0.28	-123.70	-267.15	-18.42	-163.71
人工单价		小 计					721.17	2 968.24	146.08	1 534.19
28元/工日		未计价材料费					—			
清单项目综合单价/元							81.61			

第5章 建筑工程竞争性投标报价的编制

5.1 建设工程招标与投标

5.1.1 招标投标的基本概念

(1)招标是招标单位就拟建设的工程项目发出要约邀请,对应邀请参与竞争的承包(供应)商进行审查、评选,并择优作出承诺,从而确定工程项目建设承包人的活动。它是招标单位订立建设工程合同的准备活动。

(2)投标是投标单位针对投标单位的要约邀请,以明确的价格、期限、质量等具体条件,向招标单位发出要约,通过竞争获得经营业务的活动。建设工程招标与投标,是承发包双方合同管理工程项目的首要环节。

(3)开标是指招标人在规定的时间和地点,在要求投标人参加的情况下,当众拆开资料(包括投标函件),宣布各投标人的名称、投标报价、工期等情况。

(4)评标是指招标人根据招标文件的要求,对投标人所报送的投标资料进行审查,对工程施工组织设计、报价、质量、工期等条件进行分析和评比。评标是招投标的核心工作。投标的目的也是为了中标,而决定目标能否实现的关键是评标。

(5)中标是指招标人以中标通知书的形式,正式通知投标人已被择优录取。这对于投标人来说就是中了标;对于招标人来说,就是接受了投标人的标。

5.1.2 招标投标的目的和特点

招标投标是在市场经济条件下进行建设工程、货物买卖、财产租售和中介服务等经济活动的一种竞争和交易形式,其特征是引入竞争机制以求达成交易协议和订立合同,它兼有经济活动和民事法律行为两种性质。建设工程招标投标的目的则是在工程建设中引进竞争机制,择优选定勘察、设计、设备安装、施工、装饰装修、材料设备供应、监理和工程总承包等单位,以保证缩短工期、提高工程质量和节约建设投资。招标投标的特点如下:

(1)通过竞争机制,实行交易公开。

(2)鼓励竞争、防止垄断、优胜劣汰,可较好地实现投资效益。

(3)通过科学合理和规范化的监管制度与运作程序,可有效杜绝不正之风。

5.1.3 招标类型

1.按项目招标的方式划分

(1)公开招标。公开招标,又称开放型招标,是一种无限竞争性招标。采用这种形式,由招标单位利用报刊、电台、网站,通过刊载、广播、传播等方式,公开发布招标公告,宣布招标项目的内容和要求。各承包企业不受地区限制,一律机会均等。凡有投标意向的承包商均可参加投标资格预审,审查合格的承包商都有权利购买招标文件,参加投标活动。招标单位则可在众多的承包商中优选出理想的施工承包商为中标单位。

1)公开招标方式的优点:可为承包商提供公平竞争的平台,同时使招标单位有较大的选择余地,有利于降低工程造价,缩短工期和保证工程质量。

2)公开招标方式的缺点:采用公开招标方式时,投标单位多并且良莠不齐,不但招标工作量大,所需时间较长,而且容易被不负责任的单位抢标。所以采用公开招标方式时对投标单位进行严格的资格预审就特别重要。

3)公开招标方式的适用范围:全部使用国有资金投资,或国有资金投资占控制地位或主导地位的项目,应当实行公开招标。一般情况下,投资额度大、工艺或结构复杂的较大型建设项目,实行公开招标比较合适。

(2)邀请招标。邀请招标,又称有限竞争性招标、选择性招标,是由招标单位根据工程特点,有选择地邀请若干个具有承包该项工程能力的承包人前来投标,是一种有限竞争性招标。它是招标单位根据见闻、经验和情报资料而获得这些承包商的能力、资信状况,加以选择后,以发投标邀请书来进行的。邀请招标同样需进行资格预审等程序,经过评审标书择优选定中标人,并且发出中标通知书。通常邀请 5~10 家承包商参加投标,最少不得少于 3 家。

这种招标方式,目标明确,经过选定的投标单位,在施工技术、施工经验和信誉上都比较可靠,基本上能保证工程质量和进度。邀请招标整个组织管理工作比公开招标相对简单一些,但是前提是对承包商充分了解,同时,报价也可能高于公开招标方式。

1)邀请招标方式的优点:招标所需的时间较短,工作量小,目标集中,并且招标花费较省;被邀请的投标单位的中标概率高。

2)邀请招标方式的缺点:不利于招标单位获得最优报价,取得最佳投资效益;投标单位的数量少,竞争性较差;招标单位在选择邀请人前所掌握的信息不可避免地存在一定的局限性,招标单位很难了解市场上所有承包商的情况,常会忽略一些在技术、报价方面更具竞争力的企业,使招标单位不易获得最合理的报价,有可能找不到最合适的承包商。

3)邀请招标方式的适用范围:工程建设项目施工招标投标法规定,国务院发展计划部门确定的国家重点建设项目和各省、自治区、直辖市人民政府确定的地方重点建设项目,及全部使用国有资金投资或者国有资金投资占控股或者主导地位的工程建设项目,应当公开招标,有下列情形之一的,经批准可以进行邀请招标:

①项目技术复杂或有特殊要求,只有少量几家潜在投标人可供选择的。

②受自然地域环境限制的。

③涉及国家安全、国家秘密或者抢险救灾,适宜招标但是不宜公开招标的。

④拟公开招标的费用与项目的价值相比,不值得的。

⑤法律、法规规定不宜公开招标的。

国家重点建设项目的邀请招标,应当经国务院发展计划部门批准;地方重点建设项目的邀请招标,应当经各省、自治区、直辖市人民政府批准。

全部使用国有资金投资或者国有资金投资占控股或者主导地位的并需要审批的工程建设项目的邀请招标,应当经项目审批部门批准,但是项目审批部门只审批立项的,由有关行政监督部门审批。

（3）议标。议标,又称为非竞争性招标或称指定性招标。这种招标方式是建设单位邀请不少于两家(含两家)的承包商,通过直接协商谈判选择承包商的招标方式。

议标的优点:可以节省时间,容易达成协议,迅速开展工作,保密性好。

议标的缺点:竞争力差,无法获得有竞争力的报价。这种招标方式主要适用于不宜公开招标或邀请招标的特殊工程,例如:工程造价较低的工程、工期紧迫的特殊工程(如抢险工程等)、专业性强的工程以及军事保密工程等。

有的意见认为议标不是招标的一种形式,招标投标法也未对这种交易方式进行规范。但是有一点是肯定的,议标不同于直接发包。从形式上看,直接发包没有"标",而议标是有"标"的。议标招标人事先须编制议标招标文件,有时还要有标底,议标投标人也须有议标投标文件。议标在程序上也是有规范做法的。事实上,无论是国内还是国际,议标方式还是在一定范围内存在的,各地的招标投标管理机构还是把议标纳入管理范围的。依法必须招标的建设项目,采用议标方式招标必须经招标投标管理机构审批。议标的文件、程序和中标结果也须经招标投标管理机构审查。

2.按工程建设业务范围划分

（1）工程建设全过程招标。工程建设全过程招标是指从项目建议书开始,包括可行性研究、设计任务书、勘测设计、设备和材料的询价与采购、工程施工、生产准备、投料试车,直到竣工和交付使用,这一建设全过程实行招标。其前提是项目建议书已获批准,所需资金已经落实。

（2）勘测设计招标。勘测设计招标是指工程建设项目的勘测设计任务向勘测设计单位招标。其前提是设计任务书已获批准,所需资金已经落实。

（3）材料、设备供应招标。材料、设备供应招标是指工程建设项目所需全部或主要材料、设备向专门的采购供应单位招标。其前提是初步设计已获批准,建设项目已被列入计划,所需资金已落实。

（4）工程施工招标。工程施工招标是指工程建设项目的施工任务向施工单位招标。其前提是工程建设计划已被批准,设计文件已经审定,所需资金已落实。

3.按工程的施工范围划分

（1）全部工程施工招标。全部工程施工招标是指招标单位把建设项目的全部施工任务作为一个"标底"进行招标。这样,建设单位只与一个承包单位(或集团)发生关系,合同管理工作较为简单。

（2）单项或单位工程招标。

（3）分部工程招标。

（4）专业工程招标。上述3种招标方式是把整个工程分成若干单位工程、分部工程或专业工程分别进行招标和发包。这样可以发挥各承包单位的专业特长,合同比第一种方式容易落实,风险小。即使出现问题,也是局部的,容易纠正和补救。

4.按招标的区域划分

招标按照国界可分为国际招标、国内招标和地方招标3种。

5.2 竞争性投标报价

5.2.1 投标报价的工作流程

投标作为一种法律行为,是投标人在市场经济条件下获取工程项目的主要手段,所以,对于投标人来讲,投标的前期工作是十分重要的,它对于投标人能否获得工程项目有着直接的影响。投标报价工作内容繁多,工作量大,时间紧迫,因此,投标人必须按照一定的工作流程,周密考虑,统筹安排,使估价工作有条不紊、紧张有效地进行。具体流程如图 5.1 所示。

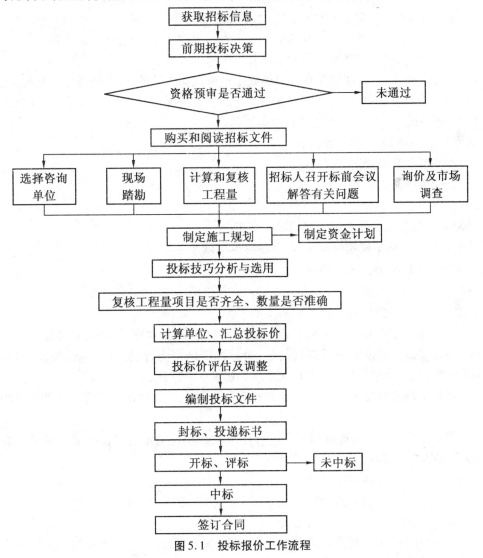

图 5.1 投标报价工作流程

5.2.2　投标机会分析

1.决定是否投标的条件

决定是否参加某项目的投标,首先要考虑本单位当前的经营状况和参加投标的目的。若本单位在该地已打开局面,信誉颇佳,则投标目标主要是扩大影响,可适当扩大利润。若近期不景气、揽到的项目较少、在激烈竞争中面临危机,或试图打入新的领域、开拓新局面,则应选择把握大、易建立(或恢复)信誉的项目,而且报价要低,力争得标。其次,选择投标项目时,要衡量自身是否具备条件参加某项目投标。

对于工程投标,一般可根据下列 10 项指标来判断是否可以参加投标:

(1)管理的条件:是指能否抽出足够、水平相应的管理和工程人员参加该工程。

(2)工人的条件:是指工人的技术水平和工人的工种、人数能否满足该工程。

(3)设计人员条件:要视该工程对设计及出图的要求而定。

(4)机械设备条件:是指该工程需要的施工机械设备的品种、数量能否满足要求。

(5)工程项目条件:是指对该工程有关情况的熟悉程度,包含对项目本身、业主和监理情况、当地市场情况、工期要求、交工条件等的了解。

(6)以往实施同类工程的经验。

(7)业主的资金是否落实。

(8)合同条件是否苛刻。

(9)竞争对手的情况。

(10)对单位今后在该地区带来的影响和机会。

对于其他内容的工程建设投标,以上指标也可以参考。

2.判断是否投标的方法与步骤

决策理论有许多分析方法,专家评分法在进行投标决策时仍然适用。

利用专家评分法进行投标决策的步骤如下:

(1)按照所确定的指标对本单位完成该项目的相对重要程度,分别确定权数。

(2)用各项指标对投标项目进行衡量,可将标准划分为好、较好、一般、较差、差 5 个等级,各等级赋予定量数值,例如按 1.0、0.8、0.6、0.4、0.2 打分。

(3)将每项指标权数与等级分相乘,求出该指标得分。全部指标得分之和即为此项目投标机会总分。

(4)将总得分与过去其他投标情况进行比较或和预先确定的准备接受的最低分数相比较,来决定是否参加投标。

这种方法可以用于以下两种情况:

1)对某一个项目投标机会作出评价。总得分和权数较大的几个指标的得分,在可接受范围,即可认为适宜投标。

2)可以从若干个同时可以考虑的项目中,选择优先投标的项目,以总得分的高低决定优先顺序。

5.2.3　投标报价前的准备工作

1.政治和法律方面

投标人首先应当了解在招标投标活动中和在合同履行过程中有可能涉及的法律,也应当了解与项目有关的政治形势和国家政策等,即国家对该项目采取的是鼓励政策还是限制政策。

2.自然条件

自然条件包括工程所在地的地理位置和地形、地貌,气象状况,还有气温、湿度、主导风向、年降水量等,洪水、台风及其他自然灾害状况等。

3.市场状况

投标人调查市场情况是一项非常艰巨的工作,其内容也非常多,主要包括建筑材料、施工机械设备、燃料、动力、水和生活用品的供应情况、价格水平,还包括过去几年批发物价和零售物价指数及今后的变化趋势和预测,劳务市场情况,例如工人技术水平、工资水平、有关劳动保护和福利待遇的规定等,金融市场情况,例如银行贷款的难易程度及银行贷款利率等。

对材料设备的市场情况尤其需要详细了解,主要包括原材料和设备的来源方式,购买的成本,来源国或厂家供货情况;材料、设备购买时的运输、税收、保险等方面的规定、手续、费用;施工设备的租赁、维修费用;使用投标人本地原材料、设备的可能性以及成本比较。

4.工程项目方面的情况

工程项目方面的情况主要包括工作性质、规模、发包范围;工程的技术规模和对材料性能以及工人技术水平的要求;总工期以及分批竣工交付使用的要求;施工场地的地形、地质、地下水位、交通运输、给排水、供电、通讯条件的情况;工程项目资金来源;对购买器材和雇佣工人有无限制条件;工程价款的支付方式、外汇所占比例;监理工程师的资历、职业道德和工作作风等。

5.业主情况

业主情况包括业主的资信情况、履约态度、支付能力、在其他项目上有无拖欠工程款的情况、对实施的工程需求的迫切程度等。

6.投标人自身情况

投标人对自己内部情况、资料也应当进行归纳管理。这类资料主要用于招标人要求的资格审查和本企业履行项目的可能性。

7.竞争对手资料

掌握竞争对手的情况,是投标策略中的一个重要环节,也是投标人参加投标能否获胜的重要因素。投标人在制定投标策略时必须考虑到竞争对手的情况。

5.3　投标的决策与投标技巧

5.3.1　投标决策的含义与影响因素

1. 投标决策的含义

投标人通过投标取得项目,是市场经济条件下的必然。但是,作为投标人来说,并不是每标必投,这就需要研究投标决策的问题。投标决策就是解决投不投标和如何中标的问题。投标决策,包括以下三方面内容:

(1)针对项目招标是投标,或是不投标。

(2)倘若去投标,是投什么性质的标。

(3)投标中如何采用以长制短,以优胜劣的策略和技巧。

投标决策的正确与否,关系到能否中标和中标后的效益,关系到承包者的发展前景和单位的经济利益。

2. 投标决策阶段的划分

根据工作特点,投标决策可以分为决策前期和决策后期两个阶段。

(1)决策前期阶段。投标决策的前期阶段,在购买资格预审资料前(后)完成。这个阶段决策的主要依据是招标公告(资格预审公告),以及单位对招标项目、业主情况的调研和了解的程度。

前期阶段决定是否参与投标。

通常情况下,下列招标项目应放弃投标:

1)本单位营业范围之外的项目。

2)工程规模、技术要求超过本单位技术等级的项目。

3)本单位生产任务饱满,则招标项目的盈利水平较低或风险较大的项目。

4)本单位技术水平、业绩、信誉明显不如竞争对手的项目。

(2)决策后期阶段。若决定投标,即进入投标决策的后期,它是指从申报资格预审至封送投标文件前完成的决策研究阶段。这个阶段主要决定投什么性质的标,以及在投标中采取的策略问题。当然,也存在经过资格预审合格、购买招标文件后放弃投标的情况。

承包者的投标按其性质可分为风险标和保险标两类。

风险标是指明知承包难度大、风险大,而且技术、设备、资金上都有未解决的问题,但是由于队伍窝工,或因为项目盈利丰厚,或为了开拓新技术领域而决定参加投标,同时设法解决存在的问题的投标。投标后,若问题解决得好,可取得较好的经济效益,还可锻炼出一支好的队伍,使单位更上一层楼;解决得不好,单位的信誉就会受到损害,严重者可能导致亏损以至破产。所以,投风险标必须审慎从事。

保险标是指对可以预见的情况从技术、设备、资金等重大问题都有了解决的对策之后,而投出的标。单位经济实力较弱,经不起失误的打击,则通常投保险标。

承包者的投标按其效益对单位的影响情况可分为盈利标、保本标和亏损标三种。

3. 投标方向的选择

投标方向的确定要能最大限度地发挥自己的优势,符合承包者的经营总战略,若正准备发展,力图打开局面,则应积极投标。承包者不要企图承包超过自己技术水平、管理水平和财务能力的项目,以及自己没有竞争力的项目。

承包者通过市场调查获得许多项目招标信息,必须就投标方向作出战略决策,他的战略依据如下:

(1)承包市场情况、竞争的形势。例如市场处于发展阶段,还是处于不景气阶段。

(2)承包者自身的情况。该项目竞争者的数量及竞争对手状况,确定自己投标的竞争力和中标的可能性。

(3)项目情况。例如技术难度、时间紧迫程度、是否为重大的有影响的项目、承包方式、合同种类、招标方式、合同的主要条款。

(4)业主状况。业主的资信,业主过去有没有不守信用、不付款的历史,业主的建设资金准备情况和企业运行状况。

4.影响投标决策的主要因素

影响投标决策的因素很多,需要投标人广泛、深入地调查研究,系统地积累资料,并作出全面的分析,才能对投标作出正确决策。决定投标与否,更重要的是它的效益性。投标人应对承包项目的成本、利润进行预测和分析,以供投标决策之用。

"知己知彼,百战不殆。"项目投标决策研究就是知己知彼的研究。这个"己"就是影响投标决策的主观因素,"彼"就是影响投标决策的客观因素。

(1)影响投标决策的主观因素。

投标或是弃标,首先取决于投标单位的实力,实力表现在以下几方面:

1)技术方面的实力。

2)经济方面的实力。

3)管理方面的实力。

4)信誉方面的实力。

(2)影响投标决策的客观因素。

1)项目的难易程度。例如质量要求、技术要求、结构形式、工期要求等。

2)业主和其合作伙伴的情况。业主的合法地位、支付能力、履约能力;合作伙伴,例如监理工程师处理问题的公正性、合理性等,也是投标决策的影响因素。

3)竞争对手的实力、优势以及投标环境的优劣情况。另外,竞争对手的运作项目情况也十分重要,若对手在进行中的项目即将完工,可能急于获得新项目心切。

4)法律、法规的情况。主要是法律适用问题。

5)风险问题。自己熟悉的区域的承包项目风险相对要小一些,不熟悉区域的项目风险要大得多。

5.3.2　投标策略与技巧

为了在竞争中取胜,决策者应当对报价计算的准确度,期望利润是否合适,报价风险及本公司的承受能力,当地的报价水平,以及对竞争对手优势的分析评估等方面进行综合考虑,才能决定最后的报价金额。在投标报价中常用的投标策略与技巧如下:

(1)不平衡报价。它是指在总价基本确定的前提下,如何调整内部各个子项的报价,以期既不影响总报价,又在中标后投标人可尽早收回垫支于工程中的资金和获取较好的经济效

益。但是要注意避免畸高畸低现象,避免失去中标机会。通常采用的不平衡报价包括下列几种情况:

1)对能早期结账收回工程款的项目(例如土方、基础等)的单价可报以较高价,以利于资金周转;对后期项目(例如装饰、电气设备安装等)单价可适当降低。

2)估计今后工程量可能增加的项目,其单价可提高,而工程量可能减少的项目,其单价可降低。

但是上述两点要统筹考虑。对于工程量数量有错误的早期工程,若不可能完成工程量表中的数量,则不能盲目抬高单价,需要具体分析后再确定。

3)图纸内容不明确或有错误,估计修改后工程量要增加的,其单价可提高;而工程内容不明确的,其单价可降低。

4)没有工程量只填报单价的项目(例如疏浚工程中的开挖淤泥工作等),其单价宜高。这样,既不影响总的投标报价,又可多获利。

5)对于暂定项目,其实施的可能性大的项目,价格可定高价;估计该工程不一定实施的,可定低价。

6)零星用工。零星用工(计日工)一般可稍高于工程单价表中的工资单价,这是因为零星用工不属于承包有效合同总价的范围,发生时实报实销,也可多获利。

(2)多方案报价法。它是利用工程说明书或合同条款不够明确之处,以争取达到修改工程说明书和合同为目的的一种报价方法。当工程说明书或合同条款有不够明确之处时,往往使投标人承担较大风险。为了减少风险就必须扩大工程单价,增加"不可预见费",但是这样做又会因报价过高而增加被淘汰的可能性。多方案报价法就是为对付这种两难局面而出现的。

其具体做法是在标书上报两个报价:一是按原工程说明书合同条款报一个价;二是加以注解,例如"工程说明书或合同条款可做某些改变时",则可降低多少的费用,使报价成为最低,以吸引招标人修改说明书和合同条款。

(3)增加建议方案。有时招标文件中规定,可以提一个建议方案,即是可以修改原设计方案,提出投标者的方案。

投标人这时应抓住机会,组织一批有经验的设计和施工工程师,对原招标文件的设计和施工方案仔细研究,提出更合理的方案以吸引招标人,促成自己的方案中标。这种新的建议方案可以降低总造价或提前竣工或使工程运用更合理,但是要注意的是对原招标方案一定也要报价,以供招标人比较。

增加建议方案时,不要将方案写得太具体,保留方案的关键内容,防止招标人将此方案交给其他承包商。

(4)突然降价法。报价是一件保密的工作,但是对手往往通过各种渠道、手段来刺探情况,在报价时可以采取迷惑对方的手法,即先按一般情况报价或表现出自己对该工程兴趣不大,到投标快截止时,再突然降价。

采用这种方法时,一定要在准备投标报价的过程中考虑好降价的幅度,在临近投标截止日期前,根据情报信息与分析判断,作出最后决策。

(5)先亏后盈法。有的承包商,为了打进某一地区,依靠国家、某财团或自身的雄厚资本实力,采取不惜代价、只求中标的低价投标方案。采用这种手法的承包商必须有较好的资信条件,并且提出的施工方案也是先进可行的,同时要加强对公司情况的宣传,否则即使低标价,也不一定被招标人选中。

(6)无利润算标。缺乏竞争优势的承包商,在不得已的情况下,只好在报价中根本不考虑利润去夺标。这种办法一般在处于以下条件时采用:

1)有可能在得标后,将大部分工程分包给索价较低的一些分包商。

2)对于分期建设的项目,先以低价获得首期工程,而后赢得机会创造第二期工程中的竞争优势,并在以后的实施中赚得利润。

3)较长时间内,承包商没有在建的工程项目,若再不得标,就难以维持生存。所以,虽然本工程无利可图,只要能有一定的管理费维持公司的日常运转,就可设法度过暂时困难。

5.4　投标报价的编制方法

投标报价的编制方法包括以下两种:

(1)工料单价法,该方法是以各专业预算定额为计算基础的计价,即施工图预算计价模式。

(2)综合单价法,该方法依据《建设工程工程量清单计价规范》(GB 50500—2008)规定的计价规则计价,即工程量清单计价模式。

5.4.1　定额计价方式下的报价编制

一般是采用预算定额来编制,即按照定额规定的分部分项工程子目逐项计算工程量,套用预算定额基价或当时当地的市场价格确定直接费,然后再套用费用定额计取各项费用,最后汇总形成初步的标价。

5.4.2　工程量清单计价模式下的报价编制

工程量清单计价的投标报价的构成,应包括按招标文件规定完成工程量清单所列项目的全部费用,包括分部分项工程费、措施项目费、其他项目费、规费和税金。单位工程造价的构成如图5.2所示。

《建设工程工程量清单计价规范》(GB 50500—2008)对工程量清单应采用综合单价计价。综合单价是指完成一个规定计量单位的分部分项工程量清单项目或措施清单项目所需的人工费、材料费、施工机械使用费和企业管理费和利润,以及一定范围内的风险费用,即

综合单价 = 人工费 + 材料费 + 机械费 + 管理费 + 利润 + 由投标人承担的风险费用 +
　　　　其他项目清单中的材料暂估价

(1)分部分项工程费是指完成"分部分项工程量清单"项目所需的工程费用。投标人根据企业自身的技术水平、管理水平和市场情况填报分部分项工程量清单计价表中每个分项的综合单价,每个分项的工程数量与综合单价的乘积即为合价,再将合价汇总就是分部分项工程费。计算过程如下:

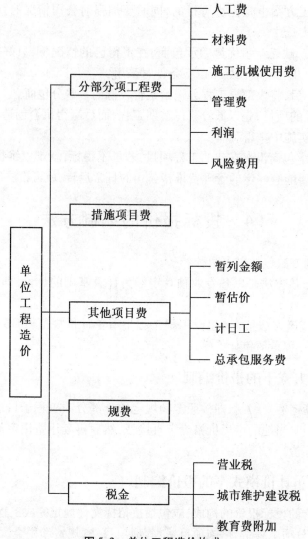

图 5.2　单位工程造价构成

某分部分项清单分项计价费用 = 某项清单分项综合单价 × 某项清单分项工程数量

分部分项工程量清单合计费用 = $\sum$ 分部分项工程量清单各分项计价费用

（2）措施项目费是指为完成工程项目施工，发生于该工程施工准备和施工过程中技术、生活、安全、环境保护等方面的非工程实体项目的费用。其金额应根据拟建工程的施工方案或施工组织设计及其综合单价确定。

措施项目费主要包括安全文明施工（含环境保护、文明施工、安全施工、临时设施）、夜间施工、二次搬运、冬雨季施工、大型机械设备进出场及安拆、施工排水、施工降水、地上设施、地下设施、建筑物的临时保护设施、已完工程以及设备保护等费用。

（3）其他项目费是指分部分项工程费和措施项目费以外的在工程项目施工过程中可能发生的其他费用。其他项目清单包括招标人部分和投标人部分。

1）招标人部分包括暂列金额、暂估价。暂列金额是招标人在工程量清单中暂定并包括在合同价款中的一笔款项。用于施工合同签订时尚未确定或者不可预见的所需材料、设备、服务的采购,施工中可能发生的工程变更、合同约定调整因素出现时的工程价款调整及发生的索赔、现场签证确认等的费用。暂估价是招标人在工程量清单中提供的用于支付必然发生但是暂时不能确定价格的材料的单价以及专业工程的金额。

2)投标人部分包括总承包服务费、计日工。总承包服务费是指总承包人为配合协调发包人进行的工程分包自行采购的设备、材料等进行管理、服务以及施工现场管理、竣工资料汇总整理等服务所需的费用。计日工是指在施工过程中,承包人完成发包人提出的施工图纸以外的零星项目或工作,按合同中约定的综合单价计价。

(4)规费和税金。规费是指政府和有关部门规定必须缴纳的费用,包括工程排污费、工程定额测定费、养老保险费、失业保险费、医疗保险费、住房公积金等。在投标报价时一般按国家及有关部门规定的计算公式和费率计算。税金是国家税法规定计入建筑安装工程造价的营业税、城乡建设维护税和教育费附加等。

第6章 工程价款结算与竣工决算

6.1 工程价款结算

工程价款结算是指承包商在工程实施过程中,依据承包合同中关于付款条款的规定和已经完成的工程量,并且按照规定的程序向建设单位(业主)收取工程价款的一项经济活动。它是由施工企业在原预算造价的基础上进行调整修正,重新确定工程造价的技术经济文件。

6.1.1 工程价款结算的依据与方式

1. 工程价款结算依据

工程价款结算应按合同约定办理,合同未作约定或约定不明的,发、承包双方应依照下列规定与文件协商处理:

(1)国家相关法律、法规和规章制度。

(2)国务院建设行政主管部门、省、自治区、直辖市或有关部门发布的工程造价计价标准、计价办法等相关规定。

(3)建设工程项目的合同、补充协议、变更签证和现场签证,以及经发、承包人认可的其他有效文件。

(4)其他可依据的材料。

2. 工程价款结算方式

我国现行工程价款结算根据不同情况,可采取以下几种方式:

(1)按月结算。实行旬末或月中预支,月中结算,竣工后清算。

(2)竣工后一次结算。建设工程项目或单项工程全部建筑安装工程建设期在12个月以内,或工程承包合同价在100万元以下的,可实行工程价款每月月中预支、竣工后一次结算。即合同完成后承包人与发包人进行合同价款结算,确认的工程价款为承发包双方结算的合同价款总额。

(3)分段结算。开工当年不能竣工的单项工程或单位工程,按照工程形象进度,划分不同阶段进行结算。分段标准由各部门、省、自治区、直辖市规定。

(4)目标结算方式。在工程合同中,将承包工程的内容分解成不同控制面(验收单元),当承包商完成单元工程内容并且经工程师验收合格后,业主支付单元工程内容的工程价款。对于控制面的设定,合同中应有明确的描述。

目标结算方式下,承包商要想获得工程款,必须按照合同约定的质量标准完成控制面工程内容,要想尽快获得工程款,承包商必须充分发挥自己的组织实施能力,在保证质量的前提下,加快施工进度。

(5)双方约定的其他结算方式。

6.1.2　工程价款结算的主要内容

根据《建设项目工程结算编审规程》中的相关规定,工程价款结算主要包括竣工结算、分阶段结算、专业分包结算和合同中止结算。

(1)竣工结算。建设项目完工并经验收合格后,对所完成的建设项目进行的全面的工程结算。

(2)分阶段结算。在签订的施工承发包合同中,按工程特征划分为不同阶段实施和结算。该阶段合同工作内容已完成,经发包人或有关机构中间验收合格后,由承包人在原合同分阶段价格的基础上编制调整价格并提交发包人审核签认的工程价格,它是表达该工程不同阶段造价和工程价款结算依据的工程中间结算文件。

(3)专业分包结算。在签订的施工承发包合同或由发包人直接签订的分包工程合同中,按工程专业特征分类实施分包和结算。分包合同工作内容已完成,经总包人、发包人或有关机构对专业内容验收合格后,按合同的约定,由分包人在原合同价格基础上编制调整价格并提交总包人、发包人审核签认的工程价格,它是表达该专业分包工程造价和工程价款结算依据的工程分包结算文件。

(4)合同中止结算。工程实施过程中合同中止,对施工承发包合同中已完成并且经验收合格的工程内容,经发包人、总包人或有关机构点交后,由承包人按照原合同价格或合同约定的定价条款,参照有关计价规定编制合同中止价格,提交发包人或总包人审核签认的工程价格,它是表达该工程合同中止后已完成工程内容的造价和工程价款结算依据的工程经济文件。

6.1.3　工程预付款(预付备料款)结算

施工企业承包工程,一般实行包工包料,这就需要有一定数量的备料周转金。在工程承包合同条款中,规定在开工前,发包方拨付给承包单位一定限额的工程预付备料款。

根据规定:包工包料工程的预付款按照合同约定拨付,原则上预付比例不低于合同金额的10%,不高于合同金额的30%,对重大工程项目,按照年度工程计划逐年预付。计价执行《建设工程工程量清单计价规范》(GB 50500—2008)的工程,实体性消耗及非实体性消耗部分应在合同中分别约定预付款的比例。在具备施工条件的前提下,发包人应在双方签订合同后的一个月内或不迟于约定的开工日期前的7天内预付工程款,发包人不按约定预付,承包人应在预付时间到期后10天内向发包人发出要求预付的通知,发包人收到通知后仍不按要求预付,承包人可在发出通知14天后停止施工,发包人应从约定应付之日起向承包人支付应付款的利息(利率按同期银行贷款利率计),并且承担违约责任。

预付的工程款必须在合同中约定抵扣方式,并且在工程进度款中进行抵扣。凡是没有签订合同或者不具备施工条件的工程,发包人不得预付工程款,不得以预付款为名转移资金。

1. 预付工程款(备料款)的限额

决定预付工程款限额因素包括主要材料占工程造价比重、材料储备期、施工工期。

(1)施工单位常年应备的备料款限额,按下式计算

$$备料款限额 = \frac{年度承包工程总值 \times 主要材料所占比重}{年度施工日历天数} \times 材料储备天数$$

(2)备料款数额,按下式计算

备料款数额 = 年度建筑安装工程合同价 × 预付备料款比例额度

备料款的比例额度是根据工程类型、合同工期、承包方式、供应体制等的不同而确定。通常建筑工程不应超过当年建筑工作量(包括水、电、暖)的 30%,安装工程按年安装工作量的 10% 计算,材料占比重较大的安装工程按年计划产值的 15% 左右拨付。对于只包定额工日(不包材料定额,一切材料由发包人供给)的工程项目,可以不付备料款。

2. 备料款的扣回

发包人拨付给承包商的备料款是属于预支的性质,工程实施后,随着工程所需材料储备的逐步减少,应以抵充工程款的方式陆续扣回,即在承包商应得的工程进度款中扣回。扣回的时间称为起扣点,起扣点的计算方法包括以下两种:

(1)按公式计算。这种方法原则上是以未完工程所需材料的价值等于预付备料款时起扣。从每次结算的工程款中按材料比重抵扣工程价款,竣工前全部扣清。

$$未完工程材料款 = 预付备料款$$

$$未完工程材料款 = 未完工程价值 × 主材比重 = (合同总价 - 已完工程价值) × 主材比重$$

$$预付备料款 = (合同总价 - 已完工程价值) × 主材比重$$

$$已完工程价值(起扣点) = 合同总价 - \frac{预付备料款}{主材比重}$$

(2)在承包方完成金额累计达到合同总价一定比例(双方合同约定)后,由发包方从每次应付给发包方的工程款中扣回工程预付款,在合同规定的完工期前将预付款还清。

6.1.4　工程进度款结算(中间结算)

施工企业在施工过程中,按照合同所约定的结算方式,按月或工程形象进度,按已经完成的工程量计算各项费用,向业主办理工程款结算的过程,称为工程进度款结算,又称中间结算。

以按月结算为例,业主在月中向施工企业预支半月工程款,月末施工企业根据实际完成工程量,向业主提供已完工程月报表和工程价款结算的账单,经业主和工程师确认,收取当月工程价款,并通过银行结算。即:承包商提交已完工程量报告→工程师确认→业主审批认可→支付工程进度款。

在工程进度款支付过程中,应遵循以下原则:

1. 工程量的确认

(1)承包人应当按照合同约定的方法和时间,向发包人提交已经完成工程量的报告。发包人接到报告后 14 天内核实已完工程量,并在核实的前 1 天通知承包人,承包人应提供条件并且派人参加核实,若承包人收到通知后不参加核实,以发包人核实的工程量作为工程价款支付的依据。若发包人不按约定时间通知承包人,致使承包人未能参加核实,则核实结果无效。

(2)发包人收到承包人报告后 14 天内未核实完工程量,从第 15 天起,承包人报告的工程量即被视为确认,作为工程价款支付的依据。若双方合同另有约定的,按照合同执行。

(3)对承包人超出设计图纸(含设计变更)范围和因承包人原因造成返工的工程量,发包人不予计量。

2. 工程进度款支付

(1)根据确定的工程计量结果,该承包人向发包人提出支付工程进度款申请。14 天内,发包人应按照不低于工程价款的 60%,不高于工程价款的 90% 向承包人支付工程进度款。

按照约定时间发包人应扣回的预付款,与工程进度款同期结算抵扣。

(2)发包人超过约定的支付时间不支付工程进度款,承包人应及时向发包人发出要求付款的通知,发包人收到承包人通知后仍不能按要求付款,可与承包人协商签订延期付款协议,经承包人同意之后可延期支付,协议应该明确延期支付的时间以及从工程计量结果确认后第15天起计算应付款的利息(利率按照同期银行贷款利率计)。

(3)发包人不按合同约定支付工程进度款,双方又未达成延期付款协议,导致施工无法进行,承包人可停止施工,由发包人承担违约责任。

6.1.5　工程质量保证金结算

建设工程质量保证金(简称保证金)是指发包人与承包人在建设工程承包合同中约定,从应付的工程款中预留,用以保证承包人在缺陷责任期内对建设工程出现的缺陷进行维修的资金。质量保证金的计算额度不包括预付款的支付、扣回以及价格调整的金额。

1. 保证金的预留和返还

承发包双方的约定。发包人应当在招标文件中明确保证金预留、返还等内容,并且与承包人在合同条款中对涉及保证金的下列事项进行约定:

(1)保证金预留、返还方式。

(2)保证金预留比例、期限。

(3)保证金是否计付利息,若计付利息,要明确利息的计算方式。

(4)缺陷责任期的期限及计算方式。

(5)保证金预留、返还及工程维修质量、费用等争议的处理程序。

(6)缺陷责任期内出现缺陷的索赔方式。

2. 保证金的预留

从第一个付款周期开始,在发包人的进度付款中,按约定比例扣留质量保证金,直至扣留的质量保证金总额达到专用条款约定的金额或比例为止。全部或者部分使用政府投资的建设项目,按照工程价款结算总额5%左右的比例预留保证金。社会投资项目采用预留保证金方式的,预留保证金的比例可参照执行。

3. 保证金的返还

缺陷责任期内,承包人认真履行合同约定的责任。约定的缺陷责任期满,承包人向发包人申请返还保证金。发包人在接到承包人返还保证金申请后,应于14日内会同承包人按照合同约定的内容进行核实。若无异议,发包人应当在核实后14日内将保证金返还给承包人,逾期支付的,从逾期之日起,按照同期银行贷款利率计付利息,并且承担违约责任。发包人在接到承包人返还保证金申请后14日内不予答复,经催告后14日内仍不予答复,视同认可承包人的返还保证金申请。

缺陷责任期满时,承包人没有完成缺陷责任的,发包人有权扣留与未履行责任剩余工作所需金额相应的质量保证金余额,并且有权根据约定要求延长缺陷责任期,直至完成剩余工作为止。

6.1.6　工程竣工结算

工程竣工结算可分为单位工程竣工结算、单项工程竣工结算和建设项目竣工总结算,其中单位工程竣工结算和单项工程竣工结算也可以看作是分阶段结算。单位工程竣工结算是由承包人编制,发包人审查;实行总承包的工程,由具体承包人编制,在总包人审查的基础上,发包人审查。单项工程竣工结算或建设项目竣工总结算是由总(承)包人编制,发包人可以直接进行审查,也可以委托具有相应资质的工程造价咨询机构进行审查。政府投资项目,由同级财政部门审查。单项工程竣工结算或建设项目竣工总结算经发、承包人签字盖章后有效。

工程竣工结算争议处理问题,一直是令承包人与发包人较为头痛的问题,发包人对工程质量有异议,拒绝办理工程竣工结算的,已竣工验收或已竣工未验收但是实际投入使用的工程,其质量争议按该工程的保修合同执行,竣工结算按照合同约定办理;已竣工未验收并且未实际投入使用的工程以及停工、停建工程的质量争议,双方应就有争议的部分委托有资质的检测鉴定机构进行检测,根据检测结果确定解决方案,或按照工程质量监督机构的处理决定执行后办理竣工结算,无争议部分的竣工结算按照合同约定办理。

工程竣工结算的内容具体参见本章6.3节内容。

6.1.7 工程价款调整

1. 工程合同价款中综合单价的调整

对实行工程量清单计价的工程,应当采用单价合同方式。即合同约定的工程价款中所包含的工程量清单项目综合单价在约定条件内是固定不变的,不予调整,工程量允许调整。工程量清单项目综合单价在约定的条件外,允许调整。调整方式、方法应在合同中约定。若合同未作约定,可参照下列原则办理:

(1)当工程量清单项目工程量的变化幅度在10%以内时,其综合单价不做调整,执行原有的综合单价。

(2)当工程量清单项目工程量的变化幅度在10%以上并且其影响分部分项工程费超过0.1%时,其综合单价以及对应的措施费(若有)均应作调整。调整的方法是由承包人对增加的工程量或减少后剩余的工程量提出新的综合单价以及措施项目费,经发包人确认后调整。

2. 物价波动引起的价格调整

一般情况下,因物价波动引起的价格调整,可采用以下两种方法中的一种计算。

(1)采用价格指数调整价格差额。该方法主要适用于使用的材料品种较少,但每种材料使用量较大的土木工程,例如公路、水坝等。因人工、材料和设备等价格波动影响合同价格时,根据投标函附录中的价格指数和权重表约定的数据,按照以下价格调整公式计算差额并且调整合同价格:

$$\triangle P = P_0 \left[A + \left(B_1 \times \frac{F_{t1}}{F_{01}} + B_2 \times \frac{F_{t2}}{F_{02}} + B_3 \times \frac{F_{t3}}{F_{03}} + \cdots + B_n \times \frac{F_{tn}}{F_{0n}} \right) - 1 \right]$$

式中　　$\triangle P$——需调整的价格差额;

P_0——根据进度付款、竣工付款和最终结清等付款证书中,承包人应得到的已完成工程量的金额。此项金额应不包括价格调整、不计质量保证金的扣留和支付、预付款的支付和扣回、变更及其他金额已按现行价格计价的,也不计在内;

A——定值权重(即不调部分的权重);

$B_1, B_2, B_3, \cdots, B_n$——各可调因子的变值权重(即可调部分的权重)为各可调因子在投标函投标总报价中所占的比例;

$F_{t1},F_{t2},F_{t3},\cdots,F_{tn}$——各可调因子的现行价格指数,指根据进度付款、竣工付款和最终结清等约定的付款证书相关周期最后一天的前 42 天的各可调因子的价格指数;

$F_{01},F_{02},F_{03},\cdots,F_{0n}$——各可调因子的基本价格指数,是指基准日期(即投标截止时间前 28 天)的各可调因子的价格指数。

以上价格调整公式中的各可调因子、定值和变值权重,以及基本价格指数及其来源在投标函附录价格指数和权重表中约定。价格指数应首先采用相关部门提供的价格指数,缺乏上述价格指数时,可采用相关部门提供的价格代替。

在运用这一价格调整公式进行工程价格差额调整中,应注意以下三点:

1)暂时确定调整差额。在计算调整差额时得不到现行价格指数的,可暂用上一次价格指数进行计算,并在以后的付款中再按实际价格指数进行调整。

2)权重的调整。按变更范围和内容所约定的变更,导致原定合同中的权重不合理时,由监理人与承包人和发包人协商后进行调整。

3)承包人工期延误后的价格调整。由于承包人原因未在约定的工期内竣工的,则对原约定竣工日期后继续施工的工程,在使用价格调整公式时,应采用原约定竣工日期与实际竣工日期的两个价格指数中较低的一个作为现行价格指数。

(2)采用造价信息调整价格差额。此方式适用于使用的材料品种较多,相对而言每种材料使用量相对较小的房屋建筑与装饰工程。施工期内,因人工、材料、设备和机械台班价格波动影响合同价款时,人工、机械使用费根据国家或省、自治区、直辖市建设行政管理部门、行业建设管理部门或其授权的工程造价管理机构发布的人工成本信息、机械台班单价或机械使用费系数进行调整;需要进行价格调整的材料,其单价和采购数应由监理人复核,监理人确认需要调整的材料单价及数量,作为调整工程合同价格差额的依据。

1)人工单价发生变化时,发、承包双方应当按省级或行业建设主管部门或其授权的工程造价管理机构发布的人工成本文件调整工程价款。

2)材料价格变化超过省级或行业建设主管部门或其授权的工程造价管理机构规定的幅度时应当调整,承包人应在采购材料前就采购数量和新的材料单价报发包人核对,确认用于本合同工程时,发包人应确认采购材料的数量和单价。发包人在收到承包人报送的确认资料后 3 个工作日内不予答复的视为已经被认可,作为调整工程价款的依据。如果承包人未报经发包人核对即自行采购材料,再报发包人确认调整工程价款的,若发包人不同意,则不做调整。

3)施工机械台班单价或施工机械使用费发生变化超过省级或行业建设主管部门或其授权的工程造价管理机构规定的范围时,可以按其规定进行调整。

3. 法律、政策变化引起的价格调整

在基准日后,由于法律、政策变化导致承包人在合同履行中所需要的工程费用发生增减时,监理人应依据法律、国家或省、自治区、直辖市有关部门的规定,商定或确定需要调整的合同价款。

4. 工程价款调整的程序

工程价款调整报告应当由受益方在合同约定的时间内向合同的另一方提出,经过对方确认后调整合同价款。受益方未在合同约定的时间内提出工程价款调整报告的,视为不涉及合同价款的调整。当合同未作约定时,可以按下列规定办理:

（1）调整因素确定后14天内，由受益方向对方递交调整工程价款的报告。受益方在14天内未递交调整工程价款报告的，视为不调整工程价款。

（2）收到调整工程价款报告的一方应当在收到之日起14天内予以确认或提出协商意见，若在14天内未作确认也未提出协商意见时，视为调整工程价款报告已被确认。

经法、承包双方确定调整的工程价款，作为追加（减）合同价款，与工程进度款同期支付。

6.2　工程索赔

6.2.1　工程索赔的概念和分类

1. 工程索赔的概念

一般情况下，索赔是指承包人（施工单位）在合同实施过程中，对非自身原因造成的工程延期、费用增加而要求发包人给予补偿损失的一种权利要求。

索赔的概念也可以概括为以下三个方面：

（1）一方违约使另一方蒙受损失，受损方向对方提出赔偿损失的要求。

（2）发生应由发包人承担责任的特殊风险或遇到不利自然条件等情况，使承包人蒙受较大损失而向发包人提出补偿损失要求。

（3）承包人本应当获得的正当利益，由于没能及时得到监理人的确认以及发包人应给予的支付，而以正式函件向发包人索赔。

2. 工程索赔的分类

工程索赔依据不同的标准可以进行不同的分类。

（1）按索赔的合同依据分类。工程索赔按索赔的合同依据可以分为合同中明示的索赔和合同中默示的索赔。

1）合同中明示的索赔。它是指承包人提出的索赔要求，在该工程项目的合同文件中有文字依据，承包人可以据此提出索赔要求，并取得经济补偿。这些在合同文件中有文字规定的合同条款，称为明示条款。

2）合同中默示的索赔。它是指承包人的该项索赔要求，虽然在工程项目的合同条款中没有专门的文字叙述，但可以根据该合同的某些条款的含义，推论出承包人有索赔权。这种索赔要求，同样具有法律效力，有权得到相应的经济补偿。这种有经济补偿含义的条款，在合同管理工作中被称为"默示条款"或称为"隐含条款"。默示条款是一个广泛的合同概念，它包含合同明示条款中没有写入但符合双方签订合同时设想的愿望和当时环境条件的一切条款。这些默示条款，或者从明示条款所表述的设想愿望中引申出来，或者从合同双方在法律上的合同关系引申出来，经合同双方协商一致，或被法律和法规所指明，都成为合同文件的有效条款，要求合同双方遵照执行。

（2）按索赔目的分类。工程索赔按索赔目的可以分为工期索赔和费用索赔。

1）工期索赔。它是指由于非承包人责任的原因而导致施工进程延误，要求批准顺延合同工期的索赔，称为工期索赔。工期索赔形式上是对权利的要求，以避免在原定合同竣工日不能完工时,被发包人追究拖期违约责任。一旦获得批准合同工期顺延后,承包人不仅免除了承担拖期违约赔偿费的严重风险,而且可能提前工期得到奖励,最终仍反映在经济收益上。

2)费用索赔。它的目的是要求经济补偿。当施工的客观条件改变导致承包人增加开支,要求对超出计划成本的附加开支给予补偿,以挽回不应由他承担的经济损失。

(3)按索赔事件的性质分类。工程索赔按索赔事件的性质可以分为工程延误索赔、工程变更索赔、合同被迫终止索赔、工程加速索赔、意外风险和不可预见因素索赔以及其他索赔。

1)工程延误索赔。因发包人未按合同要求提供施工条件,例如未及时交付设计图纸、施工现场、道路等,或因发包人指令工程暂停或不可抗力事件等原因造成工期拖延的,承包人对此提出索赔。这是工程中常见的一类索赔。

2)工程变更索赔。由于发包人或监理人指令增加或减少工程量或增加附加工程、修改设计、变更工程顺序等,造成工期延长和费用增加,承包人对此提出索赔。

3)合同被迫终止的索赔。由于发包人或承包人违约以及不可抗力事件等原因造成合同非正常终止,无责任的受害方因其蒙受经济损失而向对方提出索赔。

4)工程加速索赔。由于发包人或监理人指令承包人加快施工速度,缩短工期,引起承包人的人、财、物的额外开支而提出的索赔。

5)意外风险和不可预见因素索赔。在工程实施过程中,因人力不可抗拒的自然灾害、特殊风险以及一个有经验的承包人通常不能合理预见的不利施工条件或外界障碍,例如地下水、地质断层、溶洞、地下障碍物等引起的索赔。

6)其他索赔。例如因货币贬值、汇率变化、物价上涨、政策法令变化等原因引起的索赔。

6.2.2　工程索赔产生的原因

1. 当事人违约

当事人违约通常表现为没有按照合同约定履行自己的义务。发包人违约通常表现为没有为承包人提供合同约定的施工条件、未按照合同约定的期限和数额付款等。监理人未能按照合同约定完成工作,例如未能及时发出图纸、指令等也视为发包人违约。承包人违约的情况则主要是没有按照合同约定的质量、期限完成施工,或者由于不当行为给发包人造成其他损害。

2. 不可抗力或不利的物质条件

不可抗力又可以分为自然事件和社会事件。自然事件主要是指工程施工过程中不可避免发生并不能克服的自然灾害,包括地震、海啸、瘟疫、水灾等;社会事件则包括国家政策、法律、法令的变更,战争、罢工等。不利的物质条件通常是指承包人在施工现场遇到的不可预见的自然物质条件、非自然的物质障碍和污染物,包括地下和水文条件。

3. 合同缺陷

合同缺陷表现为合同文件规定不严谨甚至矛盾、合同中的遗漏或错误。在这种情况下,工程师应当给予解释,若这种解释将导致成本增加或工期延长,发包人应当给予补偿。

4. 合同变更

合同变更表现为设计变更、施工方法变更、追加或者取消某些工作、合同规定的其他变更等。

5. 监理人指令

监理人指令有时也会产生索赔,例如监理人指令承包人加速施工、进行某项工作、更换某些材料、采取某些措施等,并且这些指令不是由于承包人的原因造成的。

6. 其他第三方原因

其他第三方原因通常表现为与工程有关的第三方的问题而引起的对本工程的不利影响。

6.2.3 工程索赔费用的计算

1. 可索赔的费用

在索赔中可索赔的费用一般包括以下几个方面:

(1)人工费。它包括增加工作内容的人工费、停工损失费和工作效率降低的损失费等累计,但是不能简单地用计日工费计算。

(2)设备费。它可采用机械台班费、机械折旧费、设备租赁费等几种形式。

(3)材料费。

(4)保函手续费。工程延期时,保函手续费相应增加,反之,取消部分工程并且发包人与承包人达成提前竣工协议时,承包人的保函金额相应折减,则计入合同价内的保函手续费也应相应扣减。

(5)贷款利息。

(6)保险费。

(7)利润。

(8)管理费。它又可分为现场管理费和公司管理费两部分,由于两者的计算方法不一样,所以在审核过程中应区别对待。

2. 索赔费用的计算

索赔费用的计算方法包括实际费用法、修正总费用法等。

(1)实际费用法。实际费用法是按照每索赔事件所引起损失的费用项目分别计算索赔值,然后将各费用项目的索赔值汇总,即可得到总索赔费用值。该方法以承包商为某项索赔工作所支付的实际开支为依据,但是仅限于由于索赔事项引起的、超过原计划的费用,所以也称额外成本法。在这种计算方法中,需要注意的是不要遗漏费用项目。

(2)修正总费用法。修正总费用法是对总费用法的改进,即在总费用计算的基础上,去掉一些不确定的可能因素,对总费用法进行相应的修改和调整,使其更加合理。

6.3 工程竣工结算

6.3.1 竣工结算的概念

竣工结算是指由施工企业按照合同规定的内容全部完成所承包的工程,经建设单位以及相关单位验收质量合格,并且符合合同要求之后,在交付生产或使用前,由施工单位根据合同价格和实际发生的费用增减变化(例如变更、签证、洽商等)情况进行编制,并且经发包方或委托方签字确认的,正确反映该项工程最终实际造价,并且作为向发包单位进行最终结算工程款的经济文件。

竣工结算一般由施工单位编制,建设单位审核同意后,按合同规定签字盖章,通过相关银行办理工程价款的最后结算。

6.3.2　竣工结算的内容

竣工结算的内容与施工图预算的内容基本相同,由直接费、间接费、计划利润和税金四部分组成。竣工结算以竣工结算书的形式表现,包括单位工程竣工结算书、单项工程竣工结算书以及竣工结算说明书等。

竣工结算书中主要应体现"量差"和"价差"的基本内容。

"量差"是指原计价文件所列工程量与实际完成的工程量不符而产生的差别。

"价差"是指签订合同时的计价或取费标准与实际情况不符而产生的差别。

6.3.3　竣工结算的编制原则与依据

1.竣工结算的编制原则

工程项目竣工结算既要正确贯彻执行国家和地方基建部门的政策和规定,又要准确地反映施工企业完成的工程价值。在进行工程结算时,要遵循以下原则:

(1)必须具备竣工结算的条件,要有工程验收报告,对于未完工程,质量不合格的工程、不能结算;需要返工重做的,应返工修补合格后,才能结算。

(2)严格执行国家和地区的各项有关规定。

(3)实事求是,认真履行合同条款。

(4)编制依据充分,审核和审定手续完备。

(5)竣工结算要本着对国家、建设单位、施工单位认真负责的精神,做到既合理又合法。

2.竣工结算的编制依据

(1)工程竣工报告、工程竣工验收证明、图纸会审记录、设计变更通知单以及竣工图。

(2)经审批的施工图预算、购料凭证、材料代用价差、施工合同。

(3)本地区现行预算定额、费用定额、材料预算价格以及各种收费标准、双方有关工程计价协定。

(4)各种技术资料(例技术核定单、隐蔽工程记录、停复工报告等)及现场签证记录。

(5)不可抗力、不可预见费用的记录以及其他有关文件的规定。

6.3.4　竣工结算的编制方法与程序

1.竣工结算的编制方法

(1)合同价格包干法。在考虑了工程造价动态变化的因素后,合同价格一次包死,项目的合同价就是竣工结算造价。即

结算工程造价 = 经发包方审定后确定的施工图预算造价 × (1 + 包干系数)

(2)合同价增减法。在签订合同时商定合同价格,但是没有包死,结算时以合同价为基

础,按实际情况进行增减结算。

(3)预算签证法。按双方审定的施工图预算签订合同,凡在施工过程中经双方签字同意的凭证都作为结算的依据,结算时以预算价为基础按所签凭证内容调整。

(4)竣工图计算法。结算时根据竣工图、竣工技术资料和预算定额,依据施工图预算编制方法,全部重新计算,得出结算工程造价。

(5)平方米造价包干法。双方根据一定的工程资料,事先协商好每平方米造价指标,结算时以平方米造价指标乘以建筑面积确定应付的工程价款。即

$$结算工程造价 = 建筑面积 \times 每平方米造价指标$$

(6)工程量清单计价法。以业主与承包方之间的工程量清单报价为依据,进行工程结算。

办理工程价款竣工结算的一般公式如下:

竣工结算工程价款 = 预算(或概算)或合同价款 + 施工过程中预算或合同价款调整数额 −
　　预付及已结算的工程价款 − 未扣的保修金

2.竣工结算的编制程序

(1)承包方进行竣工结算的程序和方法。

1)收集分析影响工程量差、价差和费用变化的原始凭证。

2)依据工程实际对施工图预算的主要内容进行检查、核对。

3)依据收集的资料和预算对结算进行分类汇总,计算量差、价差,进行费用调整。

4)依据查对结果和各种结算依据,分别归类汇总,填写竣工工程结算单,编制单位工程结算。

5)编写竣工结算说明书。

6)编制单项工程结算。目前国家没有统一规定工程竣工结算书的格式,各地区可结合当地情况和需要自行设计计算表格,以供结算使用。

单位工程结算费用计算程序见表6.1、表6.2,竣工工程结算单见表6.3。

表6.1　土建工程结算费用计算程序表

序号	费用项目	计算公式	金额
1	原概(预)算直接费		
2	历次增减变更直接费		
3	调价金额	[(1) + (2)] × 调价系数	
4	直接费	(1) + (2) + (3)	
5	间接费	(4) × 相应工程类别费率	
6	利润	[(4) + (5)] × 相应工程类别利润率	
7	税金	[(4) + (5) + (6) + (7)] × 相应税率	
8	工程造价	(4) + (5) + (6) + (7)	

表 6.2 水、暖、电工程结算费用计算程序表

序号	费用项目	计算公式	金额
1	原概(预)算直接费		
2	历次增减变更直接费		
3	其中:定额人工费	(1)、(2)两项所含	
4	其中:设备费	(1)、(2)两项所含	
5	措施费	(3)×费率	
6	调价金额	[(1)+(2)+(5)]×调价系数	
7	直接费	(1)+(2)+(5)+(6)	
8	间接费	(3)×相应工程类别费率	
9	利润	(3)×相应工程类别费率	
10	税金	[(7)+(8)+(9)+(10)]×相应税率	
11	设备费价差(±)	(实际供应价-原设备费)×(1+税率)	
12	工程造价	(7)+(8)+(9)+(10)+(11)	

表 6.3 竣工工程结算单

建设单位: 元

1.原预算造价				
2.调整预算	增加部分	(1)补充预算		
		(2)		
		(3)		
		…		
		合计		
	减少部分	(1)		
		(2)		
		(3)		
		…		
		合计		
3.竣工结算总造价				
4.财务结算	已收工程款			
	报产值的甲供材料设备价值			
	实际结算工程款			
说明				

建设单位:	施工单位:
经办人:	经办人:
年 月 日	年 月 日

(2)业主进行竣工结算的管理程序。

1)业主接到承包商提交的竣工结算书后,应以单位工程为基础,对承包合同内规定的施工内容,包括工程项目、工程量、单价取费和计算结果等进行检查与核对。

2)核查合同工程的竣工结算,竣工结算应包括以下几方面:

①开工前准备工作的费用是否准确。

②土石方工程与基础处理有无漏算或多算。

③钢筋混凝土工程中的钢筋含量是否按规定进行了调整。

④加工订货的项目、规格、数量和单价等与实际安装的规格、数量和单价是否相符。

⑤特殊工程中使用的特殊材料的单价有无变化。

⑥工程施工变更记录与合同价格的调整是否相符。

⑦实际施工中有无与施工图要求不符的项目。

⑧单项工程综合结算书与单位工程结算书是否相符。

3)对核查过程中发现的不符合合同规定情况,例如多算、漏算或计算错误等,均应予以调整。

4)将批准的工程竣工结算书送交有关部门审查。

5)工程竣工结算书经过确认后,办理工程价款的最终结算拨款手续。

6.3.5　竣工结算的审查

(1)自审:竣工结算初稿编定后,施工单位内部先组织审查和校核。

(2)建设单位审查:施工单位自审后编印成正式结算书送交建设单位审查,建设单位也可委托有关部门批准的工程造价咨询单位审查。

(3)造价管理部门审查:甲乙双方有争议并且协商无效时,可以提请造价管理部门裁决。

各方对竣工结算进行审查的具体内容包括核对合同条款、检查隐蔽工程验收记录、落实设计变更签证、按图核实工程数量、严格按照合同约定计价、注意各项费用计取以及防止各种计算误差。

6.4　工程竣工决算

6.4.1　竣工决算的概念

竣工决算是以实物数量和货币指标为计量单位,综合反映竣工项目从筹建开始到项目竣工交付使用为止的全部建设费用、投资效果和财务情况的总结性文件,是竣工验收报告的重要组成部分。它是正确核定新增固定资产价值,考核分析投资效果,建立健全经济责任制的依据,是反映建设项目实际造价和投资效果的文件。通过竣工决算,既能够正确反映建设工程的实际造价和投资结果;又可以通过竣工决算与概算、预算的对比分析,考核投资控制的工作成效,为工程建设提供重要的技术经济方面的基础资料,提高未来工程建设的投资效益。

6.4.2　竣工决算的作用

建设项目竣工决算的作用如下:

(1)建设项目竣工决算是综合全面地反映竣工项目建设成果及财务情况的总结性文件,采用货币指标、实物数量、建设工期和各种技术经济指标全面反映建设项目自开始建设到竣工为止的全部建设成果和财务状况。

（2）建设项目竣工决算是办理交付使用资产的依据，也是竣工验收报告的重要组成部分。建设单位与使用单位在办理交付资产的验收交接手续时，通过竣工决算反映了交付使用资产的全部价值，包括固定资产、流动资产、无形资产和其他资产的价值。及时编制竣工决算可以正确核定固定资产价值并及时办理交付使用，可缩短工程建设周期，节约建设项目投资，准确考核和分析投资效果。

（3）建设项目竣工决算是分析和检查设计概算的执行情况，考核建设项目管理水平和投资效果的依据。竣工决算反映了竣工项目计划、实际的建设规模、建设工期以及设计和实际的生产能力，反映了概算总投资和实际的建设成本，同时还反映了所达到的主要技术经济指标。通过对这些指标计划数、概算数与实际数进行对比分析，不仅可以全面掌握建设项目计划和概算执行情况，而且可以考核建设项目投资效果，为今后制定建设项目计划，降低建设成本，提高投资效果提供必要的参考资料。

6.4.3　竣工决算的内容与编制

1. 竣工决算的内容

建设项目竣工决算包括从筹集到竣工投产全过程的全部实际费用，包括建筑工程费、安装工程费、设备工器具购置费用及预备费等费用。按照财政部、国家发展改革委和住房和城乡建设部的有关文件规定，竣工决算是由竣工财务决算说明书、竣工财务决算报表、工程竣工图和工程竣工造价对比分析四部分组成。其中，竣工财务决算说明书和竣工财务决算报表两部分又称建设项目竣工财务决算，是竣工决算的核心内容。

（1）竣工财务决算说明书。竣工财务决算说明书主要反映竣工工程建设成果和经验，是对竣工决算报表进行分析和补充说明的文件，是全面考核分析工程投资与造价的书面总结，是竣工决算报告的重要组成部分，其内容主要包括以下几方面：

1）建设项目概况，对工程总的评价。一般从进度、质量、安全和造价方面进行分析说明。进度方面主要说明开工和竣工时间，对照合理工期和要求工期分析是提前还是延期；质量方面主要根据竣工验收委员会或相当一级质量监督部门的验收评定等级、合格率和优良品率；安全方面主要根据劳动工资和施工部门的记录，对有无设备和人身事故进行说明；造价方面主要对照概算造价，说明节约或超支的情况，用金额和百分率进行分析说明。

2）资金来源及运用等财务分析。它主要包括工程价款结算、会计账务的处理、财产物资情况以及债权债务的清偿情况。

3）基本建设收入、投资包干结余、竣工结余资金的上交分配情况。通过对基本建设投资包干情况的分析，说明投资包干数、实际支用数和节约额、投资包干节余的有机构成和包干节余的分配情况。

4）各项经济技术指标的分析，概算执行情况分析，根据实际投资完成额与概算进行对比分析；新增生产能力的效益分析，说明支付使用财产占总投资额的比例、占支付使用财产的比例，不增加固定资产的造价占投资总额的比例，分析有机构成和成果。

5）工程建设的经验及项目管理和财务管理工作以及竣工财务决算中有待解决的问题。

6）需要说明的其他事项。

（2）竣工财务决算报表。建设项目竣工财务决算报表根据大、中型建设项目和小型建设项目分别制定。大、中型建设项目竣工决算报表包括：建设项目竣工财务决算审批表；大、中型建设项目概况表；大、中型建设项目竣工财务决算表；大、中型建设项目交付使用资产总表；建设项目交付使用资产明细表。小型建设项目竣工财务决算报表包括建设项目竣工财务决算审批表、竣工财务决算总表、建设项目交付使用资产明细表等。

1）建设项目竣工财务决算审批表，见表6.4。该表作为竣工决算上报有关部门审批时使用，其格式是按照中央级小型项目审批要求设计的，地方级项目可按审批要求作适当修改，大、中、小型项目均要按照下列要求填报此表。

表6.4　建设项目竣工财务决算审批表

建设项目法人（建设单位）		建设性质	
建设项目名称		主管部门	
开户银行意见： （盖章） 年　月　日			
专员办审批意见： （盖章） 年　月　日			
主管部门或地方财政部门审批意见： （盖章） 年　月　日			

①表中"建设性质"按照新建、改建、扩建、迁建和恢复建设项目等分类填列。

②表中"主管部门"是指建设单位的主管部门。

③所有建设项目均须经过开户银行签署意见后，按照有关要求进行报批：中央级小型项目由主管部门签署审批意见；中央级大、中型建设项目报所在地财政监察专员办事机构签署意见后，再由主管部门签署意见报财政部审批；地方级项目由同级财政部门签署审批意见。

④已具备竣工验收条件的项目，3个月内应及时填报审批表，若3个月内不办理竣工验收和固定资产移交手续的视同项目已正式投产，其费用不得从基本建设投资中支付，所实现的收入作为经营收入，不再作为基本建设收入管理。

2）大、中型建设项目概况表，见表6.5。该表综合反映大中型项目的基本概况，内容包括该项目总投资、建设起止时间、新增生产能力、主要材料消耗、建设成本、完成主要工程量和主要技术经济指标，为全面考核和分析投资效果提供依据，填写要求如下：

表6.5 大中型建设项目概况表

建设项目(单项项目)名称			建设地址				项目	概算/元	实际/元	备注
主要设计单位			主要施工企业			基本建设支出	建筑安装工程投资			
占地面积	设计	实际	总投资/万元	设计	实际		设备、工具、器具			
							待摊投资			
							其中:建设单位管理费			
新增生产能力	能力(效益)名称			设计	实际		其他投资			
							待核销基建支出			
建设起止时间	设计		从 年 月开工 至 年 月竣工				非经营项目转出投资			
	实际		从 年 月开工 至 年 月竣工				合计			
设计概算批准文号										
完成主要工程量	建设规模				设备/(台、套、吨)					
	设计		实际		设计		实际			
收尾工程	工程项目、内容		已完成投资额		尚需投资额		完成时间			

①建设项目名称、建设地址、主要设计单位和主要承包人,要按全称填列。

②表中各项目的设计、概算、计划等指标,根据批准的设计文件和概算、计划等确定的数字填列。

③表中所列新增生产能力、完成主要工程量的实际数据,根据建设单位统计资料和承包人提供的有关成本核算资料填列。

④表中基建支出是指建设项目从开工起至竣工为止发生的全部基本建设支出,包括形成资产价值的交付使用资产,如固定资产、流动资产、无形资产、其他资产支出,还包括不形成资产价值按照规定应核销的非经营项目的待核销基建支出和转出投资。上述支出,应根据财政部门历年批准的"基建投资表"中的有关数据填列。

⑤表中"初步设计和概算批准文号",按最后经批准的日期和文件号填列。

⑥表中收尾工程是指全部工程项目验收后尚遗留的少量工程,在表中应明确填写收尾工程内容、完成时间、这部分工程的实际成本,可根据实际情况进行估算并加以说明,完工后不再编制竣工决算。

3)大、中型建设项目竣工财务决算表,见表6.6。竣工财务决算表是竣工财务决算报表的一种,大、中型建设项目竣工财务决算表是用来反映建设项目的全部资金来源和资金占用情况,是考核和分析投资效果的依据。该表反映竣工的大中型建设项目从开工到竣工为止全部资金来源和资金运用的情况。它是考核和分析投资效果,落实结余资金,并作为报告上级核销基本建设支出和基本建设拨款的依据。在编制该表前,应先编制出项目竣工年度财务决算,根据编制出的竣工年度财务决算和历年财务决算编制项目的竣工财务决算。此表采用平衡表形式,即资金来源合计等于资金支出合计。具体编制方法是:

表6.6　大中型建设项目竣工财务决算表

资金来源	金额	资金占用	金额	补充资料
一、基建拨款		一、基础建设支出		
1. 预算拨款		1. 交付使用资产		
2. 基建资金拨款		2. 在建工程		1. 基建投资借款期末余额
其中:国债专项资金拨款		3. 待核销基建支出		
3. 专项建设资金拨款		4. 非经营性项目转出投资		
4. 进口设备转账拨款		二、应收生产单位投资借款		
5. 器材转账拨款		三、拨付所属投资借款		2. 应收生产单位投资借款期末数
6. 煤代油专用资金拨款		四、器材		
7. 自筹资金拨款		其中:待处理器材损失		
8. 其他拨款		五、货币资金		
二、项目资本金		六、预付及应收款		3. 基建结余资金
1. 国家资本		七、有价证券		
2. 法人资本		八、固定资产		
3. 个人资本		固定资产原价		
三、项目资本公积金		减:累计折旧		
四、基建借款		固定资产净值		
其中:国债转贷		固定资产清理		
五、上级拨入投资借款		待处理固定资产损失		
六、企业债券资金				
七、待冲基建支出				
八、应付款				
九、未交款				
1. 未交税金				
2. 其他未交款				
十、上级拨入资金				
十一、留成收入				
合计		合计		

①资金来源包括基建拨款、项目资本金、项目资本公积金、基建借款、上级拨入投资借款、企业债券资金、待冲基建支出、应付款和未交款以及上级拨入资金和企业留成收入等。

②表中"交付使用资产"、"预算拨款"、"自筹资金拨款"、"其他拨款"、"项目资本金"、"基建投资借款"、"其他借款"等项目,是指自开工建设至竣工的累计数,上述有关指标应根据历年批复的年度基本建设财务决算和竣工年度的基本建设财务决算中资金平衡表相应项目的数字进行汇总填写。

③表中其余项目费用办理竣工验收时的结余数,根据竣工年度财务决算中资金平衡表的有关项目期末数填写。

④资金支出反映建设项目从开工准备到竣工全过程资金支出的情况,内容包括基建支出、应收生产单位投资借款、库存器材、货币资金、有价证券和预付及应收款以及拨付所属投资借款和库存固定资产等,资金支出总额应等于资金来源总额。

⑤基建结余资金可以按下列公式计算:

基建结余资金 = 基建拨款 + 项目资本金 + 项目资本公积金 + 基建投资借款 +

企业债券基金 + 待冲基建支出 − 基本建设支出 − 应收生产单位投资借款

4) 大、中型建设项目交付使用资产总表,见表 6.7。该表反映建设项目建成后新增固定资产、流动资产、无形资产和其他资产价值的情况和价值,作为财产交接、检查投资计划完成情况和分析投资效果的依据。小型项目不编制"交付使用资产总表",直接编制"交付使用资产明细表",大中型项目在编制"交付使用资产总表"的同时,还需编制"交付使用资产明细表",大、中型建设项目交付使用资产总表具体编制方法是:

①表中各栏目数据根据"交付使用明细表"的固定资产、流动资产、无形资产、其他资产的各项相应项目的汇总数分别填写,表中总计栏的总计数应与竣工财务决算表中的交付使用资产的金额一致。

②表中第 3 栏、第 4 栏,第 8、9、10 栏的合计数,应分别与竣工财务决算表交付使用的固定资产、流动资产、无形资产、其他资产的数据相符。

表 6.7　大中型建设项目交付使用资产总表

序号	单项工程 项目名称	总计	固定资产				流动 资产	无形 资产	其他 资产
			合计	建安工程	设备	其他			

交付单位:　　　　　　负责人:　　　　　　接受单位:　　　　　　负责人:

盖　章　　　　　　　年 月 日　　　　　　盖　　章　　　　　　年 月 日

5) 建设项目交付使用资产明细表,见表 6.8。该表反映交付使用的固定资产、流动资产、无形资产和其他资产及其价值的明细情况,是办理资产交接和接收单位登记资产账目的依据,是使用单位建立资产明细账和登记新增资产价值的依据。大、中型和小型建设项目均需编制此表。编制时要做到齐全完整,数字准确,各栏目价值应与会计账目中相应科目的数据保持一致。建设项目交付使用资产明细表具体编制方法是:

①表中"建筑工程"项目应按单项工程名称填列其结构、面积和价值。其中"结构"按钢结构、钢筋混凝土结构、混合结构等结构形式填写;面积则按各项目实际完成面积填列;价值按交付使用资产的实际价值填写。

②表中"固定资产"部分要在逐项盘点后,根据盘点实际情况填写,工具、器具和家具等低值易耗品可分类填写。

③表中"流动资产"、"无形资产"、"其他资产"项目应根据建设单位实际交付的名称和价值分别填列。

表 6.8　建设项目交付使用资产明细表

单项 工程 名称	建筑工程			设备、工具、器具、家具						流动资产		无形资产		其他资产	
	结构	面积 /m²	价值 /元	名称	规格 型号	单位	数量	价值 /元	设备安 装费/元	名称	价值 /元	名称	价值 /元	名称	价值 /元

6)小型建设项目竣工财务决算总表,见表6.9。由于小型建设项目内容比较简单,所以可将工程概况与财务情况合并编制一张"竣工财务决算总表",该表主要反映小型建设项目的全部工程和财务情况。具体编制时可参照大、中型建设项目概况表指标和大、中型建设项目竣工财务决算表相应指标内容填写。

表 6.9　小型建设项目竣工财务决算总表

建设项目名称			建设地址			资金来源		资金运用	
初步设计概算批准文件						项目	金额/元	项目	金额/元
占地面积	计划	实际	总投资/万元	计划 固定资产 流动资金	实际 固定资产 流动资金	一、基建拨款其中:预算拨款		一、交付使用资产	
						二、项目资本金		二、待核销基建支出	
						三、项目资本公积金		三、非经营项目转出投资	
新增生产力	能力(效益)名称		设计	实际		四、基建借款		四、应收生产单位投资借款	
						五、上级拨入借款			
建设起止时间	计划		从　年　月开工至　年　月　竣工			六、企业债券资金		五、拨付所属投资借款	
	实际		从　年　月开工至　年　月　竣工			七、待冲基建资金		六、器材	
基建支出	项目		概算/元	实际/元		八、应付款		七、货币资金	
	建筑安装工程					九、未付款 其中: 未交基建收入 未交包干收入		八、预付及应收款 九、有价证券	
	设备、工具、器具							十、原有固定资产	
	待摊投资 其中:建设单位管理费					十、上级拨入资金			
	其他投资					十一、留成收入			
	待核销基建支出								
	非经营性项目转出投资								
	合计					合计		合计	

(3)建设工程竣工图。建设工程竣工图是真实地记录各种地上、地下建(构)筑物等情况的技术文件,是工程进行交工验收、维护、改建和扩建的依据,是国家的重要技术档案。全国各建设、设计、施工单位和各主管部门都要认真做好竣工图的编制工作。国家规定:各项新建、扩建、改建的基本建设工程,特别是基础、地下建筑、管线、结构、井巷、桥梁、隧道、港口、水坝以及设备安装等隐蔽部位,都要编制竣工图。为确保竣工图质量,必须在施工过程中(不

能在竣工后)及时做好隐蔽工程检查记录,整理好设计变更文件。编制竣工图的形式和深度,应根据不同情况区别对待,其具体要求包括以下内容:

1)凡按图竣工没有变动的,由承包人(包括总包和分包承包人,下同)在原施工图上加盖"竣工图"标志后,即作为竣工图。

2)凡在施工过程中,虽有一般性设计变更,但是能将原施工图加以修改补充作为竣工图的,可不重新绘制,由承包人负责在原施工图(必须是新蓝图)上注明修改的部分,并附以设计变更通知单和施工说明,加盖"竣工图"标志后,作为竣工图。

3)凡结构形式改变、施工工艺改变、平面布置改变、项目改变以及有其他重大改变,不宜再在原施工图上修改、补充时,应重新绘制改变后的竣工图。由原设计原因造成的,由设计单位负责重新绘制;由施工原因造成的,由承包人负责重新绘图;由其他原因造成的,由建设单位自行绘制或委托设计单位绘制。承包人负责在新图上加盖"竣工图"标志,并附以有关记录和说明,作为竣工图。

4)为了满足竣工验收和竣工决算需要,还应绘制反映竣工程全部内容的工程设计平面示意图。

5)重大的改建、扩建工程项目涉及原有工程项目变更时,应将相关项目的竣工图资料统一整理归档,并且在原图案卷内增补必要的说明。

(4)工程造价对比分析。对控制工程造价所采取的措施、效果及其动态的变化需要进行认真地对比,总结经验教训。批准的概算是考核建设工程造价的依据。在分析时,可先对比整个项目的总概算,然后将建筑安装工程费、设备工器具费和其他工程费用逐一与竣工决算表中所提供的实际数据和相关资料及批准的概算、预算指标、实际的工程造价进行对比分析,以确定竣工项目总造价是节约还是超支,并在对比的基础上,总结先进经验,找出节约和超支的内容和原因,提出改进措施。在实际工作中,应主要分析以下内容:

1)主要实物工程量。对于实物工程量出入比较大的情况,必须查明原因。

2)主要材料消耗量,考核主要材料消耗量,要按照竣工决算表中所列明的三大材料实际超概算的消耗量,查明是在工程的哪个环节超出量最大,再进一步查明超耗的原因。

3)考核建设单位管理费、措施费和间接费的取费标准。建设单位管理费、措施费和间接费的取费标准要按照国家和各地的有关规定,根据竣工决算报表中所列的建设单位管理费与概预算所列的建设单位管理费数额进行比较,依据规定查明多列或少列的费用项目,确定其节约超支的数额,并查明原因。

2.竣工决算的编制

(1)竣工决算的编制依据。

1)经批准的可行性研究报告、投资估算书,初步设计或扩大初步设计,修正总概算及其批复文件。

2)经批准的施工图设计及其施工图预算书。

3)设计交底或图纸会审会议纪要。

4)设计变更记录、施工记录或施工签证单及其他施工发生的费用记录。

5)招标控制价,承包合同、工程结算等有关资料。

6)历年基建计划、历年财务决算及批复文件。

7)设备、材料调价文件和调价记录。

8）有关财务核算制度、办法和其他有关资料。

（2）竣工决算的编制要求。为了严格执行建设项目竣工验收制度，正确核定新增固定资产价值，考核分析投资效果，建立健全经济责任制，所有新建、扩建和改建等建设项目竣工后，都应及时、完整、正确地编制好竣工决算。建设单位要做好以下工作：

1）按照规定组织竣工验收，保证竣工决算的及时性。竣工结算是对建设工程的全面考核。所有的建设项目（或单项工程）按照批准的设计文件所规定的内容建成后，具备了投产和使用条件的，都要及时组织验收。对于竣工验收中发现的问题，应及时查明原因，采取措施加以解决，以保证建设项目按时交付使用和及时编制竣工决算。

2）积累、整理竣工项目资料，保证竣工决算的完整性。因此，在建设过程中，建设单位必须随时收集项目建设的各种资料，并在竣工验收前，对各种资料进行系统整理，分类立卷，为编制竣工决算提供完整的数据资料，为投产后加强固定资产管理提供依据。在工程竣工时，建设单位应将各种基础资料与竣工决算一起移交给生产单位或使用单位。

3）清理、核对各项账目，保证竣工决算的正确性。工程竣工后，建设单位要认真核实各项交付使用资产的建设成本；做好各项账务、物资以及债权的清理结余工作，应偿还的及时偿还，该收回的应及时收回，对各种结余的材料、设备、施工机械工具等，要逐项清点核实，妥善保管，按照国家有关规定进行处理，不得任意侵占；对竣工后的结余资金，要按规定上交财政部门或上级主管部门。在完成上述工作，核实了各项数字的基础上，正确编制从年初起到竣工月份止的竣工年度财务决算，以便根据历年的财务决算和竣工年度财务决算进行整理汇总，编制建设项目决算。

按照规定竣工决算应在竣工项目办理验收交付手续后一个月内编好，并上报主管部门，有关财务成本部分，还应送经办行审查签证。主管部门和财政部门对报送的竣工决算审批后，建设单位即可办理决算调整和结束有关工作。

（3）竣工决算的编制步骤。

1）收集、整理和分析有关依据资料。在编制竣工决算文件之前，应系统地整理所有的技术资料、工料结算的经济文件、施工图纸和各种变更与签证资料，并分析它们的准确性。完整、齐全的资料，是准确而迅速编制竣工决算的必要条件。

2）清理各项财务、债务和结余物资。在收集、整理和分析有关资料中，要特别注意建设工程从筹建到竣工投产或使用的全部费用的各项账务，债权和债务的清理，做到工程完毕账目清晰，既要核对账目，又要查点库存实物的数量，做到账与物相等，账与账相符，对结余的各种材料、工器具和设备，要逐项清点核实，妥善管理，并按规定及时处理，收回资金。对各种往来款项要及时进行全面清理，为编制竣工决算提供准确的数据和结果。

3）核实工程变动情况。重新核实各单位工程、单项工程造价，将竣工资料与原设计图纸进行查对、核实。必要时可实地测量，确认实际变更情况；根据经审定的承包人竣工结算等原始资料，按照有关规定对原概、预算进行增减调整，重新核定工程造价。

4）编制建设工程竣工决算说明。按照建设工程竣工决算说明的内容要求，根据编制依据材料填写在报表中的结果，编写文字说明。

5）填写竣工决算报表。按照建设工程决算表格中的内容，根据编制依据中的有关资料进行统计或计算各个项目和数量，并将其结果填到相应表格的栏目内，完成所有报表的填写。

6）做好工程造价对比分析。

7）清理、装订好竣工图。

8）上报主管部门审查存档。

将上述编写的文字说明和填写的表格经核对无误，装订成册，即为建设工程竣工决算文件。将其上报主管部门审查，并把其中财务成本部分送交开户银行签证。竣工决算在上报主管部门的同时，抄送有关设计单位。大中型建设项目的竣工决算还应抄送财政部、建设银行总行和省、自治区、直辖市的财政局和建设银行分行各一份。建设工程竣工决算的文件，由建设单位负责组织人员编写，在竣工建设项目办理验收使用一个月之内完成。

6.4.4　竣工结算与竣工决算的关系

建设工程项目竣工决算是以工程竣工结算为基础进行编制的，是在整个建设工程项目各单项工程竣工结算的基础上，加上从筹建开始到工程全部竣工有关基本建设的其他工程费用支出，而构成了建设工程项目竣工决算的主体。它们的主要区别见表 6.10。

表 6.10　竣工结算与竣工决算的比较一览表

项目	竣工结算	竣工决算
含义	竣工结算是由施工单位根据合同价格和实际发生的费用的增减变化情况进行编制，并经发包方或委托方签字确认的，正确反映该项工程最终实际造价，并作为向发包单位进行最终结算工程款的经济文件	建设工程项目竣工决算是指所有建设工程项目竣工后，建设单位按照国家有关规定，由建设单位报告项目建设成果和财务状况的总结性文件
特点	属于工程款结算，因此是一项经济活动	反映竣工项目从筹建开始到项目竣工交付使用为止的全部建设费用、建设成果和财务情况的总结性文件
编制单位	施工单位	建设单位
编制范围	单位或单项工程竣工结算	整个建设工程项目全部竣工决算

参考文献

[1] 中华人民共和国住房和城乡建设部.房屋建筑制图统一标准(GB/T 50001—2010)[S].北京:中国计划出版社,2011.

[2] 中华人民共和国住房和城乡建设部.建筑制图标准(GB/T 50104—2010)[S].北京:中国计划出版社,2011.

[3] 中华人民共和国住房和城乡建设部.建设工程工程量清单计价规范(GB 50500—2008)[S].北京:中国计划出版社,2008.

[4] 中华人民共和国建设部.建筑工程建筑面积计算规范(GB/T 50353—2005)[S].北京:中国计划出版社,2005.

[5] 中华人民共和国建设部.全国统一建筑工程预算工程量计算规则(GJDGZ 101—1995)[S].北京:中国计划出版社,2002.

[6] 住房和城乡建设部标准定额司.《建设工程工程量清单计价规范 GB 50500—2008》宣贯辅导教材[M].北京:中国计划出版社,2008.

[7] 黄昌见.建筑工程计量与计价[M].天津:天津大学出版社,2012.

[8] 吴瑛.建筑工程清单与计价[M].北京:机械工业出版社,2012.

[9] 黄伟典.建设工程工程量清单计价实务(建设工程部分)[M].北京:中国建筑工业出版社,2012.

[10] 许焕兴.土建工程造价(工程清单与基础定额)[M].2版.北京:中国建筑工业出版社,2011.